# 园林工程施工管理

（第2版）

胡自军　周　军　闫明旭　主编

中国林业出版社
China Forestry Publishing House

# 内容简介

本教材为国家林业和草原局职业教育“十四五”规划教材，主要内容包括：绪论，园林工程项目建设程序，园林工程项目部的组建及其职责，园林工程施工前的准备工作，园林工程施工组织设计，园林工程项目施工进度控制，园林工程施工项目质量控制，园林工程项目成本控制，园林工程职业健康安全与环境管理，园林工程施工资源管理，园林工程竣工验收与养护期管理，园林工程施工合同管理与索赔，园林工程项目施工中的沟通与协调，园林工程施工资料管理等内容。为便于教学，教材各单元还配套案例和课件等数字资源。

本教材可作为职业教育园林技术、园林工程技术、风景园林设计等专业的教材，也可作为园林工程施工管理相关岗位技术人员的参考用书。

**图书在版编目(CIP)数据**

园林工程施工管理 / 胡自军，周军，闫明旭主编. —2版. —北京：中国林业出版社，2022.7(2024.7重印)

国家林业和草原局职业教育“十四五”规划教材

ISBN 978-7-5219-1741-3

Ⅰ.①园… Ⅱ.①胡… ②周… ③闫… Ⅲ.①园林-工程施工-施工管理-高等职业教育-教材 Ⅳ.①TU986.3

中国版本图书馆CIP数据核字(2022)第110440号

**中国林业出版社教育分社**

**策划、责任编辑：** 田 苗

**电　　话：**(010)83143557　　**传　　真：**(010)83143516

---

**出版发行** 中国林业出版社(100009 北京市西城区刘海胡同7号)
E-mail：jiaocaipublic@163.com
http://www.forestry.gov.cn/lycb.html

**印　　刷** 北京中科印刷有限公司

**版　　次** 2016年8月第1版(共印1次)
2022年7月第2版

**印　　次** 2024年7月第2次印刷

**开　　本** 787mm×1092mm 1/16

**印　　张** 18.5

**字　　数** 509千字(含数字资源70千字)

**定　　价** 59.00元

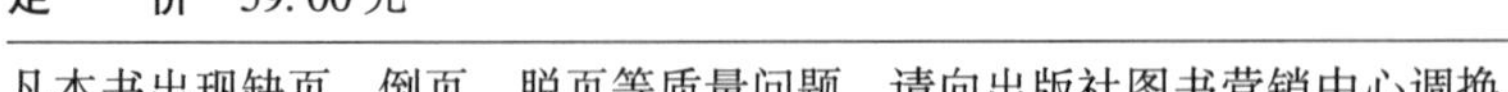

# 《园林工程施工管理》（第2版）
## 编写人员


**主　　编**　胡自军　周　军　闫明旭

**副主编**　王　剑

**编写人员**（按姓氏拼音排序）

董世豪（河南工业职业技术学院）
傅　锦（太原学院）
胡自军（河南林业职业学院）
黄红艳（重庆艺术工程职业学院）
姜自红（滁州职业技术学院）
李荣华（长春职业技术学院）
唐　敏（河南林业职业学院）
王　剑（江苏农林职业技术学院）
闫明旭（重庆城市管理职业学院）
杨　凡（云南林业职业技术学院）
杨　茵（重庆航天职业技术学院）
赵金霞（重庆三峡职业学院）
赵晓静（德州职业学院）
郑建强（江西农业工程职业学院）
钟意然（重庆城市管理职业学院）
周　军（苏州农业职业技术学院）
周艳丽（咸宁职业技术学院）

# 《园林工程施工管理》（第1版）
## 编写人员


**主　　编**　胡自军　周　军

**编写人员**（按姓氏拼音排序）

傅　锦（太原学院）

胡自军（河南林业职业学院）

唐　敏（河南林业职业学院）

王　莉（重庆城市管理职业学院）

杨　凡（云南林业职业技术学院）

周　军（苏州农业职业技术学院）

# 第2版前言

国家林业和草原局职业教育“十三五”规划教材《园林工程施工管理》(第1版)于2016年8月出版，至今已使用六年。近年来，国家、地方对园林工程施工项目运行和管理都提出了一些新要求，实践中施工管理的内容、方法和手段也有一些新变化，结合近些年课程教学中的一些经验体会，对本教材进行修订。此次修订的主要内容如下：

1. 教材体系。根据园林工程施工管理的实际需求，增加“园林工程施工项目管理中的组织沟通与协调”单元。另外，在其他相关单元中增加“工程量清单模式下的施工成本管理”“危险性较大的分部分项工程安全管理的有关规定”“工程现场签证及其管理要求”等内容。

2. 数字资源。配套教学课件和案例等数字资源。

3. 编写团队。在第一版编写团队的基础上，吸纳了部分院校的优秀教师，使本教材编写团队的力量得到了很大加强，也使本教材的编写质量得到了进一步的提升。

本书由胡自军、周军、闫明旭任主编，王剑任副主编，胡自军负责统稿。编写分工如下：胡自军编写绪论；姜自红编写1.1，杨茵编写1.2；钟意然编写单元2；周军编写单元3、4、10；闫明旭编写单元5；董世豪编写6.1，黄红艳编写6.2，周艳丽编写6.3，赵晓静编写6.4，郑建强编写6.5；唐敏编写单元7；赵金霞编写单元8；李荣华编写单元9；傅锦编写单元11；王剑编写单元12；杨凡编写单元13。

本书编写过程中得到了上述院校、中国林业出版社及其他有关方面的帮助和支持，在此谨向他们表示衷心的感谢！

胡自军

2022年5月

# 第1版前言

城镇建设的快速发展和整个社会对生活环境的生态及景观质量的日益重视，使园林绿地建设处在一个快速发展的阶段。同时，人们对园林绿地进行高质量、高水平建设的要求越来越迫切，园林工程建设领域的市场化体制正在逐步形成，这些都对园林施工的科学管理水平提出了更高的要求。

“园林工程施工管理”是高等职业教育园林技术、园林工程技术专业的一门重要专业课程，它主要研究园林工程施工管理的一般规律，重点探讨园林工程施工管理中的组织设计、进度、质量、成本、安全等内容和方法，体现了《建设工程项目管理规范》(GB/T 50326—2014)中的有关要求。

园林工程施工管理具有涉及面广、实践性强、综合性大、影响因素多、发展较快的特点，同时结合高等职业教育培养应用型、实用型人才的特点，注重理论联系实际，解决实际问题，在保证全书的系统性和完整性的基础上力求体现内容的先进性、实用性与可操作性。

随着工程建设管理水平的发展和施工技术的进步，施工企业对管理人才的要求越来越高，无论是企业资质标准还是项目施工管理工作本身的需求，都对施工管理人员的业务知识和岗位能力提出了更高的要求，因此，本教材在编写过程中兼顾了各类施工现场专业人员，如建造师、施工员、质量员、安全员、标准员、材料员、机械员、劳务员、资料员等岗位的工程实践和岗位培训的相关内容。

本教材是根据高职高专教育园林类专业人才培养方案、“园林工程施工管理”课程教学大纲等有关要求编写完成的，吸收了近年来施工技术、管理技术发展的新成果以及行业发展、职业教育的新态势、新要求。

本教材内容包括：绪论，园林工程项目建设程序，园林工程项目部的组建及其职责，园林工程施工前的准备工作，园林工程施工组织设计，园林工程施工项目进度控制，园林工程施工项目质量控制，园林工程施工成本控制，园林工程职业健康安全与环境管理，园林工程施工资源管理，园林工程竣工验收与养护期管理，园林工程施工合同管理与索赔，园林工程施工资料管理，共12个单元。

本教材由河南林业职业学院胡自军、苏州农业职业技术学院周军任主编，胡自军负责统稿。具体编写分工为：胡自军编写绪论、单元1、单元5；王莉编写单元2；周军编写单元3、单元4、单元6、单元10；唐敏编写单元7；傅锦编写单元8、单元11；杨凡编写单元9、单元12。教材编写过程中得到了有关院校和中国林业出版社及其他有关方面的帮助和支持，在此表示衷心的感谢！

由于编写时间仓促，水平有限，书中难免有不足和错误之处，恳请读者批评指正。

胡自军

2016年3月

# 目录

# 绪　论

随着社会经济的持续快速发展和人们对生活环境质量要求的不断提高，城市建设进入生态环境建设阶段，园林绿化事业处于蓬勃发展的旺盛时期，各地的绿化建设也掀起了一个个高潮。高质量开展园林建设，需要一大批既具备专业知识又具有实践技能的懂技术、会管理的专门人才。

园林绿地建设，施工是核心环节，而科学合理的施工计划方案以及严谨高效的施工管理措施是保证工程施工任务按质、按量、按工期完成的关键。特别是规模较大的园林施工项目对施工管理的要求更高。现代园林工程施工已成为一项多人员、多工种、多专业、多设备、现代化的综合而复杂的系统工程。要做到提高工程质量、缩短施工工期、降低工程成本、实现安全文明施工，就必须应用科学的方法进行施工管理，统筹施工全过程。

## 1. 园林工程施工的概念、内容和作用

园林工程施工是指通过有效的组织方法和技术措施，按照设计要求，根据合同规定的工期、质量标准，完成设计内容的全过程。

园林工程施工项目包括设计图纸中规定的各个分部分项园林工程，如地形整理、给排水、水景、铺装、假山塑石、建筑物和构筑物、小品、供电照明、种植等。其施工过程一般有施工准备、施工、竣工验收和养护管理四个主要阶段。

园林工程施工是园林设计方案物化的唯一手段，是园林绿化建设水平得以不断提高的实践基础，同时也是培养园林工程施工人才和园林工程施工队伍的主要途径。

## 2. 园林工程施工管理的概念、内容和作用

园林工程施工管理是对整个施工过程的合理优化组织，其过程是根据工程项目的特点，结合具体的施工对象编制施工方案，科学地组织生产诸要素，合理地使用时间与空间，并在施工过程中指挥和协调劳动力资源等。

园林工程施工管理是园林施工企业对承担的园林工程施工项目进行的综合性管理活动。也就是园林工程施工企业或其授权的项目经理部，采取有效方法，对整个施工过程包括施工准备、施工、验收、竣工结算和用后服务等阶段所进行的决策、计划、组织、实施、指挥、控制、协调等措施的综合事物性管理工作。主要内容包括园林工程项目建设程序、园林工程项目部的组建及其职责、园林工程施工前的准备工作、园林工程施工组织设计、园林工程施工进度控制、园林工程施工质量控制、园林工程施工成本控制、园林工程职业健康安全与环境管理、园林工程施工资源管理、园林工程竣工验收与养护期管理、园林工程施工合同管理与索赔、园林工程项目施工沟通与协调和园林工程施工资料管理等。这些管理工作是相互联系、相互渗透、相互影响的，只有全面促进、相互配合，才能做好施工管理，才能达到园林工程施工管理的目的和目标。

对园林工程施工的科学计划及对现场施工的科学组织是保证园林工程既符合景观质量

要求又达到预期经济目标的主要手段。加强园林工程施工管理在园林工程建设中的作用主要体现在以下几方面：

①是保证项目按计划顺利完成的重要条件，是在施工全过程中落实施工方案、遵循施工进度的基础。

②能保证园林设计意图的实现，确保园林艺术通过工程手段充分表现出来。

③能很好地组织劳动资源，适当调度劳动力，减少资源浪费，降低施工成本。

④能及时发现施工过程中可能出现的问题，并通过相应的措施予以解决，保证工程质量。

⑤能协调好各部门、各施工环节的关系，使工程不停工、不窝工，有条不紊地进行。

⑥有利于劳动保护、劳动安全和开展技术竞赛，促进施工新技术的应用与发展。

⑦能保证各种规章制度、生产责任制、技术标准及劳动定额等得到遵循和落实，从而使整个施工任务按质、按量、按时完成。

⑧是园林施工企业能够获得预期经济利益的基本条件，是园林工程市场健康和成熟的体现，是整个园林行业向规范化发展的必然要求。

### 3. 园林工程施工管理的特点与学习要求

**(1)园林工程施工管理的特点**

园林工程施工管理是施工企业对施工项目进行有效的掌握控制，具有以下特点：

①园林工程施工管理者是园林施工企业或其项目经理部，对施工项目全权负责。

②园林工程施工管理的对象是施工项目，具有时间控制性，也就是施工项目的运作周期(施工准备—竣工验收)。

③园林工程施工管理的内容是在一个长时间进行的有序过程中，根据阶段及要求的变化，管理内容也发生变化。

④园林工程施工管理具有较强的综合性，要求强化组织协调工作。园林施工一般包含多种不同性质的分部分项工程，并且点多面广，工作面时有交叉，及时有效地组织协调非常重要。

⑤与园林工程施工生产实践及现代管理理论紧密结合。相对于建筑领域，园林行业还处于一个向成熟期、完善期逐步过渡的阶段。不论是施工技术、规范标准化建设还是管理的方法和手段都有待发展完善。园林工程施工管理不仅要探讨研究管理的理论方法，更要善于从园林工程施工管理的实践中总结经验，从而形成体现园林行业特征的园林工程施工管理系统理论。

**(2)园林工程施工管理的学习要求**

园林工程施工管理是在当代园林施工项目管理实践的基础上将园林工程施工特点和现代管理理论相结合而形成的，是园林技术、园林工程等专业的一门重要专业课程。园林工程施工管理的内容涵盖面广，涉及园林施工、项目管理、经济学和社会学等多门学科的内容，具有很强的实践性和应用性。

①明确学习、研究园林工程施工管理的目的和意义　园林工程施工管理在当代园林施工过程中起着越来越重要的作用。学习和研究园林工程施工管理的根本目的是，充分发挥

施工管理者的职能，科学合理地组织和调度各生产要素，正确处理工程进度、质量和成本的关系，提高效率，促进企业管理水平和经济效益的提高。使园林工程产品成为质量和艺术精品，为推动整个园林绿化事业的发展做出自己的贡献。

②深刻认识园林工程施工管理的综合性和复杂性　管理过程的动态性、复杂性和管理对象的多样性决定了管理所要借助的知识、方法和手段要多样化。从事园林工程管理的人员应广泛涉猎组织学、管理学、市场学、社会学、心理学等方面的知识，提高个人综合素质。

③综合运用园林工程施工管理的基本理论，密切联系生产实际　影响管理的因素有很多，有的还是不确定和不可控因素。必须对具体问题做具体分析。只有在实践中才能不断提高管理水平，才能真正把握施工管理的真谛、学会管理。

通过本课程的学习，应当掌握园林工程施工管理的基本原理和方法，为从事园林工程施工管理工作打下一定基础。

# 单元 1 园林工程项目建设程序

**学习目标**

【知识目标】

(1)熟悉基本建设项目的概念。

(2)了解建设项目生命周期的阶段划分及其主要工作。

【技能目标】

(1)能够编制施工方项目管理大纲。

(2)能够编写开工报告。

【素质目标】

(1)通过学习，逐步提高自身工作、生活中的规则意识和法治意识。

(2)在熟悉基本建设程序的前提下，理解提纲挈领的重要性，培养并提高自己的全局观。

## 1.1 基本建设项目和园林工程项目

### 1.1.1 基本建设项目

基本建设项目，指在一个场地或几个场地上，按照一个独立的总体设计兴建的一项独立工程，或若干个互相有内在联系的工程项目的总体，简称建设项目。项目建成后，经济上可以独立运营，行政上可以统一管理。

在我国，一般以一个企业、事业或行政单位作为一个基本建设项目。例如，工业建设的一个联合企业，或一个独立的工厂、矿山；农林水利建设的独立农场、林场、水库工程；交通运输建设的一条铁路、一个港口；文教卫生建设的独立学校、报社、影剧院；市政建设的一座公园、一座污水处理场，等等。同一总体设计内分期进行建设的若干工程项目，均应合并算作一个建设项目；不属于同一总体设计范围内的工程，不得作为一个建设项目。

为了计划和管理的需要，建设项目可以从不同角度进行分类：

①按项目的建设阶段分类　分为前期工作项目、筹建项目、施工(在施)项目、竣工项目和建成投产项目；

②按项目的建设性质分类　分为新建项目、扩建项目、改建项目、迁建项目和重建、技术改造工程项目；

③按项目的建设规模和对国民经济的重要性分类　分为大型、中型、小型项目等。

基本建设项目的兴建是国民经济建设事业的基础。国家应重视建设项目的计划和管理。国民经济和社会发展计划在综合平衡和专题平衡的基础上，应审慎地规划一定时期内国民经济各部门、各地区建设项目的类型、数量，并合理地确定建设项目的规模、速度、比例和布局，以充分提高建设项目投资的经济效益、环境效益和社会效益。

### 1.1.2 园林工程项目

广义的园林工程项目是指按照一定的投资、经过决策和实施的一系列程序，在一定的约束条件下，以形成园林工程固定资产为确定目标的一次性事业或一次性工作任务，如一座公园、一组居住小区绿地等。上述定义涵盖了项目的整个生命周期，即工作任务范畴包含项目决策期、实施期和使用期等。本书中所谓的园林工程项目是狭义的，主要指项目实施期中施工阶段的相关工作。

园林工程项目按照项目内容可分为园林景观工程(庭院工程)和园林绿化工程，按照项目投资额可分为大型、中型、小型项目，具体见表1-1。

表1-1 园林工程项目类型

| 项目名称 | 规模 | | | 备注 |
|---|---|---|---|---|
| | 大型 | 中型 | 小型 | |
| 庭院工程 | 单项工程合同额≥1000万元 | 单项工程合同额元500万~1000万元 | 单项工程合同额<500万元 | 含厅阁、走廊、假山、广场、绿化、景观等 |
| 绿化工程 | 单项工程合同额≥500万元 | 单项工程合同额元300万~500万元 | 单项工程合同额<300万元 | |

园林工程项目在范围、约束条件、建设程序、组织方式以及投资限额标准方面具有明确的基本特征：

①园林工程项目在一个总体设计或初步设计范围内，由一个或若干个互相有内在联系的单项工程所组成，建设中实行统一核算、统一管理。

②园林工程项目在一定约束条件下，以形成固定资产为特定目标。约束条件有以下几点：一是时间约束，即一个园林工程项目有合理的建设工期目标；二是资源约束，即一个园林工程项目有一定的投资总量目标；三是质量约束，即一个园林工程项目有预期的生态功能、技术艺术水平或使用效益目标。

③园林工程项目需要遵循必要的建设程序和经过特定的建设过程。即一个园林工程项目从提出建设的设想、建议、方案拟定、评估、决策、勘察、设计、施工一直到竣工、投入使用，是有序的全过程。

④园林工程项目按照特定的任务，具有一次性特征的组织方式。表现为资金的一次性投入，建设地点的一次性固定。

⑤园林工程项目具有投资限额标准。只有达到一定投资限额的才作为园林工程项目，不满标准限额的称为零星固定购置。

## 1.2 园林工程项目生命周期及项目管理的目标和任务

### 1.2.1 园林工程项目生命周期

建设项目的建设程序习惯称为基本建设程序。建设项目按照程序进行建设是社会技术经济规律的要求，也是由建设项目的复杂性(环境复杂、涉及面广、相关环节多、多行业多部门配合)所决定的。

在建设项目管理中，通常相同性质的项目工作会划分在同一个项目阶段中，而不同性质的项目工作会划分在不同的项目阶段中。项目阶段划分的另一个标志是项目阶段成果(项目产出物)的整体性和明显性。现代项目管理理论将整个项目的全部工作看成是由一系列项目阶段构成的一个完整的项目生命周期。由于项目的本质是在规定期限内完成特定的、不可重复的客观目标，因此，所有项目都有开始与结束，也即具有与生命类似的阶段性特征。对于建设项目，项目生命周期可划分为四个或六个主要的工作阶段，如图1-1所示。

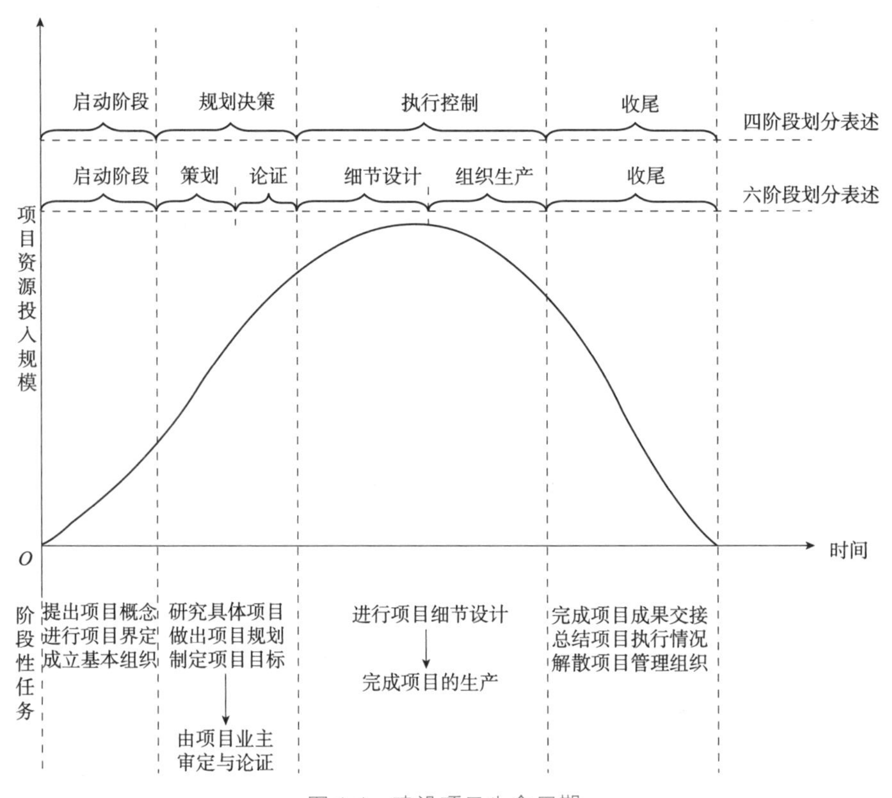


图1-1 建设项目生命周期

四阶段划分为：概念阶段、定义阶段、执行(实施或开发)阶段和结束(试运行或收尾)阶段。

六阶段划分为：项目建议书阶段、可行性研究阶段、设计工作阶段、建设准备阶段、建设实施阶段和竣工验收阶段。

**(1)项目建议书阶段**

项目建议书是业主单位向国家提出的要求建设某一建设项目的建议文件，是对建设项目的轮廓设想，是从拟建项目的必要性及长远规划方面的可能性加以考虑的。在客观上，建设项目要符合国民经济长远规划，符合部门、行业和地区规划的要求。

**(2)可行性研究阶段**

项目建议书经批准后，紧接着应进行可行性研究。可行性研究是针对建设项目在技术上和经济上(包括微观效益和宏观效益)是否可行进行的科学分析和论证工作，是技术经济的深入论证阶段，为项目决策提供依据。

可行性研究的主要任务是通过多方案比较，提出评价意见，推荐最佳方案。

可行性研究的内容可概括为市场(供需)研究、技术研究和经济研究三项。具体来说，园林项目可行性研究的内容是：项目提出的背景、必要性、依据与范围，预测和拟定项目的建设规模，资源材料和公用设施情况，建设条件和园址方案，环境保护措施，实际进度建议，投资估算数和资金筹措情况，社会效益、环境生态效益等。在可行性研究的基础上，编制可行性研究报告。

可行性研究报告经批准后，就成为初步设计的依据，不得随意修改和变更。如果在建设规模、工程方案、建设地区、主要协作关系等方面有变动以及突破投资控制数额，应经原批准机关同意。

按照现行规定，大中型和限额以上项目可行性研究报告经批准之后，项目可根据实际需要筹建机构，即组织建设单位。但一般改、扩建项目不单独筹建机构，仍由原单位负责筹建。

**(3)设计工作阶段**

一般项目进行两阶段设计，即初步设计和施工图设计。技术上比较复杂而又缺乏设计经验的项目，在初步设计阶段后增加技术设计。

①初步设计　是根据可行性研究报告的要求所做的具体实施方案，目的是阐明在指定的地点、时间和投资控制数额内，拟建项目在技术上的可能性和经济上的合理性，并通过对工程项目所作出的基本技术经济规定，编制项目总概算。

初步设计不得随意改变已批准的可行性研究报告所确定的建设规模、工程方案、工程标准、建设地址和总投资等控制指标。如果初步设计提出的总概算超过可行性研究报告总投资的10%或其他主要指标需要变更，应说明原因和计算依据，并报可行性研究报告原审批单位同意。

②技术设计　是根据初步设计和更详细的调查研究资料编制的，进一步解决初步设计中的重大技术问题，如功能区域、工艺流程、建(构)筑物结构、设备选型及数量确定等，以使建设项目的设计更具体、更完善，技术经济指标更好。

③施工图设计　施工图设计能够完整地表现建(构)筑物外形、内部空间分割、结构体系、构造状况、详细的构造尺寸和详细的地形地貌标高方案，它还包括各种设备、设施的数量、规格及各种非标准设备的制造加工图。在施工图设计阶段应编制施工图预算。

**(4)建设准备阶段**

①预备项目　初步设计已经批准的项目，可列入预备项目。国家的预备项目计划，是对列入部门、地方编报的年度建设项目计划中的大中型和限额以上项目，经过从建设总规模、生产力总布局、资源优化配置以及外部协作条件等方面进行综合平衡后安排和下达的。预备项目在进行建设准备过程中的投资活动，不计算建设工期，统计上单独反映。

②建设准备的内容　主要包括：征地、拆迁和场地平整；完成施工用水、电、路等工程；组织设备、材料订货；准备必要的施工图纸；组织施工招标投标，择优选定施工单位。

③申领施工许可证和报批开工报告　根据有关规定，除工程投资额在30万元以下的项目以及抢险救灾工程以外，施工项目施工前建设单位应当向工程所在地的县级以上

地方人民政府住房城乡建设主管部门申请领取施工许可证。最近，国家住房和城乡建设部批复同意了部分省区关于房屋建筑和市政基础设施工程施工许可证办理限额调整为“工程投资额在 100 万元以下(含 100 万元)或者建筑面积在 500 平方米以下(含 500 平方米)的房屋建筑和市政基础设施工程，可以不申请办理施工许可证”的请示。开工报告是建设项目或单项(位)工程开工的依据，包括建设项目开工报告、单项(位)工程开工报告和总体开工报告。在满足开工条件的前提下，承包人开工前(报批时间应在其最早开工的分项工程之前)应按合同规定向监理工程师提交开工申请报告。开工申请报告的内容、格式参见表 1-2。

**表 1-2　单位工程开工申请报告**

<table>
<tr><td>单位(子单位)<br>工程名称</td><td colspan="5">×××示范区园建绿化工程</td></tr>
<tr><td>工程地址</td><td colspan="5">×××市×××路东侧</td></tr>
<tr><td>施工单位</td><td colspan="5">×××园林建设有限公司</td></tr>
<tr><td>建设单位</td><td colspan="5">×××发展有限公司</td></tr>
<tr><td>监理单位</td><td colspan="5">×××监理有限公司</td></tr>
<tr><td>设计单位</td><td colspan="5">×××设计有限公司</td></tr>
<tr><td>结构类型/层数</td><td>园林绿化</td><td>建筑面积</td><td></td><td>预算造价</td><td>2306 万元</td></tr>
<tr><td>合同工期</td><td>130 个日历天</td><td>申请开工日期</td><td>2021. 04. 12</td><td>计划竣工日期</td><td>2021. 08. 20</td></tr>
<tr><td colspan="2">开工应具备的条件</td><td colspan="4">具备情况</td></tr>
<tr><td colspan="2">1. 规划许可证</td><td colspan="4">建字第 2020-05××号</td></tr>
<tr><td colspan="2">2. 施工许可证</td><td colspan="4">54530220200410×××</td></tr>
<tr><td colspan="2">3.“三通一平”情况及临时设施情况</td><td colspan="4">“三通一平”及临时设施已具备，满足施工要求</td></tr>
<tr><td colspan="2">4. 施工组织设计或施工方案审批情况</td><td colspan="4">施工组织设计或施工方案已审批</td></tr>
<tr><td colspan="2">5. 施工图纸会审(会审时间)</td><td colspan="4">已于 2021 年 04 月 05 日会审完毕</td></tr>
<tr><td colspan="2">6. 主要材料、施工机械设备落实情况</td><td colspan="4">主要材料、施工机械设备均已落实</td></tr>
<tr><td colspan="2">7. 工程基线、标高复核情况</td><td colspan="4">工程基线及标高已复核</td></tr>
<tr><td>备注</td><td colspan="5">(附件另册)附件目录</td></tr>
<tr><td colspan="2">施工单位意见：<br><br>施工单位(法人章)：<br><br>项目负责人(签章)：<br><br>年　月　日</td><td colspan="2">监理单位意见：<br><br>监理单位(法人章)：<br><br>总监理工程师(签章)：<br><br>年　月　日</td><td colspan="2">建设单位意见：<br><br>建设单位(法人章)：<br><br>建设单位项目负责人(签字)：<br><br>年　月　日</td></tr>
</table>

**(5)建设实施阶段**

建设项目经批准开工建设，便进入了建设实施阶段。这是项目决策的实施、建成投产(投入使用)、发挥投资效益的关键环节。施工活动应按设计要求、合同条款、预算投资、施工程序和顺序、施工组织设计，在保证质量、工期、成本计划等目标的前提下进行，达到竣工标准要求，经过验收后，移交给建设单位。

**(6)竣工验收阶段**

当建设项目按设计文件的规定内容全部施工完成以后，便可组织验收。它是建设全过程的最后一道程序，是投资成果转入生产或使用的标志，是建设单位、设计单位和施工单位向国家汇报建设项目的生产能力、生态效益、社会效益或质量、成本、收益等全部情况及交付新增固定资产的过程。竣工验收对促进建设项目及时投产(投入使用)，发挥投资效益及总结建设经验，都具有重要作用。通过竣工验收，可以检查建设项目实际形成的生产(使用)能力或效益，也可避免项目建成后继续消耗建设费用。

### 1.2.2　园林工程项目管理目标与任务

建设工程项目管理的时间范畴是建设工程项目的实施阶段。《建设工程项目管理规范》(GB/T 50326—2017)对建设工程项目管理做了如下的术语解释：“运用系统的理论和方法，对建设工程项目进行的计划、组织、指挥、协调和控制等专业化活动。简称为项目管理。”

建设工程项目管理的内涵是：自项目开始至项目完成，通过项目策划和项目控制，以使项目的费用目标、进度目标和质量目标得以实现。其中：“自项目开始至项目完成”指的是项目的实施阶段；“项目策划”指的是目标控制前的一系列筹划和准备工作；“费用目标”对业主而言是投资目标，对施工方而言是成本目标。

项目实施阶段是由参建各方各司其职、协同配合的一个过程。但各方的工作性质、工作范围以及项目管理的责任目标有所不同。

**(1)业主方项目管理的目标与任务**

业主方项目管理服务于业主的利益，其项目管理的目标包括项目的投资目标、进度目标和质量目标。投资目标指的是项目的总投资目标。进度目标指的是项目动用的时间目标，即项目交付使用的时间目标。质量目标不仅涉及项目的施工质量，还包括设计质量、材料质量、设备质量和影响项目运行或运营的环境质量等。质量目标应满足相应的技术规范和技术标准的规定，以及满足业主方相应的质量要求。

项目的投资目标、进度目标和质量目标之间既有矛盾的一面，也有统一的一面，它们之间是对立统一的关系。

业主方的项目管理工作涉及项目实施阶段的全过程，即在设计前的准备阶段、设计阶段、施工阶段、动用前准备阶段和保修期分别进行如下工作：①安全管理；②投资控制；③进度控制；④质量控制；⑤合同管理；⑥信息管理；⑦组织和协调。

其中，安全管理是项目管理中最重要的任务，因为安全管理关系到人身的健康与安全，而投资控制、进度控制、质量控制和合同管理等则主要涉及物质的利益。

**(2)设计方项目管理的目标与任务**

设计方作为项目建设的一个参与方，其项目管理主要服务于项目的整体利益和设计方本身的利益。由于项目的投资目标能否得以实现与设计工作密切相关，因此，设计方项目管理的目标包括设计的成本目标、设计的进度目标和设计的质量目标，以及项目的投资目标。

设计方的项目管理工作主要在设计阶段进行，但也涉及设计前的准备阶段、施工阶段、动用前准备阶段和保修期。设计方项目管理的任务包括：①与设计工作有关的安全管理；②设计成本控制和与设计工作有关的工程造价控制；③设计进度控制；④设计质量控制；⑤设计合同管理；⑥设计信息管理；⑦与设计工作有关的组织和协调。

**(3)施工方项目管理的目标与任务**

施工方作为项目建设的一个重要参与方，其项目管理不仅应服务于施工方本身的利益，也必须服务于项目的整体利益。

施工方项目管理的目标应符合施工合同的要求以及企业的利益目标，包括施工的安全管理目标、施工的成本目标、施工的进度目标和施工的质量目标。

施工方项目管理的任务包括：①施工安全管理；②施工成本控制；③施工进度控制；④施工质量控制；⑤施工合同管理；⑥施工信息管理；⑦与施工有关的组织和协调等。

**(4)供货方项目管理的目标与任务**

供货方作为项目建设的一个参与方，其项目管理主要服务于项目的整体利益和供货方本身的利益，其项目管理的目标包括供货的成本目标、供货的进度目标和供货的质量目标。

供货方的项目管理工作主要在施工阶段进行，但也涉及设计前的准备阶段、设计阶段、动工前准备阶段和保修期。供货方项目管理的主要任务包括：①供货的安全管理；②供货的成本控制；③供货的进度控制；④供货的质量控制；⑤供货合同管理；⑥供货信息管理；⑦与供货有关的组织与协调。

**实践教学**

# 实训1-1 编制单位工程开工申请报告

## 一、实训目的

明确项目开工的条件，规范、严谨地编制单位工程开工申请报告。

## 二、材料及用具

各类文本材料。

## 三、方法及步骤

(1)了解并确认施工准备工作完成情况。

(2)收集整理开工申请报告所需文本资料。

(3)编制、填写开工申请报告，并装订成册。

(4)内部审定开工申请报告。

## 四、考核评估

| 序号 | 考核项目 | 考核标准 | | | | 等级分值 | | | |
|---|---|---|---|---|---|---|---|---|---|
| | | A | B | C | D | A | B | C | D |
| 1 | 文本资料收集的完整程度：包括主要工程数量、计划工期、技术管理人员配备情况、机械设备配备情况、现场检测仪器设备配备情况、施工工艺、质量控制措施、工期控制措施、安全文明施工控制措施、环境保护措施等 | 好 | 较好 | 一般 | 较差 | 40 | 34 | 28 | 22 |
| 2 | 开工申请表格填写的规范性：规范、完整，符合有关要求 | 好 | 较好 | 一般 | 较差 | 35 | 30 | 24 | 18 |
| 3 | 内部审核认定结论：完整，规范，符合要求，通过审核 | 通过 | 基本通过 | 需要修改 | 不通过 | 20 | 16 | 12 | 10 |
| 4 | 实训态度：积极主动，完成及时 | 好 | 较好 | 一般 | 较差 | 5 | 4 | 3 | 2 |
| 合计 | | | | | | | | | |

### 自主学习资源库

1. 建设工程项目管理. 中国建筑工业出版社，2021. 全国一级建造师执业资格考试用书编写委员会.

2. 建设工程施工管理. 中国建筑工业出版社，2022. 全国二级建造师执业资格考试用书编写委员会.

3. 筑龙学社：http：//www. zhulong. com.

### 自测题

1. 园林工程项目按照投资额如何进行划分？
2. 建设项目生命周期包含哪六个阶段？
3. 施工方项目管理的目标和任务分别是什么？

# 单元2 园林工程项目部的组建及其职责

**学习目标**

【知识目标】

（1）掌握园林工程项目部的组建方式、组织机构。

（2）掌握园林工程项目部的职责、管理制度和考核方式。

【技能目标】

（1）能够编制项目部组成人员的选择依据和方案。

（2）能够结合实际拟订项目部职责、管理制度和考核办法。

【素质目标】

（1）逐步养成脚踏实地、刻苦耐劳的学习精神和工作作风。

（2）在拟订项目部各部门岗位职责和考核办法过程中，培养学生的职业道德和协作精神。

## 2.1 园林工程项目部的组建

### 2.1.1 项目管理和项目管理机构

**（1）项目管理**

项目管理是指在项目活动中运用专门的知识、技能、工具和方法，使项目能够在有限资源限定条件下，实现或超过设定的需求和期望的过程。项目管理是对一些与成功地达成一系列目标相关的活动、任务的整体监测和管控。

**（2）项目管理机构**

项目管理机构即项目部，是依据项目的组织制度组成的用于支撑项目建设工作正常运转的组织机构体系，是项目管理的骨架，也是项目建设的组织保障和管理手段。没有项目管理机构，项目的一切活动都将无法实现。

项目管理机构的设置目的是确保项目目标的实现，其具体职责包括制定决策、编制计划、下达指令、组织运转、沟通信息、控制协调、统一步调、解决矛盾等。

### 2.1.2 园林工程项目部的组建

**（1）项目部设置原则**

对施工方而言，项目部是在园林工程项目实施期间的项目管理机构。项目部的设置应遵循以下原则：

①目的性原则　根据项目目标设事；根据事设机构，定职责和分层次；根据事设人，定责任和授权。

②管理跨度原则　管理跨度又称管理幅度，是指一个主管人员直接管理的下属人员数量。跨度大，管理人员的接触关系增多，处理人与人之间关系的数量随之也增大。一般管理跨度只能有十几个人。

③系统化原则　指各层次、各组织之间要形成一个相互制约、相互联系的有机体。

④精简原则　即不用多余的人，要一专多能，在保证必要职能的前提下，尽量精简机构，减少层次和人员。

**(2)项目部组织形式**

由于项目的一次性与独特性特点，在确定一个项目以后，就需要根据这一项目的具体情况，建立项目的管理班子，负责项目的实施，负责项目的费用控制、时间控制和质量控制，按项目的目标去实现项目。项目结束后，项目的管理组织完成自己的任务，项目部随即解散。

按照组织结构的基本原理和模式，项目的组织结构可分为职能组织结构、线性组织结构和矩阵组织结构等若干形式。项目管理组织的结构实质上决定了项目管理班子实施项目获取所需资源的可能方法与相应的权力，不同的项目组织结构对项目的实施会产生不同的影响。

①项目的职能组织结构　是指一个系统的组织，是按职能组织结构设立。当采用职能组织结构进行项目管理时，项目的管理班子并不做明确的组织界定，因此，有关项目的事务在职能部门的负责人这一层次上进行协调，其结构如图 2-1 所示。

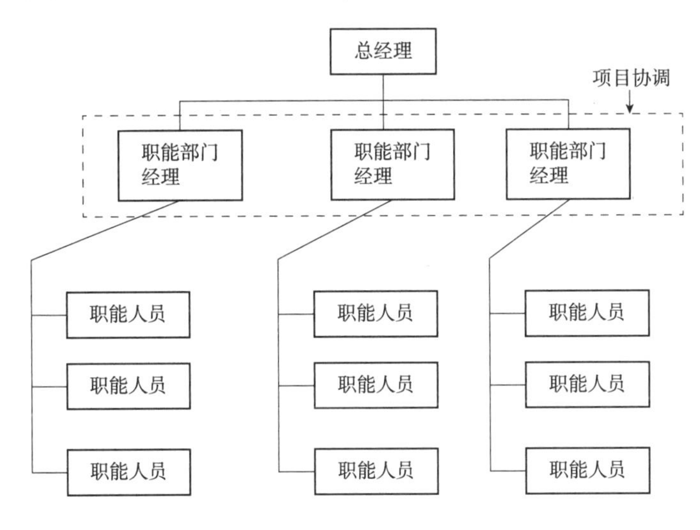


图 2-1　职能组织结构

在职能组织结构中，每一个职能部门可根据它的管理职能对其直接和非直接的下级工作部门下达工作指令。因此，每一个工作部门可能得到其直接和非直接的上级工作部门下达的工作指令，就可能会有多个矛盾的指令源。一个工作部门多个矛盾的指令源会影响企业管理机制的运行。

②项目的线性组织结构　又称项目化组织结构，如图 2-2 所示。项目化组织结构与职能组织结构完全相反，其系统中的部门全部是按项目进行设置的，每一个项目部门均有项目经理，负责整个项目的实施。系统中的成员也是以项目进行分配与组合，接受项目经理的领导。

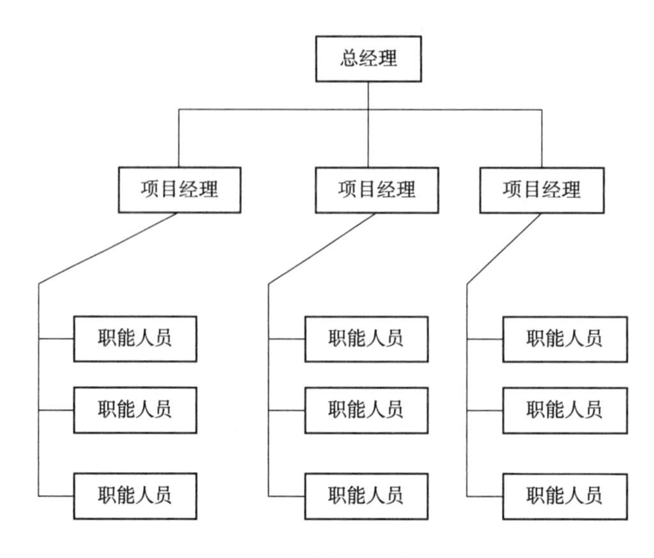


图2-2 线性组织结构

③项目的矩阵组织结构　项目的矩阵制组织是为了改进线性职能制横向联系差、缺乏弹性的缺点而形成的一种组织形式(图2-3)。其优点是：能将企业的横向与纵向关系相结合，有利于协作生产；能针对特定的任务进行人员配置，有利于发挥个体优势，集众家之长，提高项目完成的质量，提高劳动生产率；各部门人员的不定期组合有利于信息交流，增加互相学习的机会，提高专业管理水平。缺点是：项目负责人的责任大于权力，因为参加项目的人员来自不同部门，隶属关系仍在原单位，所以项目负责人对他们的管理存在一定的困难，没有足够的激励方式与惩治手段，这种人员上的双重管理是矩阵结构的先天缺陷；由于项目的组成人员来自各个职能部门，当任务完成以后，仍要回原单位，因而容易产生临时观念，影响工作责任心，对工作有一定影响。

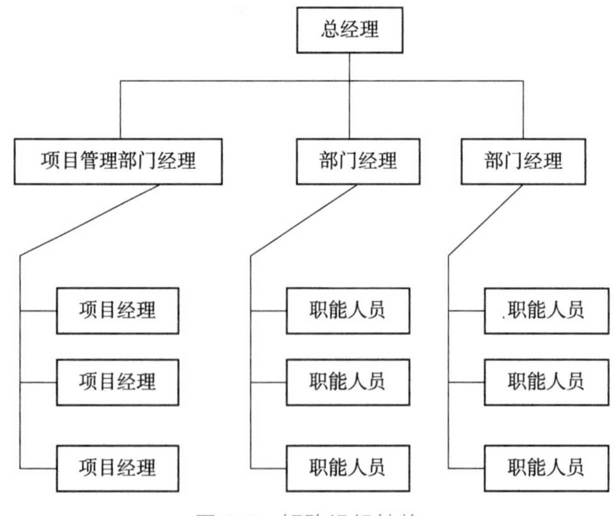


图2-3 矩阵组织结构

**(3)项目部组建程序**

①人事部门提供拟派项目部班子成员的有关资料并报批。

②企业法人任命项目经理，企业协助项目经理组建项目部班子。

③企业与项目部签订《项目管理目标责任书》。

④制定项目人员职责分工文件和管理制度等。

⑤刻制项目印章和准备必要的办公用品。新进入的施工地区，要先行办理施工手续、工商登记手续、税务登记等工作。

⑥项目经理和企业劳动人力资源部门对项目人员进行培训。

⑦全面交底《工程承包合同》，含投标的有关文件、分部分项工程量计算书等。

## 2.2　园林工程项目部的组织机构、职责与考核

### 2.2.1　园林工程项目部组织机构

一般情况下实行项目经理责任制，项目经理由企业法人任命，代表企业法人管理项目部并行使相关职权。项目部通常由项目经理、技术负责人、技术员、施工员、安全员、质检员、资料员、预算员、材料员、试验员、现场电工等组成管理班子，下设专业工长和专业班组，如图 2-4 所示。

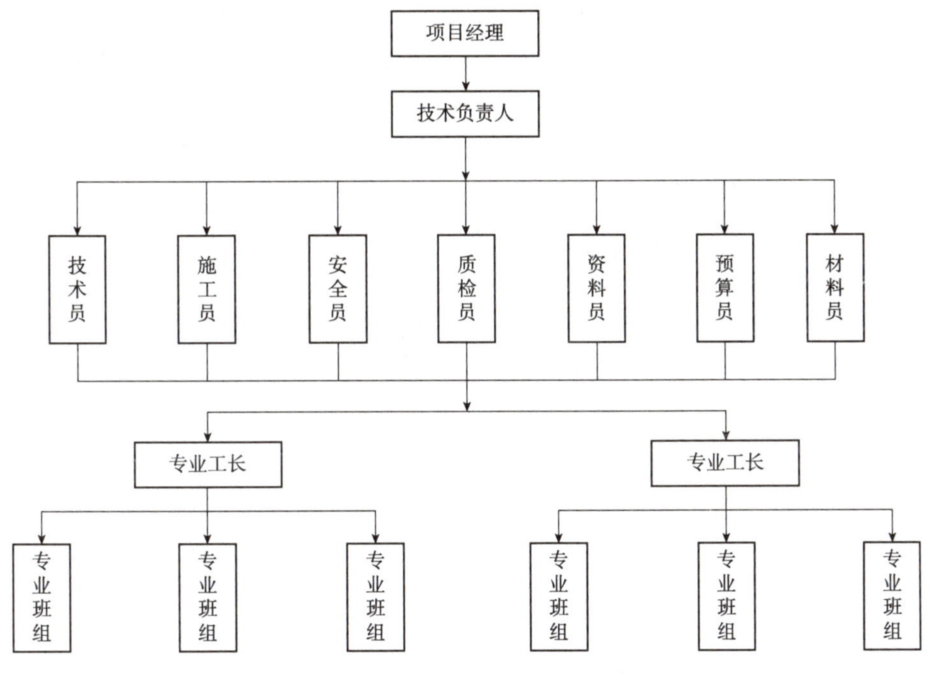


图 2-4　园林工程项目部组织机构

### 2.2.2　园林工程项目部职责

**(1)项目经理岗位职责**

①认真贯彻执行《中华人民共和国建筑法》(以下简称《建筑法》)、《中华人民共和国安全生产法》(以下简称《安全生产法》)及国家、行业的规范、规程、标准和公司质量、环境

保护、职业安全健康管理手册、程序文件和作业指导书及企业指定的各项规章制度，切实履行与建设单位和公司签订的各项合同，确保完成公司下达的各项经济技术指标。

②负责组建精干、高效的项目管理班子，并确定项目经理部各类管理人员的职责权限和组织制定各项规章制度。

③负责项目部范围内施工项目的内、外发包，并对发包工程的工期、进度、质量、安全、环境、成本和文明施工进行管理、考核验收。

④负责协调分包单位之间的关系，与业主、监理、设计单位经常联系，及时解决施工中出现的问题。

⑤负责组织实施质量计划和施工组织设计，包括施工进度计划和施工方案。根据公司各相关业务部门的要求按时上报有关报表、资料，严格管理，精心施工，确保工程进度计划的实现。

⑥科学管理项目部的人、财、物等资源，并组织好三者的调配与供应，负责与有关部门签订供需及租赁合同，并严格执行。

⑦严格遵守财务制度，加强经济核算，降低工程成本，认真组织好签证与统计报表工作，及时回收工程款，并确保足额上缴公司各项费用。经常进行经济活动分析，正确处理国家、企业、集体、个人之间的利益关系，积极配合上级部门的检查和考核，定期向上级领导汇报工作。

⑧贯彻公司的管理方针，组织制定本项目部的质量、环境、职业健康安全控制方案和措施并确保创建文明工地、安全生产等目标的实现。

⑨负责项目部所承建项目的竣工验收、质量评定、交工、工程决算和财务结算，做好各项资料和工程技术档案的归档工作，接受公司或其他部门的审计。

⑩负责工程完工后的一切善后处理及工程回访和质量保修工作。

**(2)技术负责人岗位职责**

①配合项目经理组织该项目的技术性工作，接受项目经理的领导。

②组织有关人员熟悉图纸并参加图纸会审。

③负责编写施工组织设计、施工方案和项目质量计划，报企业总工程师审批后认真贯彻执行。

④组织编制月度或工程关键部位保证质量、安全、节约的技术措施计划，并贯彻执行。

⑤负责绘制竣工图纸，配合预算人员做好结算工作，保证工程及时结算。

⑥负责现场施工技术工作，并对现场有关人员进行交底；指导各专业技术人员、管理人员工作。

⑦主持建筑物、构筑物的位置、轴线、标高等的检验，组织隐蔽工程验收。

⑧组织分部工程的质量检查和质量评定，竣工预检，参加竣工验收。

⑨落实新技术、新材料、新工艺的推广应用。

⑩组织施工现场定期与不定期的质量检查，并落实整改措施。

⑪参与质量安全事故的调查和处理。

⑫组织解决项目中的技术质量难题，并做好项目上解决技术问题的原始记录。

⑬负责对材料采购数量及进场质量的核对和把关。

**(3)技术员岗位职责**

①认真熟悉施工图纸，提出图纸中存在的问题，做好图纸的会审工作。

②编制施工图纸(施工)预算，计算出材料分析汇总表，按分部分项工程(基础、主体、装饰、分层)提出材料计划表。

③做好各分部分项工程技术交底资料，向各班组进行技术交底。

④负责本工程的定位、放线、测平、沉降、观测记录。

⑤负责测量用具、仪器的保管，并定期校正测量仪器。

⑥收集、整理工程施工中的变更签证资料。

**(4)施工员岗位职责**

①在项目经理的直接领导下开展工作，贯彻安全第一、预防为主的方针，按规定做好安全防范措施，把安全工作落到实处，做到讲效益必须讲安全、抓生产首先必须抓安全。

②认真熟悉施工图纸、各项施工组织设计方案和施工安全、质量、技术方案，编制各单项工程进度计划及人力、物力计划和机具、用具、设备计划。

③组织职工按期开会学习，合理安排，科学引导，顺利完成本工程的各项施工任务。

④协同项目经理认真履行《建设工程施工合同》条款，保证施工顺利进行，维护企业的信誉和经济利益。

⑤编制文明工地实施方案，根据本工程施工现场合理规划布局现场平面图，安排、实施、创建文明工地。

⑥编制工程总进度计划表和月进度计划表及各施工班组的月进度计划表。

⑦负责做好分部分项工程施工前班组的技术质量安全交底，检查和监督班组按操作规程、质量验收标准进行施工。

⑧负责做好技术复核、隐蔽工程的自检工作，会同技术负责人对关键工序进行复核和验收，并负责监督施工班组进行整改。

⑨向各班组下达施工任务书及材料限额领料单。

**(5)安全员岗位职责**

①在项目经理的领导下，全面负责监督实施施工组织设计中的安全措施，并负责向作业班组进行安全技术交底。

②检查施工现场安全防护、地下管道、脚手架、机械设施、电气线路、仓储防水等是否符合安全规定和标准。如发现施工现场有安全隐患，应及时提出改进措施，督促实施并对改进后的设施进行检查验收。对不改进的，提出处置意见报项目经理处理。

③正确填报施工现场安全措施检查情况的安全生产报告，定期对安全生产的情况分析报告提出意见。

④处理一般性的安全事故。

⑤按照规定进行工伤事故的登记，统计和分析工作。

⑥同各施工班组及个人签订安全纪律协议书。

⑦随时对施工现场进行安全监督、检查、指导，并做好安全检查记录。对不符合安全规范施工的班组及个人进行安全教育、处罚，并及时责令整改。

**(6)质检员岗位职责**

①在项目经理的领导下，负责检查监督施工组织设计的质量保证措施的实施，组织建立各级质量监督保证体系。

②严格监督进场材料的质量、型号、规格，监督各施工班组操作是否符合规程。

③按照规范规定的分部分项检验方法和验收评定标准，正确进行自检和实测实量，填报各项检查表格，对不符合工程质量标准、质量要求返工的分部分项工程，写出返工意见并出具处理单。

④提出工程质量通病的防治措施，提出制定新工艺、新技术的质量保证措施建议。

⑤对工程的质量事故进行分析，提出处理意见。

⑥向每个施工班组做质量验收评定标准交底。

**(7)资料员岗位职责**

①收集、整理齐全工程前期的各种资料。

②按照文明工地的要求，及时整理齐全文明工地资料。

③做好工程资料并与工程进度同步。

④工程资料应认真填写，字迹工整，装订整齐。

⑤填写施工现场天气晴雨、温度表。

⑥登记、保管好项目部的各种书籍、资料表格。

⑦收集、保存好公司及相关部门的会议文件。

⑧及时做好资料的审查备案工作。

**(8)预算员岗位职责**

①在项目经理的领导下，全面负责施工项目的工程预(结)算工作，及时办理和完成预(结)算工作，对项目经理负责。

②参加图纸会审、设计交底及预(结)算审查会议，根据有关文件规定配合解决预(结)算中的问题。

③认真贯彻执行公司施工图预(结)算及招投标报价工作管理办法。

④参加领导安排的招投标会议。认真做好预(结)算会审纪要，对预(结)算中的定额换算、取费标准、材料价差进行复核，发现问题及时反映，做到预(结)算工作的及时性和准确性。

⑤对施工过程中因设计变更产生的工程量要及时准确地掌握，为工程提供结算调整资料。

⑥对在预(结)算工作中发现的有关施工图纸的问题，应及时向技术负责人反映。

**(9)材料员岗位职责**

①在项目经理及主管负责人的领导下，具体负责现场材料管理，制定材料管理规划，及时提供用料信息，组织料具进场，加强现场材料的验收、保管、发放、核算，保证生产需要，努力做到降低消耗、场容整洁、现场文明。

②做好材料计划管理工作，及时编制材料计划并提出材料申请及加强计划，经审批后送交有关部门、单位，并做好供应工作。

③按照材料采购权限，选择合适的采购方式，了解市场信息，参照项目经理部制定的

材料单价表，实行“三比一算”的择优选购，落实采购降本的目标动态管理，参与材料采购合同管理。

④编制单位工程耗用材料的控制指标，提供材料的降低成本目标，并具体落实，进行动态控制。

⑤各类料具进场都要认真验收入库，主要材料要附有质量证明，并做好验收日记，发现材料短缺、次等要及时索赔。

⑥做好材料进场调拨、转移、领用等工作，现场耗用材料都要实行限额领料制，待分部分项工程结束，核算领料单，分析节超原因。

⑦做好与文明施工有关的材料堆放管理工作，加强对班组落手清(即工完料净场地清)工作的检查、督促、整改。

⑧严格执行仓库管理制度，材料堆放整齐、合理，账、物、卡相符。

⑨做好材料核算管理工作，准确及时地完成各类报表、台账等工作。加强三材(钢材、水泥、木材)用量核算，及时登入三材卡，认真整理各项原始单据及原始记录，实事求是地编制竣工三算(设计概算、施工预算和施工图预算)对比表，核算用料节超。

⑩协助做好工程竣工工作，盘点余料，并及时整理退库或转移。

**(10)试验员岗位职责**

①按照设计要求，做好混凝土、砂浆、灰土等配合比通知单，并将配合比做框、制表挂于混凝土、砂浆搅拌机旁边。

②随时监督混凝土、砂浆、灰土配合比的正确使用。

③认真做好各种材料的取样、送样、试验、化验、检验、复试工作及报告。

④收集、整理好各种进场材料的出厂合格证及材料质量检验单。

⑤按规定认真做好混凝土、砂浆试块。

⑥管理好标准养护室，做好试压工作，填写好混凝土、砂浆(成型日期、试压日期)表格。

⑦做好混凝土、砂浆过磅计量台账。

**(11)现场电工岗位职责**

①按照施工组织设计要求及文明工地要求，布局好施工现场安全用电计划方案。

②按照计划方案，做好施工现场、办公区、生活区、机械设备、楼房的安全用电保护及线路。

③树立“安全第一”的思想，确保施工现场、办公区、生活区、机械设备、楼房的用电安全。

④定期对用电线路和用电设备进行检查、维修，确保安全施工和施工正常进行。

⑤配合项目经理及项目部做好安全用电工作及机械设备安全施用工作。

### 2.2.3　园林工程项目部管理制度及人员考核

#### 2.2.3.1　项目部管理制度

项目部组建后应及时制定管理制度，并加强检查和考核，以保证项目部各项工作任务、职责的落实。项目部管理制度通常包括下列内容：劳动纪律及考勤制度，办公室管理制度，工作例会制度，形象管理制度，安全管理制度，施工现场安全生产责任制度。

#### 2.2.3.2 项目部人员考核

为了能够对项目全体管理人员的工作成绩、工作态度进行客观评价，同时激励和指导员工不断提高工作业绩，促进项目预期目标的有效达成，并逐步形成以绩效为中心的管理体系，项目部应制定具体的绩效考核办法。绩效考核办法一般应明确以下方面：

**(1)绩效考核原则**

①公开原则　考核者需要向被考核者明确说明绩效考核的指标体系、考核标准、考核程序、考核方法等，确保绩效考核的透明度。

②客观性原则　绩效考核要以确立的目标为依据，尽量确保考核指标、考核标准的客观性，以避免对被考核者的评价过于主观臆断。

③开放沟通原则　在绩效考核过程中，考核者均应对被考核者进行充分的绩效辅导。被考核者对考核结果不满时，可以通过绩效申诉的途径，与主管领导及系统负责人沟通。

④差别原则　考核结果可分若干等级。

⑤发展原则　通过绩效考核的约束与竞争促进个人与团队的共同发展。

**(2)绩效考核小组**

①以项目为单位，以项目经理为核心，由项目部管理人员和劳务分包方负责人组成。

②应采用无记名投票的方式进行考核，计分方法可采用加权平均法和权重法。

③项目部可每月考核一次，每季度举行一次综合评定。

**(3)考核评分**

应明确考核总分、分值的计算公式、调整方法、考核等级划分等。

**(4)绩效工资发放依据**

应确定绩效工资比例、绩效工资的发放办法等。

**(5)绩效考核文档管理**

①考核文档统一由项目经理办公室进行保管。

②考评结果以绩效考评袋存档，在管理人员离开项目时销毁。

**实践教学**

## 实训2-1　拟订项目部职责

### 一、实训目的

明确项目部的组成人员，科学地确定项目部人员的工作职责。

### 二、材料及用具

文本材料。

## 三、方法及步骤

(1)了解项目部工作任务。
(2)确定项目部人员组成。
(3)起草和确定项目部人员岗位职责。
(4)公布项目部人员岗位职责。

## 四、考核评估

| 序号 | 考核项目 | 考核标准 | | | | 等级分值 | | | |
|---|---|---|---|---|---|---|---|---|---|
| | | A | B | C | D | A | B | C | D |
| 1 | 工作职责内容：能够覆盖岗位的主要工作，无遗漏 | 好 | 较好 | 一般 | 较差 | 35 | 30 | 24 | 18 |
| 2 | 工作职责描述：符合工程项目实际，操作性强 | 好 | 较好 | 一般 | 较差 | 40 | 34 | 28 | 22 |
| 3 | 语言文字：句子结构简洁，行文条理清晰，编排主次分明 | 好 | 较好 | 一般 | 较差 | 20 | 16 | 12 | 10 |
| 4 | 实训态度：积极主动，完成及时 | 好 | 较好 | 一般 | 较差 | 5 | 4 | 3 | 2 |
| 合计 | | | | | | | | | |

# 实训 2-2　拟订项目部考核办法

## 一、实训目的

在明确项目部管理人员的工作内容、职责和工作任务后，科学地拟订项目部组成人员的考核办法。

## 二、材料及用具

文本材料。

## 三、方法及步骤

(1)明确管理人员的工作职责。
(2)核定每个人的工作内容和范围。
(3)起草项目部考核办法。
(4)讨论、审定项目部考核办法。
(5)公布项目部考核办法。

## 四、考核评估

| 序号 | 考核项目 | 考核标准 | | | | 等级分值 | | | |
|---|---|---|---|---|---|---|---|---|---|
| | | A | B | C | D | A | B | C | D |
| 1 | 工作职责内容：能够涵盖项目部的全部工作 | 好 | 较好 | 一般 | 较差 | 35 | 30 | 24 | 18 |
| 2 | 工作职责描述：操作性强，客观公正，符合项目部的项目管理要求 | 好 | 较好 | 一般 | 较差 | 40 | 34 | 28 | 22 |
| 3 | 语言文字：句子结构简洁，行文条理清晰，编排主次分明 | 好 | 较好 | 一般 | 较差 | 20 | 16 | 12 | 10 |
| 4 | 实训态度：积极主动，完成及时 | 好 | 较好 | 一般 | 较差 | 5 | 4 | 3 | 2 |
| 合计 | | | | | | | | | |

## 自主学习资源库

1. 工程项目管理. 丁士昭. 中国建筑工业出版社，2017.
2. 工程项目管理. 俞洪良，毛义华. 浙江大学出版社，2015.
3. 土木工程网：www. civilcn. com.

## 自测题

1. 项目的线性组织结构、职能组织结构和矩阵组织结构形式各有哪些优缺点？
2. 技术负责人即项目总工，其主要岗位职责是什么？

# 单元3 园林工程施工前的准备工作

**学习目标**

【知识目标】

(1)了解园林工程施工准备工作的特点和要求。

(2)掌握园林工程施工前的技术资料准备、施工现场准备和施工资源准备等相关工作内容。

【技能目标】

(1)能够进行施工组织设计的报审。

(2)能够进行测量放线管理工作。

(3)能够进行"四通一平"管理工作。

【素质目标】

(1)培养学生在学习过程中的自我责任意识。

(2)培养学生的工匠精神和独立分析、解决实际问题的能力。

(3)通过施工前的技术资料准备、施工现场准备等工作环节，培养学生的团队意识和合作精神。

## 3.1 园林工程施工准备工作特点和要求

### 3.1.1 园林工程施工准备工作特点

**(1)全局性**

施工准备期需要做的工作很多，如现场施工条件考察、施工设计文件技术交底、施工人员配备、施工机具设备准备、施工期间天气分析、施工技术设计及施工方案、施工预案的编制等。施工准备工作要顾及全局，全面做好工作。

**(2)细致性**

细致性是由工程施工本身的特点决定的。

①工程项目施工是一个综合的过程，要求协同作业，工序多，各个施工环节关系密切。

②园林施工现场条件一般较为复杂，许多景点、设施等都是建于起伏多变的地形之上，加大了施工难度。此外，施工材料的多样性及施工要素的专业性，要求更高的施工技术，否则诸如古建筑、瀑布喷泉、假山石洞、大树定植等工程就很难做好。

③园林工程施工是有时间要求的，且季节性比较明显，因此讲究施工进度，保证工期，根据季节变化拟定施工方案，才能保证施工质量。

由此可见，该特性对施工准备工作提出了更高的要求。

**(3)承接性**

园林工程施工涉及的施工要素较多：

①施工材料多　构成园林的山、水、树、石、路、建筑等要素的多样性，使园林工程施工材料具有多样性。一方面要为植物的多样性创造适宜的生态条件，另一方面又要考虑各种造园材料在不同建园环境中的应用。如园路工程中可采用不同的面层材料，片石、卵石、砖等形成不同的路面变化。现代塑山工艺材料以及防水材料更是各式各样。

②施工的复杂性　工程规模日趋大型化，协同作业日益增多，加之新技术、新材料的广泛应用，对施工管理提出了更高要求。施工中涉及地形处理、建筑基础、驳岸护坡、园路假山、铺草植树等多方面，有时因为不同的工序需要将工作面不断转移，导致劳动资源也随之转移。工程施工多为露天作业，施工中经常受到不良天气等自然因素的影响。

这种复杂施工关系要求整个施工过程做好工序承接，保证各施工要素间、各工序间顺利交接，使施工有序进行。

**(4)前瞻性**

施工准备工作要做好施工预案，分析施工条件，结合自身施工力量与施工经验对该项目施工进行全面综合的考察，预见可能出现的施工问题，提出解决的技术措施，这在综合性高、施工难度大的工程施工中尤其重要。园林工程作品讲究艺术性，而艺术的表现又与施工质量密切相关，对作品建成后的预见也成为施工管理的必备技能。另外，施工具有季节性、露天性、安全性等要求，这些都需要施工管理者具有良好的预见性，做好施工预案。

**(5)目的性**

施工准备工作要按照施工要素进行有针对性的准备。不同施工要素要求的准备工作具有差异性，景石施工需要特别做好施工吊装机械、基础施工的准备；塑石施工要做好现场及塑石材料准备；瀑布等水景施工要求施工环境条件较高，各种动力设备及材料有序进场；而大树移植要特别注意施工工序，合理起苗、定植时间，要尽量减少搬运次数，以保证成活率。因此，施工准备工作不是不分主次、杂乱无章地进行的。

### 3.1.2 园林工程施工准备工作要求

**(1)准备工作要做细做全，认真到位**

最好根据施工图中规定的施工要素列表逐一准备，由专人负责，每个施工环节都不能遗漏。对现场施工条件要多次考察，根据现场条件校对施工方案；临时设施准备要从安全、实用原则出发，尽量减少投入；各种机具准备要按施工要素计算好进场时间，避免浪费。人员准备要到位，特别要注意按不同的工种如绿化工、花卉工、电工、木工、普通工来配备施工队伍。对于技术交底工作的准备，要与设计单位、建设单位及监理单位一同协商分析，领会设计思想，同时做好交底技术文件签字归档工作。

**(2)对施工中可能出现的问题做好预案**

对小型工程来说，园林工程项目施工常规准备一般可以满足施工要求，但对于工程项目较大、施工要素复杂、技术含量高的项目，就必须做好施工预案。例如，大型塑山工程、喷泉水景工程、瀑布工程、大树移植工程、大型山石吊装工程、景观桥梁工程等都必须制定预案，制定施工现场保证措施，一旦出现问题能及时处理。

**(3)施工方案必须做到科学合理**

施工方案作为施工前准备工作的重要技术文件，是用于指导现场施工实践的，其内容要反映整个工程项目施工要求，突出施工现场环境。施工方案中的施工方法、施工进度、施工现场平面布置图、施工措施等要切合实际。实际操作中，发现与现场不符的要进行校正，以减少盲目性。

**(4)从管理层面上要做好管理准备工作**

管理工作是软科学，管理不好、不到位，就会导致整个施工现场施工混乱。要做好这项工作，务必从项目管理机构入手，施工单位要成立高效率的管理机构，制定项目管理制度，明确管理责任，要以表格形式将项目施工的各种规定、要求、标准挂于墙上，并注意对各项工作进行检查。

**(5)做好各施工相关部门或单位的协调和沟通**

工程项目施工所涉及的单位主要有建设单位、设计单位、施工单位和监理单位，有些工程还会遇到相邻单位，因此要做好彼此沟通，特别是技术交底工作及施工质量标准、验收标准、管理职责、双方材料互签等。在施工单位内部，也要做好部门间的协调，保证施工单位各技术要素按要求准备。

### 3.1.3　园林工程施工准备工作应注意的问题

**(1)要考虑保洁、防火防爆、成品保护等措施**

苗木材料多带泥土，易散落，加之需施用肥料、除虫防病药剂等，易对施工现场及环境造成不良影响，故应有明确的保洁措施，制定文明施工规范。对焊接、木工制作、油漆、爆破等施工用品要特别注意划定堆放场地和施工范围，保证施工现场安全。冬季气候干燥，火灾隐患大，所以冬季的防火措施必不可少。园林绿化工程的施工现场范围相对较大，一般不设围挡等保护措施，施工时间相对较长，且与其他工程交叉施工的可能性不可避免，故成品保护措施的制定也应是施工单位和建设单位共同关心的问题。

**(2)大型施工材料运输、吊装要注意考察运输路线**

大型施工材料主要包括大树、山石、大型构件、支柱性基础等，由于体量大、单件重，加之运输设备自重，所以必须对运输线路进行考察分析，例如，考察运输路线上是否有桥梁，桥梁能否满足承重，装车后是否超高超重。

**(3)临时设施准备以够用为原则，要注意施工基层人员生活的需要**

这方面要特别重视野外作业各种生活设施的准备。高速公路绿化、农业观光园、农家乐园、主题景区等大型项目工程，外业时间长，准备工作要更充分，施工预案要更充分。

## 3.2　开工条件

### 3.2.1　建设单位主办项目

①办理土地征用、拆迁补偿、平整施工场地等工作，使施工场地具备施工条件，在开

工后继续负责解决以上事项遗留问题;

②将施工所需水、电线路从施工场地外部接至专用条款约定地点,保证施工期间的需要;

③开通施工场地与城乡公共道路的通道,以及专用条款约定的施工场地内的主要道路,满足施工运输的需要,保证施工期间的畅通;

④向承包人提供施工场地的工程地质和地下管线资料,对资料的真实、准确性负责;

⑤办理施工许可证及其他施工所需证件、批件和临时用地、停水、停电、中断道路交通、爆破作业等的申请批准手续(证明承包人自身资质的文件除外);

⑥确定水准点与坐标控制点,以书面形式交给承包人,进行现场交验;

⑦协调处理施工场地地下管线和邻近建筑物、构筑物(包括文物保护建筑)、古树名木的保护工作,承担有关费用。

### 3.2.2 施工单位主办项目

①根据工程需要,提供和维修非夜间施工使用的照明、围栏设施,并负责安全保卫;

②按专用条款约定的数量和要求,向发包人提供在施工场地办公和生活的房屋及设施,发包人承担由此发生的费用;

③遵守政府有关主管部门对施工场地交通、施工噪声以及环境保护和安全生产等的管理规定,按规定办理有关手续,并以书面形式通知发包人,发包人承担由此发生的费用,因承包人责任造成的罚款除外;

④按专用条款约定做好施工场地地下管线和邻近建筑物、构筑物(包括文物保护建筑)、古树名木的保护工作;

⑤保证施工场地符合环境卫生管理的有关规定;

⑥建立测量控制网;

⑦做好工程用地范围内的“四通一平”,其中平整场地工作应由其他单位承担,但业主也可要求施工单位完成,费用由业主承担;

⑧搭设现场生产和生活用地的临时设施。

## 3.3 技术资料准备

### 3.3.1 施工设计图纸

施工前必须有施工依据和要求,了解工程概况、特点,包括工程范围、任务量、施工工期和工程预算等;清楚设计意图、设计方案和施工要求;熟悉和审查水景工程、绿化工程、假山工程、园路工程、园林建筑小品及一些设施工程等工程施工图纸;重视并参加设计交底和图纸会审工作。施工单位要与设计单位、建设单位和监理单位共同做好设计交底工作,并在交底单上签字,然后根据施工合同的要求,认真审核施工图,体会设计意图。

另外,要收集相关的技术经济资料、自然条件资料。对施工现场进行实地踏察,要对工地现状有总体把握。熟悉工程范围内的地上、地下情况,包括施工现场土质、地下水位、供水供电、地下管线状况,特别是要了解地下各种电缆及管线情况,以免施工时造成事故损失；了解施工定点放线的依据，一般以施工现场及附近水准点作为定点放线的依据；了解施工中的各个衔接工作部门的配合情况；了解工程施工地工程材料供应条件；有条件的情况下进行土壤检测，对土壤 pH 值、营养成分含量及肥力进行测定分析，以便必要时指导土壤改良。

### 3.3.2 施工方案准备

开工前施工单位应编制施工方案(或施工组织设计)。施工方案包括：工程概况(工程项目、工程量、工程特点、工程的有利和不利条件)，施工方法(采用人工还是机械施工以及劳动力的来源)，施工程序和进度计划，施工组织，安全、技术、质量、成活率指标和技术措施，现场平面布置图(水、电、交通道路、料场、库房、生活设施等具体位置图)等。施工方案应附有计划表格(劳动力计划，作业计划，苗木、材料机械运输等)。施工方案编制后，施工人员务必要熟悉其内容，特别是如何通过施工平面布置图和施工进度计划合理指导现场施工。这项工作准备得越充分，越有利于施工组织。

对园林工程施工组织设计，要做到两个方面的控制：一是选定工程方案后，在确定施工进度时，必须考虑施工顺序、施工流向，主要分部、分项工程的施工方法，特殊项目的施工方法和技术措施能否保证工程质量；二是制定施工方案时，必须进行技术经济比较，力求整体工程符合设计要求，保证质量，且力求做到施工工期短、成本低、安全生产、效益好。

### 3.3.3 施工验收标准

施工验收标准主要应用于施工中间验收和竣工验收，凡有国家标准的按国家标准验收，没有国家标准的按地方标准验收。验收标准要提前准备，并打印成册送交相关单位或人员。

同时，建设单位要组织有关方面做好技术交底和预算会审工作。施工单位还要制定施工操作规范、安全措施岗位职责、管理条例等。施工人员应按设计图进行现场校对。当有不符之处时，应提交设计单位做变更设计。变更设计包括：增加或减少合同中约定的工程量，省略工程，更改工程的性质、质量或类型，更改一部分工程的基线、标高、位置或尺寸，实现工程完工需要的附加工作，改动部分工程的施工顺序或施工时间，以及增加或减少合同的工程项目。

要加强对施工过程中提出的设计变更的控制。重大问题须经建设单位、设计单位、施工单位三方同意，由设计单位负责修改，并向施工单位签发设计变更通知书。

## 3.4 施工现场准备

### 3.4.1 测量放线

按照设计单位提供的施工总平面图及接收施工现场时建设方提交的施工场地范围规划红线桩、工程控制坐标桩和水准基桩，进行施工现场的测量与定位。

**(1)测设控制网**

对于大中型园林工程施工场地，为确保施工能够充分表达设计意图，先应进行全场控制网的测设工作。即根据给定的国家永久性控制点的坐标，按施工总平面要求，引测到现场，在工程施工区域设置控制网，包括控制基线、轴线和水平基准点，并做好轴线控制的测量和校核。

**(2)平整场地的放线**

平整场地的工作是将原来高低不平、比较破碎的地形按设计要求整理成为平坦的或具有一定坡度坡向的场地，如停车场、集散广场或休闲广场、露天表演场、体育场等。

平整场地的放线一般采用方格网法。用经纬仪或全站仪将图纸上的方格网测设到工地地面上，并在每个角点处立桩，边界上的桩木按图纸要求设置。

**(3)自然地形的放线**

自然地形的放线比较困难，尤其是在缺乏永久性地面物的空旷场地。一般先在施工图上设置方格网，再把方格网测设到施工场地地面上，将设计地形等高线和方格网的交点一一标到地面并立桩，在桩木上应同时标示出桩号和施工标高。

### 3.4.2 “四通一平”

在园林工程的用地范围内，平整施工场地，接通施工用水、用电、道路及通信，简称为“四通一平”。如果工程的规模较大，这一工作可分阶段进行，保证在第一期开工的工程用地范围内先完成，再依次进行其他部分。

**(1)平整施工场地**

施工现场的平整工作是按施工总平面图进行的。通过测量，计算出挖土及填土的数量，设计土方调配方案，组织人力或机械进行平整工作。

**(2)修通道路**

施工现场的道路是组织大量物资进场的运输“动脉”，为了保证园林工程建设材料、机械、设备和构件早日进场，必须先修通主干道及必要的临时性道路。为了节省工程费用，应尽可能利用已有的道路或结合正式工程的永久性道路。为使施工时不损坏路面和加快修路速度，可以先做好路基或基层，施工完毕后再做路面。

**(3)水通**

施工现场的水通包括给水和排水两个方面。施工用水包括生产与生活用水，其布置应按施工总平面图的规划进行安排。施工给水设施应尽量利用永久性给水线路。临时管线的铺设，既要满足生产用水点的需要和使用方便，也要尽量缩短管线。施工现场的排水也是十分重要的，尤其在雨季，排水有问题会影响运输和施工的顺利进行。因此，要做好有组织的排水工作。

**(4)电通**

根据各种施工机械用电量及照明用电量计算、选择配电变压器，并与供电部门联系，按施工组织设计的要求，架设好连接电力干线的工地内外临时供电线路及通信线路。应注意对建设红线内及现场周围不准拆迁的电线、电缆加以妥善保护。此外，还应考虑到因供电系统供电不足或不能供电时，为满足施工工地的连续供电要求，应准备备用发电机。

### 3.4.3　搭设临时设施

为了施工方便和安全，应将指定的施工用地的周界用围栏围挡起来，围挡的形式和材料应符合所在地管理部门的有关规定和要求。在主要出入口处设置标牌，标明工程名称、施工单位、工地负责人等。

各种生产、生活需用的临时设施，包括各种仓库、混凝土搅拌站、机修站、各种生产作业棚、办公用房、宿舍、食堂、文化生活设施等，均应按批准的施工组织设计规定的数量、标准、面积、位置等要求组织修建。

## 3.5　施工资源准备

### 3.5.1　劳动力准备

①确定的施工项目管理人员应是有实际工作经验和相应资质证书的专业人员。

②有能进行指导现场施工的专业技术人员。

③各工种应有熟练的技术工人，并应在进场前进行有关的技术培训和入场教育。

### 3.5.2　物资准备

园林建设工程物资准备的工作内容包括土建材料准备、绿化材料准备、构(配)件和制品加工准备、园林施工机具准备四部分。施工管理人员需尽早计算出各施工阶段对材料、施工机械、设备、工具等的需用量，并说明供应单位、交货地点、运输方法等。

### 3.5.3　施工机械准备

根据施工组织设计中确定的施工方法、施工机具、设备的要求和数量以及施工机械的进场计划组织落实机械设备。特别是大型施工机械及设备，要精确计算工作日并确定进场时间，做到进场后立即使用，用毕立即退场，提高机械利用率，节省机械台班费及停留费。

### 3.5.4　后勤保障准备

后勤工作是保证工程施工顺利进行的重要环节。施工现场应配备简易医疗点和其他设施。做好劳动保护工作，强化安全意识，做好现场防火工作等。保障职工正常生活条件，调动职工生产积极性，保证施工生产顺利完成。

**实践教学**

## 实训 3-1　园林工程施工准备工作

### 一、实训目的

(1)熟悉园林工程项目施工准备工作的特点和要求。

(2)掌握园林工程项目施工准备工作的内容和方法。

(3)初步掌握园林工程项目施工人员组成、技术准备、分项材料种类、价格的调查与分析方法准备等。

## 二、材料及用具

在校内实训室或园林工程施工现场，结合某项园林工程，以该工程设计图、施工图、地形图等图纸资料为基础，结合招投标文件、合同、施工组织设计方案等材料，进行以下施工计划资料编制准备。

**(1)收集工程技术资料并编制目录，整理成册，进行技术交底**(表3-1、表3-2)

表3-1 技术交底表

<table>
<tr><td>单位工程名称</td><td colspan="2"></td><td>交底时间</td><td colspan="2">年 月 日</td></tr>
<tr><td rowspan="2">分部(分项)工程部位</td><td colspan="2">接底人</td><td rowspan="2">分部(分项)工程部位</td><td colspan="2">接底人</td></tr>
<tr><td>姓名</td><td>工程(职称)</td><td>姓名</td><td>工程(职称)</td></tr>
<tr><td></td><td></td><td></td><td></td><td></td><td></td></tr>
<tr><td></td><td></td><td></td><td></td><td></td><td></td></tr>
<tr><td colspan="6">交底人：</td></tr>
</table>

表3-2 分部(分项)工程与各工种安全技术交底记录

年 月 日

<table>
<tr><td>工程名称</td><td colspan="2"></td><td>分部工程名称</td><td colspan="2"></td></tr>
<tr><td>分项工程名称</td><td colspan="5"></td></tr>
<tr><td colspan="6">交底内容：</td></tr>
<tr><td>技术负责人</td><td></td><td>交底人</td><td></td><td>接底人</td><td></td></tr>
</table>

**(2)拟制工程需要人员的组织构成及相关人员资质要求**(表3-3、表3-4)

表3-3 施工单位现场质量管理技术人员登记表

编号：

<table>
<tr><td>工程名称</td><td colspan="7"></td></tr>
<tr><td>施工单位</td><td colspan="7"></td></tr>
<tr><td>职　务</td><td>项目经理</td><td>施工员</td><td>质检员</td><td>技术员</td><td>资料员</td><td>材料员</td><td></td></tr>
<tr><td>姓　名</td><td></td><td></td><td></td><td></td><td></td><td></td><td></td></tr>
<tr><td>职　称</td><td></td><td></td><td></td><td></td><td></td><td></td><td></td></tr>
<tr><td>证书号</td><td></td><td></td><td></td><td></td><td></td><td></td><td></td></tr>
<tr><td>专　业</td><td></td><td></td><td></td><td></td><td></td><td></td><td></td></tr>
<tr><td>联系方式</td><td></td><td></td><td></td><td></td><td></td><td></td><td></td></tr>
<tr><td></td><td>(照片)</td><td>(照片)</td><td>(照片)</td><td>(照片)</td><td>(照片)</td><td>(照片)</td><td></td></tr>
<tr><td>备　注</td><td></td><td></td><td></td><td></td><td></td><td></td><td></td></tr>
</table>

填写日期：　　　　　　　　　　施工单位公章：

表3-4　工程劳动力需要计划

| 序号 | 工种名称 | 人数 | 月份 | | | | | | | | | | | | 备注 |
|---|---|---|---|---|---|---|---|---|---|---|---|---|---|---|---|
| | | | 1 | 2 | 3 | 4 | 5 | 6 | 7 | 8 | 9 | 10 | 11 | 12 | |
| | | | | | | | | | | | | | | | |
| | | | | | | | | | | | | | | | |
| | | | | | | | | | | | | | | | |
| | | | | | | | | | | | | | | | |

**(3)分析各分项工程(各施工要素)所需材料种类、规格等要求，并编制材料清单**(表3-5)

表3-5　工程各种材料(建筑材料、植物材料)配件、设备需要计划

| 序号 | 材料配件、设备名称 | 单位 | 数量 | 规格 | 月份 | | | | | | | | | | | | 备注 |
|---|---|---|---|---|---|---|---|---|---|---|---|---|---|---|---|---|---|
| | | | | | 1 | 2 | 3 | 4 | 5 | 6 | 7 | 8 | 9 | 10 | 11 | 12 | |
| | | | | | | | | | | | | | | | | | |
| | | | | | | | | | | | | | | | | | |
| | | | | | | | | | | | | | | | | | |

**(4)拟制工程机具需求计划表**(表3-6)

表3-6　工程机械需要量计划表

| 序号 | 机械名称 | 型号 | 数量 | 使用时间 | 进场时间 | 退场时间 | 月份 | | | | | | | 备注 |
|---|---|---|---|---|---|---|---|---|---|---|---|---|---|---|
| | | | | | | | 1 | 2 | 3 | 4 | … | 11 | 12 | |
| | | | | | | | | | | | | | | |
| | | | | | | | | | | | | | | |
| | | | | | | | | | | | | | | |

**(5)拟制园林苗木需求计划表**(表3-7)

表3-7　园林苗木采购计划表

工程名称：　　　　　　　　　　　　　　　　日期：　　年　月　日

| 序号 | 苗木名称 | 规格 | 单位 | 数量 | 单价(元) | 金额(元) | 采购地点 | 计划进场时间 | 备注 |
|---|---|---|---|---|---|---|---|---|---|
| | | | | | | | | | |
| | | | | | | | | | |
| | | | | | | | | | |
| 金额合计(元) | | | | | | | | | |

**(6)拟制施工现场水、电、路、安全等准备工作内容**

此外，需做好工程预付款申请，施工组织设计报审，施工技术方案，施工测量放线报验，施工进度计划，进场设备报验，材料、构配件、设备报验，分包单位资格报审，园林工程材料报验及其他准备工作(表3-8至表3-10)。

**表 3-8　工程预付款申请表**

<table>
<tr><td>工程名称</td><td></td></tr>
<tr><td colspan="2">致________监理单位：<br>根据本合同的约定，建设单位应于______年___月___日前支付我方工程预付款(大写)________元。<br><br>项目负责人(签字)：　　　　承包单位：<br>日期：</td></tr>
</table>

**表 3-9　工程开工报审表**

<table>
<tr><td>工程名称</td><td></td></tr>
<tr><td colspan="2">致________监理单位：<br>根据合同约定，建设单位已取得主管单位颁发的施工许可证(证号：______)，我方也完成了开工前的各项准备工作，计划于______年___月___日开工，请予批准。<br>已完成的报审条件有：<br>建设工程施工许可证(复印件)<br>施工组织设计(含主要管理人员和特殊工种的资格证明)<br>施工测量放线<br>开工所需主要人员、材料、施工设备进场<br>施工现场道路、水、电、通信等已达到开工条件<br><br>项目负责人(签字)：　　　　承包单位：<br>日期：</td></tr>
<tr><td colspan="2">审批意见：<br><br>结论：□同意　　　　□不同意<br>总监理工程师(签字)：　　　　监理单位：<br>日期：</td></tr>
</table>

注：本表一式三份，经监理单位审核后，监理单位、建设单位、承包单位各存一份。

**表 3-10 施工现场质量管理检查记录**

开工日期：

<table>
<tr><td>工程名称</td><td colspan="2"></td><td>施工许可证号</td><td colspan="2"></td></tr>
<tr><td>建设单位</td><td colspan="2"></td><td>项目负责人</td><td colspan="2"></td></tr>
<tr><td>设计单位</td><td colspan="2"></td><td>项目负责人</td><td colspan="2"></td></tr>
<tr><td>监理单位</td><td colspan="2"></td><td>总监理工程师</td><td colspan="2"></td></tr>
<tr><td>施工单位</td><td></td><td>项目经理</td><td></td><td>项目技术负责人</td><td></td></tr>
<tr><td>序号</td><td colspan="2">项　　目</td><td colspan="3">主要内容</td></tr>
<tr><td>1</td><td colspan="2">现场质量管理制度</td><td colspan="3"></td></tr>
<tr><td>2</td><td colspan="2">质量责任制</td><td colspan="3"></td></tr>
<tr><td>3</td><td colspan="2">主要专业工种操作上岗证书</td><td colspan="3"></td></tr>
<tr><td>4</td><td colspan="2">分包方资质与对分包单位的管理制度</td><td colspan="3"></td></tr>
<tr><td>5</td><td colspan="2">施工图审查情况</td><td colspan="3"></td></tr>
<tr><td>6</td><td colspan="2">地质勘查资料</td><td colspan="3"></td></tr>
<tr><td>7</td><td colspan="2">施工组织设计、施工方案及审批</td><td colspan="3"></td></tr>
<tr><td>8</td><td colspan="2">施工技术标准</td><td colspan="3"></td></tr>
<tr><td>9</td><td colspan="2">工程质量检验制度</td><td colspan="3"></td></tr>
<tr><td>10</td><td colspan="2">搅拌站及计量设置</td><td colspan="3"></td></tr>
<tr><td>11</td><td colspan="2">现场材料、设备存放与管理</td><td colspan="3"></td></tr>
<tr><td>…</td><td colspan="2"></td><td colspan="3"></td></tr>
<tr><td colspan="6">检查结论：<br><br><br>总监理工程师<br>（建设单位项目负责人）：　　　　　　　　年　　月　　日</td></tr>
</table>

## 三、方法及步骤

每班分成4或6个小组，每人小组4~6人，各小组自行选出一名组长、汇报人（角色可轮换）。

（1）各小组拟制人员组织结构及岗位人员资质要求方案。

（2）各小组拟制材料、机具、园林苗木需求表格等。

依据工程规模、施工程序和进度计划确定各工序的用工数量及总用工日。组建施工现场项目经理部，由项目经理、施工员、技术员、质量员、安全员、材料员和土建、绿化班组组成。施工前进行教育培训，熟悉施工程序和施工方法。

（3）各小组拟制施工现场水、电、路、安全等准备工作方案。

（4）每小组可选取综合项目工程中的某一分项工程，进行施工材料种类、价格的调查与分析，并形成市场调研报告。

(5)班级汇报交流、讨论，完善各种方案。进行小组互评及组内成员自评。

## 四、考核评估

| 序号 | 考核项目 | 考核标准 | | | | 等级分值 | | | |
|---|---|---|---|---|---|---|---|---|---|
| | | A | B | C | D | A | B | C | D |
| 1 | 资料收集完整程度：符合项目要求，完整 | 好 | 较好 | 一般 | 较差 | 35 | 30 | 24 | 18 |
| 2 | 编制的计划方案、调研报告的真实性与可操作性：充分结合项目资源条件，符合项目环境实际情况 | 好 | 较好 | 一般 | 较差 | 40 | 34 | 28 | 22 |
| 3 | 编制文件的规范程度：符合相关规范标准规定和项目实施要求 | 好 | 较好 | 一般 | 较差 | 20 | 16 | 12 | 10 |
| 4 | 实训态度：积极主动，完成及时 | 好 | 较好 | 一般 | 较差 | 5 | 4 | 3 | 2 |
| 合计 | | | | | | | | | |

## 自主学习资源库

1. 建筑企业施工现场管理. 杜训，陆惠民. 中国建筑工业出版社，1999.
2. 建设工程施工现场综合考评手册. 潘全祥. 中国建筑工业出版社，1998.
3. 建筑施工现场管理. 严刚汉，刘庆凡，等. 中国铁道出版社，2000.
4. 建筑施工现场标准化管理手册. 顾春蕾. 中国建筑工业出版社，2003.

## 自测题

1. 简述园林工程施工准备工作的特点。
2. 园林工程施工准备工作的要求和需要注意的问题有哪些?
3. 园林工程施工准备工作的技术资料准备包括哪些内容?
4. “四通一平”的含义是什么?

# 单元 4　园林工程施工组织设计

**学习目标**

**【知识目标】**

(1)理解园林工程施工组织设计的概念和作用。

(2)熟悉园林工程施工组织设计的内容。

**【技能目标】**

(1)能够进行园林工程施工组织设计的报审工作。

(2)能够编制完整的园林工程施工组织设计或施工方案。

**【素质目标】**

(1)培养学生在学习过程中的自我责任意识。

(2)培养学生的工匠精神和独立分析、解决实际问题的能力。

(3)通过编制园林工程施工组织设计方案，培养学生的团队意识和合作精神。

## 4.1　园林工程施工组织设计概述

### 4.1.1　园林工程施工组织设计概念

园林工程施工组织设计是以园林工程施工项目为对象进行编制，用来指导施工项目建设全过程中各项施工活动的技术、经济、组织、协调和控制的综合性文件。

园林建设工程通常是一项多工种之间协同工作的综合性工程，必须事先进行周密的计划和安排。

在大型园林工程项目招投标时，园林工程施工组组织设计是技术标的主要内容，在技术标评定得分中占相当比重。它是施工前的必需环节，是施工准备的核心内容，是有序进行施工管理的开始和基础。

### 4.1.2　园林工程施工组织设计作用

园林工程施工组织设计的作用有以下几方面：

①是实行科学管理的重要手段，是组织现场施工的技术性和法定性文件。

②是实现项目施工管理人员、基层劳动力、材料、机械设备、资金等要素优化配置的基础。

③是指导施工全过程符合设计要求，完成工期、进度、质量等目标，体现园林景观效果的有力保证。

④通过制定科学合理的施工方法和施工技术，确定施工顺序，保证项目顺利开展，体

现施工的连续性。

⑤协调各方关系，统筹安排各个施工环节，预计和调控施工过程中可能发生的各种情况，做到事先准备，有效预防，措施得力。

### 4.1.3 园林工程施工组织设计类型

**(1)按建设阶段分类**

园林工程施工组织设计按照建设阶段可分为投标前施工组织设计和中标后施工组织设计。投标前施工组织设计是按照招标文件的要求进行编制的，中标后施工组织设计是根据施工实际情况需要进行编制的。虽然形式不同，但内容是基本一致的。

**(2)按施工项目编制对象的规模和范围分类**

按照施工项目编制对象的规模和范围不同，施工组织设计一般可分为施工组织总设计、单项(位)工程施工组织设计和分部(项)工程作业设计。

①施工组织总设计　施工组织总设计的着眼点是整个园林工程施工项目，是总揽全局的综合性文件。目的是指导施工全过程中各项施工活动的技术、经济、组织、协调和控制。施工组织总设计由施工单位组织编制，范围广，内容概括。重点要解决的是施工期限、施工顺序、施工方法、临时设施、材料设备以及施工现场总体布局等宏观问题和关键问题。在拟建项目概念设计或扩初设计获得批准，并明确了施工承包范围后，由总包单位的总工程师主持，会同建设单位、设计单位或分包单位负责此项目的工程师共同编制，同时它也是编制单项(位)工程施工组织设计的重要依据。

②单项(位)工程施工组织设计　单项(位)工程施工组织设计的着眼点是园林工程施工项目中的某一单项(位)工程，在项目经理的组织下，由项目工程师负责编制的技术文件。它是施工组织总设计的具体化，内容详细，可操作性强。它是在项目施工图设计完成后编制的，也是编制分部(项)工程施工设计或季(月)度施工计划的依据。

③分部(项)工程作业设计　分部(项)工程施工设计作业的着眼点是一个分部(项)工程，是用以指导具体作业活动的实施性文件。它是单项(位)工程施工组织设计和承包单位季(月)度施工计划的进一步深化，其编制内容更具体、更详细。一般单位(项)工程中的特别重要部位或施工难度大、技术要求高、需要采取特殊措施的工序，才要求编制分部(项)工程作业设计。

### 4.1.4 园林工程施工组织设计内容

园林工程施工组织设计的内容一般是根据工程项目的规模、范围、性质、特点及施工条件、景观要求等方面来确定的。园林工程施工组织设计类型不同，内容上也有差异。但无论哪种类型的施工组织设计都应包括工程概况、施工准备计划、施工方案、施工进度计划、施工质量计划、施工成本计划和施工现场平面布置等内容。

#### 4.1.4.1 园林工程施工组织总设计内容

**(1)工程概况**

工程概况是对拟建工程的基本性描述。主要内容包括：工程地点、工程名称、工程性质、工程规模、工程内容、质量要求、工期要求、创优计划目标、“四通一平”情况等。

**(2)施工部署**

①建立项目管理组织 项目总指挥→项目经理→质量员、安全员、施工员、资料员、材料员、环保员等。

明确项目管理组织的目标、内容和结构模式，建立统一的工程指挥系统。组建综合或专业工作队组，合理划分每个承包单位的施工区域，明确主导施工项目和穿插施工项目及其工期要求。

②认真做好施工部署 现场踏勘→收集分析施工有关文件及技术资料→专业图纸会审→进行设计及施工技术交底→制定最佳施工方案。

安排好为全场性服务的施工设施，如现场供水、供电、通信、道路和场地平整，以及各项生产性和生活性施工设施。做好施工技术准备，合理确定单项(位)工程开、竣工时间。

③确定主要项目施工方案 根据项目施工图纸、承包合同和施工部署要求，分别编制如主要景区、景点园林建筑、园林小品和绿化工程等单项(位)或分部工程的施工方案，内容一般包括：确定施工起点流向、确定施工程序、选定施工机械和确定施工方法。

**(3)全场性施工准备工作计划**

根据施工项目的施工部署、施工总进度计划、施工资料计划和施工总平面布置的要求，编制施工准备工作计划。其表格形式见表4-1。具体内容包括：

①按照总平面图要求，做好现场控制范围的测量工作；

②认真做好现场障碍物撤除工作；

③组织项目采用的新结构、新材料、新技术试验工作；

④按照施工项目临时设施计划要求，优先落实大型临时设施，同时做好现场“四通一平”工作；

⑤根据施工项目资源计划要求，落实建筑材料、绿化材料和施工机械设备；

⑥根据各单项工程施工作业的特点，认真做好工人上岗前的技术培训工作。

**表4-1 主要施工准备工作计划表**

| 序号 | 准备工作名称 | 准备工作内容 | 主办单位 | 协办单位 | 完成日期 | 负责人 |
| --- | --- | --- | --- | --- | --- | --- |
| | | | | | | |
| | | | | | | |
| | | | | | | |

**(4)施工总进度计划**

按合同约定的工期，根据施工部署要求，合理确定每个独立交工系统及单项工程控制工期，并使它们相互之间最大限度地进行衔接，编制出施工总进度计划。在条件允许的情况下，可多做几个方案以便进行比较、论证，以获得最佳方案。

①确定施工总进度表达形式 施工总进度计划属于控制性计划，用图表形式表达。园林施工项目施工进度常用横道图表达(图4-1)。

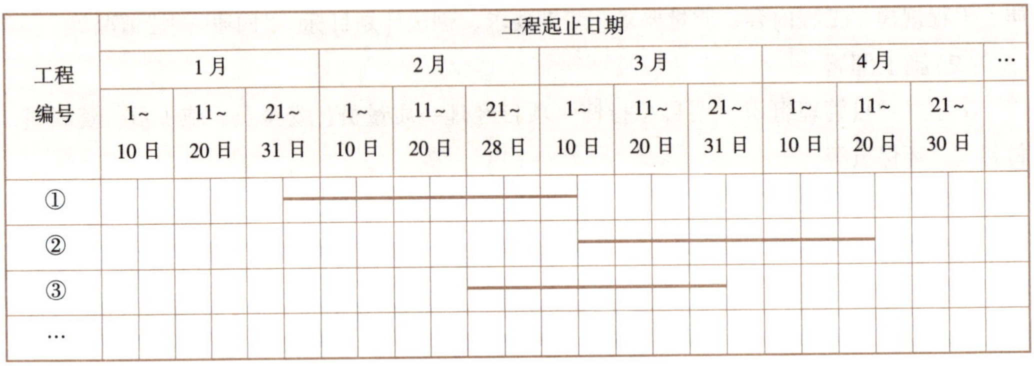

| 工程编号 | 工程起止日期 | | | | | | | | | | | | |
|---|---|---|---|---|---|---|---|---|---|---|---|---|---|
| | 1月 | | | 2月 | | | 3月 | | | 4月 | | | … |
| | 1~10日 | 11~20日 | 21~31日 | 1~10日 | 11~20日 | 21~28日 | 1~10日 | 11~20日 | 21~31日 | 1~10日 | 11~20日 | 21~30日 | |
| ① | | | | | | | | | | | | | |
| ② | | | | | | | | | | | | | |
| ③ | | | | | | | | | | | | | |
| … | | | | | | | | | | | | | |

工程编号：①整理地形工程；②绿化工程；③假山工程……

图4-1 施工进度横道图

②编制施工总进度计划

A. 根据独立交工工程的先后次序，明确划分施工项目的施工阶段；按照施工部署要求，合理确定各阶段及其单项工程开、竣工时间。

B. 按照施工阶段顺序，列出每个施工阶段内部的所有单项工程，并将它们分别分解至单位工程和分部工程。

C. 计算每个单项工程、单位工程和分部工程的工程量。

D. 根据施工部署和施工方案，合理确定每个单项工程、单位工程和分部工程的施工持续时间。

E. 科学地安排各分部工程之间的衔接关系，并绘制成控制性的施工网络计划。

F. 在安排施工进度计划时，要认真遵循编制施工组织设计的基本原则。

G. 对施工总进度计划初始方案进行优化设计，以有效地缩短建设总工期。

③制定施工总进度保证措施

A. 组织保证措施：从组织上落实进度控制责任制，建立进度控制协调制度。

B. 技术保证措施：编制施工进度计划实施细则；建立多级网络计划和施工作业周计划体系；强化施工项目进度控制。

C. 经济保证措施：确保按时供应资金；奖励工期提前的有功者；经批准，紧急工程可采用较高的计件单价；保证施工资源正常供应。

D. 合同保证措施：全面履行工程承包合同；及时协调各分包单位施工进度；按时提取工程款；尽量减少建设单位提出工程进度索赔的机会。

**(5)施工总质量计划**

充分掌握设计图纸、施工说明书、特殊施工说明书等文件上的质量指标，制定各工种施工的质量标准、作业标准、操作规程、作业顺序等，并分别对各工种的工人进行培训及教育。

①明确工程设计质量要求和特点　通过熟悉施工图纸和工程承包合同，把握设计单位和建设单位对建设项目及其单项工程的施工质量要求；再经过项目质量影响因素分析，明确施工项目质量特点及其质量计划重点。

②确定施工质量总目标　根据施工图纸和工程承包合同要求，以及国家颁布的相关的工程质量评定和验收标准，确定施工项目施工质量总目标。

③确定并分解单项工程施工质量目标　根据施工项目质量总目标要求，确定每个单项工程施工质量目标，然后将该质量目标分解至单位工程质量目标和分部工程质量目标，即确定出每个分部工程施工质量等级，如优良或合格。

④确定施工质量控制点　根据单位工程和分部工程施工质量等级要求，以及国家颁布的相关的工程质量评定与验收标准、施工规范和规程有关要求，确定各工种的质量特性，确定各个分部(项)工程质量标准和作业标准；对于影响分部(项)工程质量的关键部位或环节，要设置施工质量控制点，以便加强对其进行质量控制。

⑤制订施工质量保证措施

A. 组织保证措施：建立施工项目的施工质量体系，明确分工职责和质量监督制度，落实施工质量控制责任。

B. 技术保证措施：编制施工项目施工质量计划实施细则，完善施工质量控制点和控制标准，强化施工质量事前、事中和事后的全过程控制。

C. 经济保证措施：保证资金正常供应，奖励施工质量优秀的有功者，惩罚施工质量低劣的操作者。

D. 合同保证措施：全面履行工程承包合同，严格控制施工质量，及时了解及处理分包单位施工质量，接受施工监理，尽量减少建设单位提出工程质量索赔的机会。

**(6)施工总成本计划**

编制施工预算，根据施工预算进行成本控制。降低成本的措施一般有：

①力争工程质量一次性验收达标，减少返工损失。

②现场科学管理，减少二次搬运费用。

③材料组织采购做到质优价廉。

④合理安排施工调度，缩短工期，减少人工机械与周转材料费用支出。

**(7)园林工程施工场地总平面布置**

①临时围护及临时设施。

②材料、土方运输线路及入口分布。

③工程材料堆放布置。

④临时施工用水、用电分配。

**(8)安全、文明施工保证措施**

①三级安全保证体系。

②三级安全教育、安全竞赛。

③封闭施工、设置安全警示标牌。

④现场专职保洁及环境卫生。

⑤冬季、雨季、高温季节性技术保证措施。

### 4.1.4.2　单项(位)工程施工组织设计内容

**(1)单项(位)工程特点**

简要说明工程内容和特点，对施工的要求，并附以主要工种工程量一览表。

(2)**工程施工特征**

结合园林建设工程具体施工条件，找出其施工全过程的关键部分，合理地拟定施工方法和施工措施。如在绿化工程施工中，要重点解决大树移植问题。

(3)**施工方案(单项工程施工进度计划)**

①用图表的形式确定各施工过程开始的先后次序、相互衔接的关系和开竣工日期(表4-2) 如确定施工起点流向，它是指园林建设单项工程在平面上和竖向上施工开始部位和进展方向，主要解决施工项目在空间上施工顺序合理的问题，要注意该单项(位)工程的工程特点和施工工艺要求。如果是绿化工程，则要注意不同植物对栽植季节及气候条件的要求、工程交付使用的工期要求、施工顺序、复杂程度等因素。

**表4-2 单项工程进度计划**

| 工种 | 单位 | 数量 | 开工日 | 完成日 | 4月 | | | | | |
|---|---|---|---|---|---|---|---|---|---|---|
| | | | | | 5 | 10 | 15 | 20 | 25 | 30 |
| 准备作业 | 组 | 1.0 | 4月1日 | 4月5日 | | | | | | |
| 定点放线 | 组 | 1.0 | 4月6日 | 4月10日 | | | | | | |
| 堆土作业 | $m^3$ | 1500 | 4月11日 | 4月15日 | | | | | | |
| 栽植作业 | 棵 | 150 | 4月16日 | 4月25日 | | | | | | |
| 草坪作业 | $m^2$ | 600 | 4月26日 | 4月28日 | | | | | | |
| 收　尾 | 组 | 1.0 | 4月28日 | 4月30日 | | | | | | |

②确定施工程序　园林建设工程施工程序是指单项(位)工程不同施工阶段之间所固有的、密切不可分割的先后施工次序。它既不可颠倒，也不能超越。单项(位)工程施工总程序包括：签订工程施工合同、施工准备、全面施工和竣工验收。此外，其施工程序还包括：先场外、后场内，先地下、后地上，先主体、后装修，先土石方工程、后管线、再土建、再设备设施安装、最后绿化工程。绿化工程因为受到栽植季节的限制，常常要与其他单项(位)工程交叉进行。在编制施工方案时，必须认真研究单项(位)工程施工程序。

③确定施工顺序和施工方法　施工顺序是指单项(位)工程内部各个分部(项)工程之间的先后施工次序。施工顺序合理与否，将直接影响工种间配合、工程质量、施工安全、工程成本和施工速度，必须科学合理地确定单项(位)工程施工顺序。

确定施工方法时，工程量大且施工技术复杂并有新技术、新工艺或特种结构的工程，则需编制具体的施工过程设计，其余只需概括说明。

④选择施工机械和设备。

⑤确定主要材料和构件的运输方法。

⑥确定各施工过程的劳动组织。

⑦确定主要分部分项工程施工段的划分和流水顺序。

⑧确定冬季和雨季施工措施。

⑨确定安全施工措施。

(4)**施工方案的评价体系**

主要从定性和定量两方面来进行评价：

①定性评价指标　主要是从施工操作难易程度和安全可靠性、为后续工程创造有利条件的可能性、利用现有或取得施工机械的可能性、冬雨期施工的可能性以及为现场文明施工创造有利条件的可能性等方面进行判别和鉴定。

②定量评价指标　主要是从单项(位)工程施工工期、施工成本、施工质量、工程劳动力、机械使用情况以及主要材料消耗量方面予以衡量。

**(5)施工准备工作**

①施工准备工作内容　组建管理机构、确定各部门职能、确定岗位职责分工和选聘岗位人员等建立工程管理组织的工作。

施工技术准备：包括编制施工进度控制目标；编制施工作业计划；编制施工质量控制实施细则并落实质量控制措施；编制施工成本控制实施细则，确定分项工程成本控制目标以采取有效成本控制措施；做好工程技术交底工作，可以采用书面交底、口头交底和现场示范操作交底等方式，常采用自上而下逐级进行交底。

劳动组织准备：主要有建立工程队伍并建立工程队伍的管理体系，在队组内部，技术工人等级比例要合理，且满足劳动力优化组合的要求；做好劳动力培训工作，并安排好工人进场后的生活，然后按工程对各工种的编制，组织上岗前培训，培训内容包括规章制度、案例施工、操作技术和精神文明教育等方面。

施工物资准备：包括建筑材料准备和植物材料准备及施工机具准备，有时还要有一些预制加工品的准备。

施工现场准备：主要有消除现场障碍物，实现“四通一平”；现场控制网测量；建造各项临时施工设施；组织施工物资和施工机具进场等。

②编制施工准备工作计划　为落实各项施工准备工作，加强对施工准备工作的监督和检查，通常施工准备工作计划采用表格形式，见表4-3所列。

表4-3　单项工程施工准备工作计划

| 序号 | 准备工作名称 | 准备工作内容 | 主办单位 | 协办单位 | 完成时间 | 负责人 |
|---|---|---|---|---|---|---|
| | | | | | | |
| | | | | | | |
| | | | | | | |

**(6)施工进度计划**

审查并熟悉施工图纸，研究原始资料；确定施工起点流向，划分施工段和施工层；分解施工过程，确定工程项目名称和施工顺序；选择施工方法和施工机械，确定施工方案；计算工程量，确定劳动力分配或机械台班数量；计算工程项目持续时间，确定各项流水参数；绘制施工横道图；按项目进度控制目标要求，调整和优化施工横道计划；制定施工进度控制实施细则，主要是编制月、旬和周施工作业计划，从而落实劳动力、原材料和施工机具供应计划；协调同设计单位、分包单位、建设单位以及供货单位的关系，以保证其供应图纸、设备和材料及时到位。

**(7)施工质量计划**

根据园林建设工程施工质量要求和各分项工程特点，确定单项(位)工程施工质量控制目标为"优良"或"合格"，然后将此质量目标逐级分解、逐级落实到各个分部工程、分项工程和工序质量控制子目标中。根据工程承包合同和工程设计要求，认真分析影响施工的各项因素，明确施工质量特点及其质量控制重点。制定施工控制实施细则，包括：建筑材料、绿化材料、拟投入施工机械设备设施的质量检查验收；分部工程、分项工程质量控制措施；施工质量控制点的跟踪监控办法。

**(8)施工成本计划**

施工成本计划包括：优选材料、设备质量和价格；优化工期和成本；减少赶工费；跟踪监控计划成本与实际成本差额，分析产生原因，采取纠正措施；全面履行合同，减少建设单位索赔机会；健全工程成本控制组织，落实控制者责任；实现施工成本控制目标。

**(9)施工平面布置图**

大中型的园林建设工程施工要做好施工平面布置。

①施工平面布置依据　建设地区原始资料；一切原有和拟建工程位置及尺寸；全部施工设施建造方案；施工方案、施工进度和资源需要量计划；建设单位可提供的房屋和其他生活设施。

②施工平面布置原则　施工平面布置要紧凑合理，尽量减少施工用地；尽量利用原有建筑物或构筑物，降低施工设施建造费用；尽量采用装配式施工设施，减少搬迁损失，提高施工设计安装速度；合理组织运输，保证现场运输道路畅通，尽量减少场内运输费；各项施工设施布置都要满足方便等要求。

③施工平面布置内容

设计施工平面图：包括总平面图上的全部地上、地下构筑物和管线；地形等高线，测量放线标桩位置；各类起重机械停放场地和开行路线位置；生产性、生活性施工设施和安全防火设施位置。平面图的比例一般为1：200~1：500。

编制施工设施计划：包括生产性、生活性和围护性临时设施的种类、规模和数量，以及占地面积和建造费用；材料、土方运输线路及出入口分布；工程材料堆放布置；临时施工用水、用电分布。

**(10)主要技术经济指标**

单项(位)工程施工组织设计的评价指标包括：施工工期、施工成本、施工质量、施工安全、施工效率以及其他技术经济指标。

## 4.2　园林工程施工组织设计编制与审批

### 4.2.1　园林工程施工组织设计编制原则

施工组织设计是施工管理全过程中的重要经济技术文件，内容上要注重科学性和实用性。一方面，要遵循施工规律、理论和方法；另一方面，应吸收多年来类似工程施工中积累的成功经验，集思广益，逐步完善。在编制过程中，应遵循以下基本原则。

**(1)遵循国家相关法律法规和方针政策**

国家政策、法规对施工组织设计的编制影响大、导向性强，在编制时要能够做到熟悉并严格遵守。如《中华人民共和国民法典》《中华人民共和国环境保护法》《中华人民共和国森林法》《城市绿化条例》等。

**（2）符合园林工程特点，体现园林综合艺术**

园林工程大多是综合性工程，植物材料是其中必不可少的重要组成部分，因其生长发育和季相变化的特点，施工组织设计的制定要密切配合设计图纸，不得随意变更和更改设计内容，只有符合原设计要求，才能达到和体现景观意图和景观效果。同时还应对施工中可能出现的其他情况拟定防范措施。只有吃透图纸，熟识造园手法，采取有针对性措施，编制出的施工组织设计才能符合施工要求。

**（3）遵循园林工程施工工艺，合理选择施工方案**

园林绿化工程与市政建筑类工程在施工工序上有着共同的特性：先全场性工程的施工，再单位（项）工程的施工；先土建，后绿化；绿化施工中，先乔木，后灌木，再地被和草坪的施工。各单位工程间的施工要注意相互衔接，减少各工种在时间上的交叉和冲突。关键部位应采用国内外先进的施工技术，选择科学的组织方法和合理的施工方案，以利于改善园林绿化施工企业和工程项目部的生产经营管理素质，提高劳动生产率，提高文明施工程度，保证工程质量，缩短工期，降低施工成本。总之，在编制施工组织设计时，要以获得最优指标为目的，努力达到“五优”标准，即所选择的施工方法和施工机械最优，施工进度和施工成本最优，劳动资源组织最优，施工现场调度组织最优和施工现场平面布置最优。

**（4）采用流水施工方法和网络计划技术，保持施工的节奏性、均衡性和连续性**

流水施工方法具有专业化强，劳动效率高，操作熟练，工程质量好，生产节奏性强，资源利用均衡，作业不间断，能够缩短工期，降低成本等特点。国内外经验证明，采用流水施工方法组织施工，不仅能保持施工的节奏性、均衡性和连续性，而且会带来很大的技术经济效益。

网络计划适合园林工程施工计划管理，它应用网络图形表达计划中各项工作的相互关系。具有逻辑紧密、思维层次清晰，主要矛盾突出，有利于在计划的优化中采用流水施工方法和网络计划技术进行控制和调整，有利于计算机在计划管理中的应用等特点。实践经验证明，在施工企业和工程项目经理部计划管理中，采用网络计划技术，其经济效果更为显著。

**（5）坚持安排周密而合理的施工计划，加强成本核算，科学布置施工平面图**

施工计划产生于施工方案确定后，是根据工程特点和要求安排的，是施工组织设计中极其重要的组成部分。周密而合理的施工计划，能避免工序重复或交叉，有利于各项施工环节的把关，消除窝工、停工等现象。根据植物的生物学特性和生长规律，在时间和空间上，要考虑施工的季节性，特别是雨季或冬季的施工条件。所有这些都是为了保证施工计划的合理有效，使施工保持连续性和均衡性。

另外，园林绿化工程的特性一般为工期较短，施工时效快。因而在编制施工组织设计时，应充分利用固有设施，减少临时性设施的投入，临时设施可采用再用性的移动用房；园林绿化苗木、各种物资材料、机械设备的供应，以节约为原则，一般实行有计划采供，而不采用物资储备方式；土方工程要求就地取土或选择最佳的运输方式、工具和线路，减少运输量上的成本支出。科学合理地布置施工平面图，有利于减少施工用地的占据，方便施工，降低工程成本。

**(6)确保施工质量和施工安全，重视园林工程收尾工作**

施工质量直接影响工程质量，必须引起高度重视，要求施工必须一丝不苟。施工组织设计中应针对工程的实际情况，制定出切实可行的保证措施。施工中必须切实注意安全，要制定施工安全操作规程及注意事项，搞好安全教育，加强安全生产意识，采取有效措施作为保证。同时应根据需要配备消防设备，做好防范工作。

园林工程的收尾工作是施工管理的重要环节，但往往难以引起人们的注意，使收尾工作不能及时完成，导致资金积压，成本增加，造成浪费。因此，应十分重视后期收尾工作，尽快竣工验收，交付使用。

## 4.2.2 园林工程施工组织设计编制依据

**(1)园林工程施工组织总设计编制依据**(表4-4)

表4-4 园林工程施工组织总设计编制依据

| 编制依据 | 主要内容 |
| --- | --- |
| 1. 园林建设项目基础文件 | (1)建设项目可行性研究报告及其批准文件<br>(2)建设项目规划红线范围和用地批准文件<br>(3)建设项目勘察设计任务书、图纸和说明书<br>(4)建设项目初步设计或技术设计批准文件，以及设计图纸和说明书<br>(5)建设项目总概算、修正总概算或设计总概算<br>(6)建设项目施工招、投标文件和工程承包合同文件 |
| 2. 工程建设政策、法规和规范资料 | (1)关于工程建设报建程序有关规定<br>(2)关于动迁工作有关规定<br>(3)关于园林工程项目实行施工监理有关规定<br>(4)关于园林建设管理机构资质管理的有关规定<br>(5)关于工程造价管理有关规定<br>(6)现行的施工及验收规范、操作规程、定额、技术规定和技术经济指标 |
| 3. 建设地区原始调查资料 | (1)地区气象资料<br>(2)工程地形、工程地质和水文地质资料<br>(3)土地利用情况<br>(4)地区交通运输能力和价格资料<br>(5)地区绿化材料、建筑材料、构配件和半成品供应状况资料<br>(6)地区供水、供电、供热和通信能力和价格资料<br>(7)地区园林施工企业状况资料<br>(8)施工现场地上、地下的现状，如水、电、通信、煤气管线等现状 |
| 4. 类似施工项目经验资料 | (1)类似施工项目成本控制资料<br>(2)类似施工项目工期控制资料<br>(3)类似施工项目质量控制资料<br>(4)类似施工项目技术新成果资料<br>(5)类似施工项目管理新经验资料 |

**(2)园林单项(位)工程施工组织设计编制依据**

①单项(位)工程全部施工图纸及相关标准图；

②单项(位)工程地质勘察报告、地形图和工程测量控制网；

③单项(位)工程预算文件和资料；

④建设项目施工组织总设计对本工程的工期、质量和成本控制的目标要求；

⑤承包单位年度施工计划对工程开、竣工的时间要求；

⑥有关国家方针、政策、规范、规程和工程预算定额；

⑦类似工程施工经验和技术新成果。

### 4.2.3　园林工程施工组织设计编制程序

施工程序的安排是随着拟建工程项目的规律、性质、设计要求、施工条件和使用功能的不同而变化，既有固定程序上的客观规律，又有交叉作业、计划决策人员争取时间的主观努力，因而在编制施工组织设计、组织工程施工过程中必须认真地贯彻执行施工程序的安排原则。

施工组织设计的编制与施工程序的安排是工程项目施工组织中必不可少的两大重要内容，也是工程项目顺利实施、实现预期目标的重要保障。施工组织设计的编制必须以遵循施工程序的安排原则为前提，施工程序的安排原则同时也融入施工组织设计的编制，两者相辅相成且具有必然的联系。

**(1)园林建设项目施工组织总设计编制程序**

园林建设项目施工组织总设计编制程序如图4-2所示。

**(2)单项(位)工程施工组织设计编制程序**

单项(位)工程施工组织设计编制程序如图4-3所示。

### 4.2.4　园林工程施工组织设计审批

①施工组织设计应由项目负责人主持编制，可根据需要分阶段编制和审批。有些分期分批建设的项目跨越时间很长；还有些项目地基基础、主体结构、装修装饰和机电设备安装并不是由一个总承包单位完成；此外，还有一些特殊情况的项目，在征得建设单位同意的情况下，施工单位可分阶段编制施工组织设计。

②施工组织总设计应由总承包单位技术负责人审批；单位工程施工组织设计应由施工单位技术负责人或技术负责人授权的技术人员审批；施工方案应由项目技术负责人审批；重点、难点分部(分项)工程和专项工程施工方案应由施工单位技术部门组织相关专家评审，施工单位技术负责人批准。在《建设工程安全生产管理条例》中规定：对下列达到一定规模的危险性较大的分部(分项)工程编制专项施工方案，并附具安全验算结果，经施工单位技术负责人、总监理工程师签字后实施，由专职安全生产管理人员进行现场监督：基坑支护与降水工程；土方开挖工程；模板工程；起重吊装工程；脚手架工程；拆除爆破工程；国务院建设行政主管部门或者其他有关部门规定的其他危险性较大的工程。

以上所列工程中涉及深基坑、地下暗挖工程、高大模板工程的专项施工方案，施工单

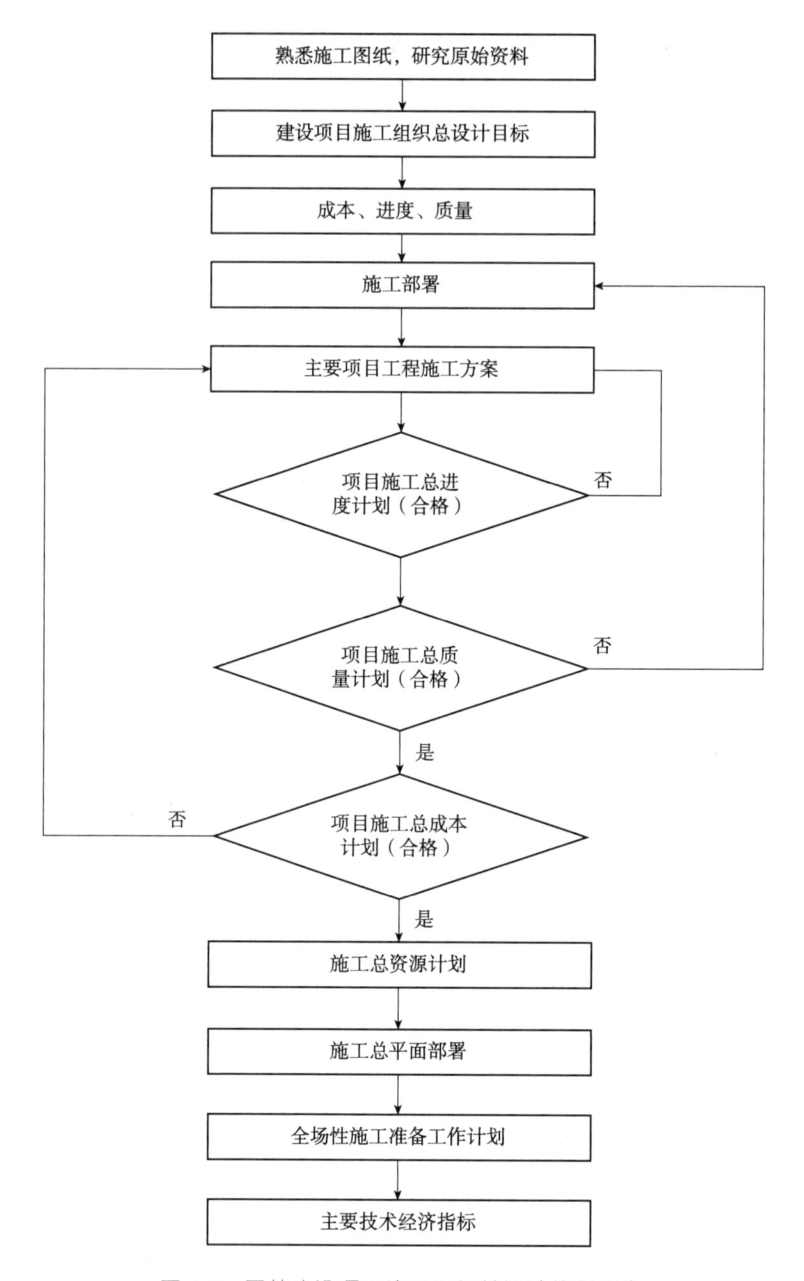


图4-2 园林建设项目施工组织总设计编制程序

位还应当组织专家进行论证、审查。除上述《建设工程安全生产管理条例》中规定的分部(分项)工程外，施工单位还应根据项目特点和地方政府部门有关规定，对具有一定规模的重点、难点分部(分项)工程进行相关论证。

③由专业承包单位施工的分部(分项)工程或专项工程的施工方案，应由专业承包单位技术负责人或技术负责人授权的技术人员审批；有总承包单位时，应由总承包单位项目技术负责人核准备案。

④规模较大的分部(分项)工程和专项工程的施工方案应按单位工程施工组织设计进行编制和审批。有些分部(分项)工程或专项工程如主体结构为钢结构的大型建筑工程，其钢

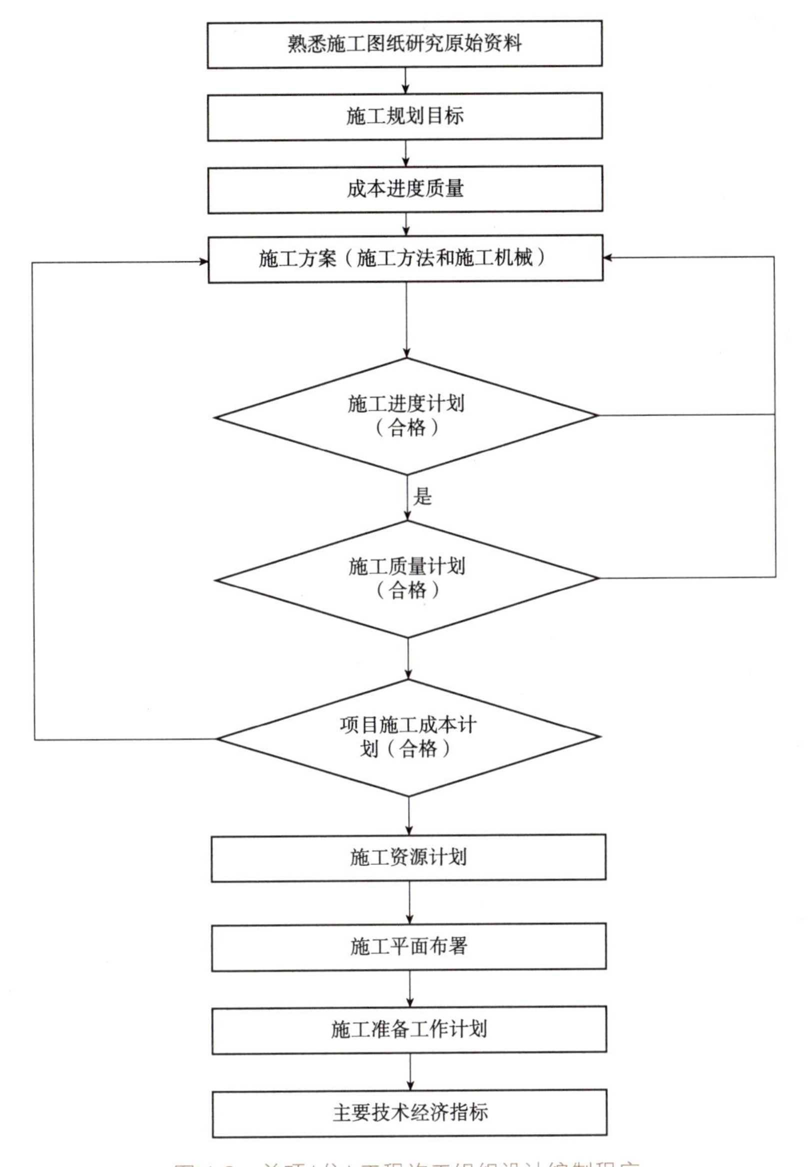


图4-3　单项(位)工程施工组织设计编制程序

结构分部规模很大且在整个工程中占有重要的地位，需另行分包，遇有这种情况的分部(分项)工程或专项工程，其施工方案应按施工组织设计进行编制和审批。

**实践教学**

## 实训4-1　园林工程施工组织设计编制

### 一、实训目的

(1)开阔眼界，通过调研学习优秀的施工组织设计的编制案例，明确编制施工组织设计包含的内容，并能灵活运用。掌握一般园林工程施工组织设计的编制技术，能够独立完成中、小型园林工程施工组织设计的编制任务，为进行园林施工与管理打下坚实的基础。

(2)掌握编制园林工程施工组织设计的方法与步骤。

(3)能够充分认识及运用园林工程施工组织设计的技术规范。

## 二、材料及用具

某项目审核后的完整园林工程施工图纸，依法成立的招投标文件，会议纪要、建设双方达成的协议及相关文件，计算机、传真机、打印机、绘图工具等。

## 三、方法及步骤

**(1)方法**

选择某一个项目(面积不小于10 000m$^2$)，研究其施工图纸及业主方提供的正式文件，编制园林工程施工组织总设计。

**(2)步骤**

实地调查资料→熟悉施工图纸，研究相关资料和技术规范→初步施工部署→施工总进度计划→施工总质量计划→施工总成本计划→施工总资源计划→施工总平面布置→全场性施工准备计划→完成园林工程施工→组织总设计的编制。

## 四、考核评估

| 序号 | 考核项目 | 考核标准 | | | | 等级分值 | | | |
|---|---|---|---|---|---|---|---|---|---|
| | | A | B | C | D | A | B | C | D |
| 1 | 施工组织设计的规范性：符合国家或工程合同要求、规范标准，满足国家行业标准《建设工程项目管理规范》对项目合同管理实施规划的要求 | 好 | 较好 | 一般 | 较差 | 35 | 30 | 24 | 18 |
| 2 | 施工组织设计内容的完整性：施工组织设计内容完整，编制原则和编制依据合理，编制的程序合理 | 好 | 较好 | 一般 | 较差 | 40 | 34 | 28 | 22 |
| 3 | 文字组织的条理性：句子结构简洁，文字无纰漏，无错别字，行文条理清晰，编排主次分明，阅读方便 | 好 | 较好 | 一般 | 较差 | 20 | 16 | 12 | 10 |
| 4 | 实训态度：积极主动，完成及时 | 好 | 较好 | 一般 | 较差 | 5 | 4 | 3 | 2 |
| 合计 | | | | | | | | | |

## 自主学习资源库

1. 建筑施工组织设计. 钱昆润，葛筠圃. 东南大学出版社，2004.

2. 建筑施工组织与管理. 雷毓德. 高等教育出版社，2012.

3. 园林工程施工组织设计范例精选. 刘敏，筑龙网. 中国电力出版社，2007.

4. 最新园林工程施工组织设计与施工技术应用实物全书. 李欣. 中国科技文化出版社，2006.

5. 园林工程施工组织设计与进度管理便携手册. 郝瑞霞. 中国电力出版社，2008.
6. 园林工程施工组织与管理. 吴立威. 机械工业出版社，2008.
7. 园林工程施工组织设计与管理. 邹原东. 化学工业出版社，2014.

## 自测题

1. 园林工程施工组织设计的概念和作用是什么?
2. 园林工程施工组织总设计包括哪些主要内容?
3. 园林工程施工组织设计编制的原则是什么?
4. 如何绘制单项(位)工程施工组织设计的编制程序?

# 单元 5　园林工程施工进度控制

**学习目标**

**【知识目标】**

(1) 熟悉施工进度计划的类型和特点。

(2) 掌握流水施工的步骤和方法。

(3) 掌握施工项目进度控制的内容和方法。

(4) 熟悉工程延期的审批程序。

**【技能目标】**

(1) 能够根据项目实际情况选择适当的流水施工组织方式。

(2) 能够正确绘制横道图和网络图。

(3) 能够根据工程进度情况资料，进行工程进度的分析、比较和调整。

(4) 能够进行工程延期的判断和计算。

**【素质目标】**

(1) 培养学生在学习中的主动性和工作中的岗位职责意识。

(2) 通过施工进度计划的编制，逐步养成严谨的工作作风，进一步领悟古训“凡事预则立，不预则废”的含义。

(3) 通过工程进度动态控制原理的学习，深刻认识实事求是与机动灵活相结合的必要性和重要性。

## 5.1　施工进度计划的编制

进度控制是指施工企业或施工项目经理部根据合同规定的工期要求，编制出施工进度计划，并以此作为进度管理的目标，在执行该计划的过程中经常检查施工实际进度情况，并将其与计划进度相比较，若出现偏差，便分析产生的原因和对工期目标的影响程度，采取必要的调整措施，修改原计划，不断地如此循环以保证工程在既定的工期竣工或提前竣工。

进度控制是园林项目施工的重点控制内容之一。它是保证施工项目按期完成、合理安排资源供应、节约工程成本、提高施工项目综合效益的重要措施，也是履行承包合同的重要内容。

进度控制的目标与成本控制、质量控制的目标是对立统一的，一般来说，要想进度快就要增加投资，但工期提前也会提高投资效益；进度快可能影响质量，而质量控制严格就可能影响进度，但如果质量控制严格而避免了返工，又会加快进度。进度、质量与投资(成本)三个目标是一个系统，工程施工管理就是要解决好三者的矛盾，既要进度快，又要投资少、质量好。

进度控制是贯穿整个施工过程的一项系统性工作，从施工准备直至竣工验收，任务是通过分析研究、制订计划、跟踪检查、反馈调整、协调关系、资源调配等活动实现工程进度目标。

进度控制的程序如图 5-1 所示。

从图 5-1 可以看出，进度计划的编制是进度控制工作的起点，也是进度管理的基础性工作。进度计划是进度控制的主要依据。

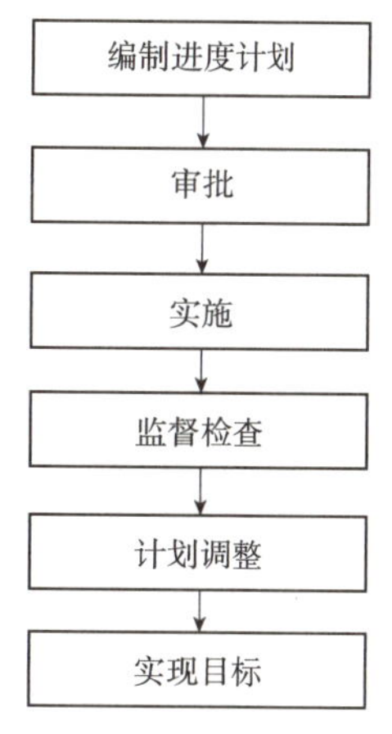


图 5-1　进度控制的程序

## 5.1.1　施工进度计划概述

### 5.1.1.1　施工进度计划的概念

园林工程施工进度计划是指规定并表示主要施工准备工作和主体工程的开工、竣工等主要节点的日期及施工程序、施工强度的技术文件。即以拟建工程为对象，规定各项工程的施工顺序和开工、竣工时间的施工计划。

### 5.1.1.2　施工进度计划的内容

施工进度计划的内容根据计划的种类和作用不同而有一定的差别，但通常均应包括项目以及各重要分部分项工程的开工、竣工计划及其工期，里程碑事件的时间，人员、机械设备、材料等各种资源的供应计划、保障措施。内容具体有：编制说明、编制依据、工程概况、施工组织和管理机构、施工总体部署和施工方案、施工总体进度计划及保证措施等。

### 5.1.1.3　施工进度计划的类型

**(1)按照时间划分**

①年(季)施工进度计划　对总工期跨越一个年度以上的施工项目，应根据不同年度的施工内容编制年度和季度的控制性施工进度计划，确定并控制项目的施工总进度的重要节点目标。

②月(旬)施工进度计划　项目施工的月(旬)施工进度计划是用于直接组织施工作业的计划，它是实施性施工进度计划。旬施工进度计划是月度施工进度计划在一个旬中的具体安排。实施性施工进度计划的编制应结合工程施工的具体条件，并以控制性施工进度计划所确定的里程碑事件的进度目标为依据。

一个项目的月度施工进度计划应包括本月度将进行的主要施工作业的名称、实物工程量、工作持续时间、所需的施工机械名称、施工机械的数量等。月度施工进度计划还反映各施工作业相应的日历天的安排，以及各施工作业的施工顺序。

一个项目的旬施工进度计划应包括旬中每一个施工作业(或称其为施工工序)的名称、实物工程量、工种、每天的出勤人数、工作班次、工效、工作持续时间、所需的施工机械名称、施工机械的数量、机械的台班产量等。旬施工进度计划还反映各施工作业相应的日历天的安排，以及各施工进度的施工顺序。

**(2)按照范围划分**

①施工总进度计划　是以拟建项目交付使用时间为目标的控制性施工进度计划，是根

据施工部署中施工方案和工程项目的开展程序，对全工地所有单位工程做出时间上的整体安排，包括建设项目的施工进度计划和施工准备阶段的进度计划。它按生产工艺和建设要求，确定工程项目和施工内容的施工顺序、相互衔接和开、竣工时间，以及施工准备工程的顺序和工期。

②单位工程施工进度计划　是施工总进度计划有关项目施工进度的具体化，是在确定施工方案的基础上，根据规定工期和各种资源供应条件，按照施工过程的合理施工顺序以及施工组织的原则，用图表形式(横道图和网络图)，对一个工程从开始施工到工程全部竣工的各个项目，确定其在时间上的安排和相互间的搭接关系。单位工程施工进度计划是编制月、季计划及各项资源需要量计划的基础。

③分部分项工程进度计划　是针对单位工程中工程量较大或施工技术比较复杂的分部分项工程，在依据工程具体情况所制定的施工方案基础上，对其各施工过程做出的具体时间安排。

### 5.1.1.4　施工进度计划的编制依据

①工程项目的全部设计图纸，包括工程的初步设计或扩大初步设计、技术设计、施工图设计、设计说明书、建筑总平面图等。

②工程项目有关概(预)算资料、指标、劳动力定额、机械台班定额和工期定额。

③施工承包合同规定的进度要求和施工组织设计。

④施工总方案(施工部署和施工方案)。

⑤工程项目所在地区的自然条件和技术经济条件，包括气象、地形地貌、水文地质、交通水电条件等。

⑥工程项目需要的资源，包括劳动力状况、机具设备能力、物资供应来源条件等。

⑦地方建设行政主管部门对施工的要求。

⑧国家现行的有关专业施工技术、质量、安全规范、操作规程和技术经济指标。

### 5.1.1.5　影响施工进度的因素

为了对工程项目的施工进度进行有效控制，必须在施工进度计划实施之前对影响工程项目施工进度的因素进行分析，进而提出保证施工进度计划实施成功的措施，以实现对工程项目施工进度的主动控制。影响工程项目施工进度的因素有很多，归纳起来，主要有以下几个方面：

**(1)工程建设相关单位的影响**

影响工程项目施工进度的单位不只是施工承包单位。事实上，凡是与工程建设有关的单位(如政府有关部门、业主、监理单位、设计单位、物资供应单位、资金贷款单位，以及运输、通信、供电部门等)，其工作进度的拖后都将对施工进度产生影响。因此，控制施工进度必须协调好各相关单位之间的进度关系。而对于无法进行协调控制的进度关系，在进度计划的安排中应留有足够的机动时间。

**(2)物资供应进度的影响**

施工过程中需要的材料、构配件、机具和设备等如果不能按期运抵施工现场或者运抵施工现场后发现其质量不符合有关标准的要求，都会对施工进度产生影响。因此，项目进度控制人员应严格把关，采取有效措施控制好物资供应质量和进度。

**（3）资金的影响**

工程施工的顺利进行必须有足够的资金作保障。一般来说，资金的影响主要来自业主，如没有及时足额支付工程预付款或者拖欠工程进度款，这些都会影响承包单位流动资金的周转，进而影响施工进度。项目施工进度控制人员应根据业主的资金供应能力，安排好施工进度计划，并督促业主及时拨付工程预付款和工程进度款，以免因资金供应不足而拖延进度，导致工期索赔。

**（4）设计变更的影响**

在施工过程中，出现设计变更是难免的，例如，由于原设计有问题需要修改，或者是由于业主提出了新的要求。项目施工进度控制人员应加强图纸审查，严格控制随意变更，特别是对业主的变更要求应引起重视。

**（5）施工条件的影响**

在施工过程中，一旦遇到季节、气候、水文、地质及周围环境等方面的不利因素，必然会影响到施工进度。此时，承包单位应利用自身的技术经济能力予以克服。

**（6）各种风险因素的影响**

风险因素包括政治、经济、技术及自然等方面的各种不可预见的因素。政治方面的有战争、内乱、罢工、拒付债务、制裁等；经济方面的有延迟付款、汇率浮动、换汇控制、通货膨胀、分包单位违约等；技术方面的有工程事故、试验失败、标准变化等；自然方面的有地震、洪水等。

**（7）承包单位自身管理水平的影响**

施工现场的情况千变万化，如承包单位的施工方案不当、计划不周、管理不善、解决问题不及时等，都会影响工程项目的施工进度。

正是由于上述各种因素的影响，施工进度计划的执行过程难免会产生偏差，一旦发现进度偏差，就应及时分析产生偏差的原因，采取必要的纠偏措施或调整原进度计划，这种调整过程是一种动态控制的过程。

#### 5.1.1.6 施工进度计划的编制程序

施工进度计划按不同层次可分为控制性施工总进度计划、实施性施工分进度计划和操作性施工作业计划。尽管各类计划的内容、对象不同，但其基本原理、方法和步骤有相同的地方。施工进度计划的编制程序如图5-2所示。

①分析工程施工的任务和条件，分解工程进度目标。根据掌握的工程施工任务和条件，可将施工项目进度总目标按照不同的项目内容、施工阶段、施工单位、专业工种等分解为不同层次的进度分目标，由此构成一个施工进度目标系统，分别编制各类施工进度计划。

②安排施工总体部署，拟定主要施工项目的工艺、组织方案。不同的施工总体部署和主要施工方案直接影响施工项目的工艺方案和组织安排，需要仔细研究，反复比选。

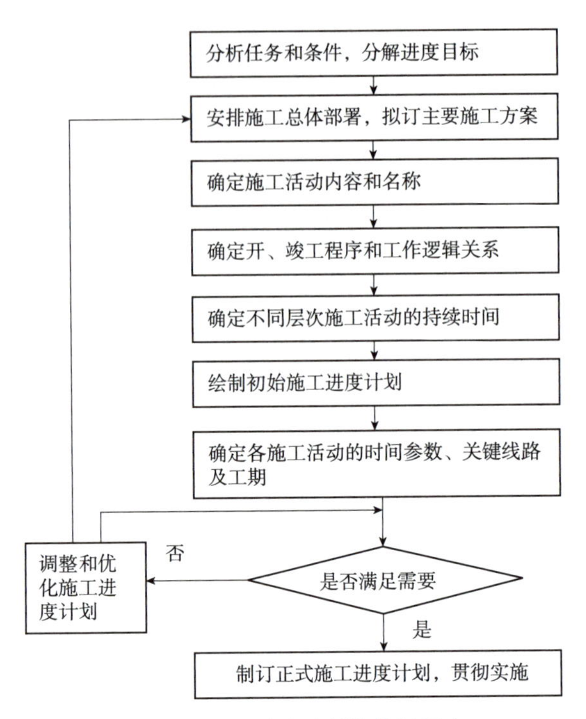


图 5-2 施工进度计划的编制程序

③确定施工活动内容和名称。根据工作分解结构的要求，分别列出施工总进度计划或施工分进度计划的内容及其相应的名称。编制控制性施工总进度计划时，工作宜划分得粗一些，一般只列出单位工程或主要分部工程名称；编制实施性施工分进度计划时，工作可划分得细一些，特别是其中的主导工作和主要分部工程。

④确定控制性施工活动的开、竣工工程和相互关系，并分析各分项施工活动的工作逻辑关系，分别列出不同层次的逻辑关系，见表 5-1 所列。

**表 5-1 各施工活动的逻辑关系表**

| 代号 | 活动名称 | 实务工作量 | | 每天资源量 | 持续时间 | 紧前活动 | 紧后活动 | 备注 |
|---|---|---|---|---|---|---|---|---|
| | | 数量 | 单位 | | | | | |
| | | | | | | | | |
| | | | | | | | | |

⑤确定施工总进度计划中各施工活动的开始和结束时间，估算各分项计划中施工活动的持续时间。通常可采用类似工程经验法、三点估算法、定额计算法等方法。

⑥绘制初始施工进度计划，根据工作逻辑关系表和计划绘制要求，合理构图、正确标注，形成初步施工横道图计划或者网络计划。

⑦确定施工进度计划中各项活动的时间参数、关键线路及工期。

⑧调整与优化施工进度计划。根据施工资源限制条件和工程工期、成本资料，检查施工进度计划是否满足约束条件限制、是否达到最优状况。否则，就需要进行优化和调整。

⑨制订正式施工进度计划，并加以贯彻实施。

## 5.1.2　施工进度计划表达方法

表示施工进度计划的常用方法有横道图和网络图。

### 5.1.2.1　横道图

横道图也称条形图、横线图和甘特图。它的优点是简单、明了、直观，易于编制，因此，到目前为止仍然是小型工程项目中常用的工具。即使在大型工程项目中，它也是高级管理层了解全局、基层安排工作进度时常用的工具。

采用横道图表示施工进度计划，可明确地表示出各项工作的划分、工作的开始时间和完成时间、工作的持续时间、工作之间的相互搭接关系，以及整个工程项目的开工时间、完工时间和总工期。但同时也存在下列缺点：

①不能明确地反映出各项工作之间错综复杂的相互关系，因而在计划执行过程中，当某些工作的进度由于某种原因提前或拖延时，不便于分析其对其他工作及总工期的影响程度，不利于建设工程进度的动态控制。

②不能明确地反映出影响工期的关键工作和关键线路，也就无法反映出整个工程项目的关键所在，因而不便于进度控制人员抓住主要矛盾。

③不能反映出工作所具有的机动时间，看不到计划的潜力所在，无法进行最合理的组织和指挥。

④不能反映工程费用与工期之间的关系，因而不便于缩短工期和降低工程成本。

在横道计划的执行过程中，对其进行调整也是十分烦琐和费时的。图 5-3 为某绿化工程项目施工进度计划(横道图)。

利用横道图控制施工进度简单实用，一目了然，适用于小型园林绿地工程。横道图法对工程的分析以及重点工序的确定与管理等诸多方面的局限性，限制了它在更广阔的领域中应用。为此，对复杂庞大的工程项目必须采用更先进的计划技术——网络计划技术。

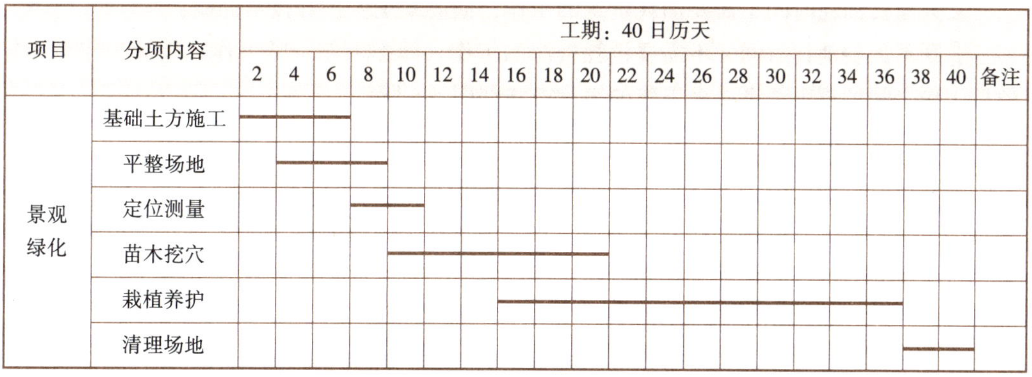

| 项目 | 分项内容 | 工期：40 日历天 | | | | | | | | | | | | | | | | | | | | |
|---|---|---|---|---|---|---|---|---|---|---|---|---|---|---|---|---|---|---|---|---|---|---|
| | | 2 | 4 | 6 | 8 | 10 | 12 | 14 | 16 | 18 | 20 | 22 | 24 | 26 | 28 | 30 | 32 | 34 | 36 | 38 | 40 | 备注 |
| 景观绿化 | 基础土方施工 | | | | | | | | | | | | | | | | | | | | | |
| | 平整场地 | | | | | | | | | | | | | | | | | | | | | |
| | 定位测量 | | | | | | | | | | | | | | | | | | | | | |
| | 苗木挖穴 | | | | | | | | | | | | | | | | | | | | | |
| | 栽植养护 | | | | | | | | | | | | | | | | | | | | | |
| | 清理场地 | | | | | | | | | | | | | | | | | | | | | |

图 5-3　某绿化项目施工进度计划(横道图)

### 5.1.2.2　网络图

网络图法又称统筹法，它是以网络图为基础的用来指导施工的全新计划管理方法。20 世纪 50 年代中期首先出现于美国，60 年代初传入我国并在工业生产管理中应用。其基本原理为：将某个工程划分多个工作(工序或项目)，按照各工作之间的逻辑关系找出关键线路编成网络图，用以调整、控制计划，求得计划的最佳方案，以此对工程施工进行全面监测和指导。实现用最少的人力、材料、机具、设备和时间消耗取得最大的经济效益的目的。

网络图是网络计划技术的基础，它是依据各工作面的逻辑关系编制而成的，是施工过程时间及资源耗用或占用的合理模拟，比较严密。目前，应用于工程施工管理的网络图有单代号网络图和双代号网络图两种。这里着重介绍双代号网络图。

双代号网络图是用有向箭线及其两端的两个节点编号表示工作的网络图由工作、节点(事件)和线路三部分组成(图5-4)。

(1)**工作**

工作也称活动，是指计划任务按需要的粗细程度划分的一个消耗时间或也消耗资源的子项目或子任务。工作既可以是一个建设项目、一个单项工程，也可以是一个分项工程乃至一个工序。

双代号网络图中工作的表示方法为：双代号网络图中的工作用一根有向箭线和箭线两端的两个节点来表示，箭尾节点表示工作的开始，箭头节点表示工作的结束。工作名称(或代号)标注在箭线的上方，工作的持续时间标注在箭线的下方，如图5-5所示。

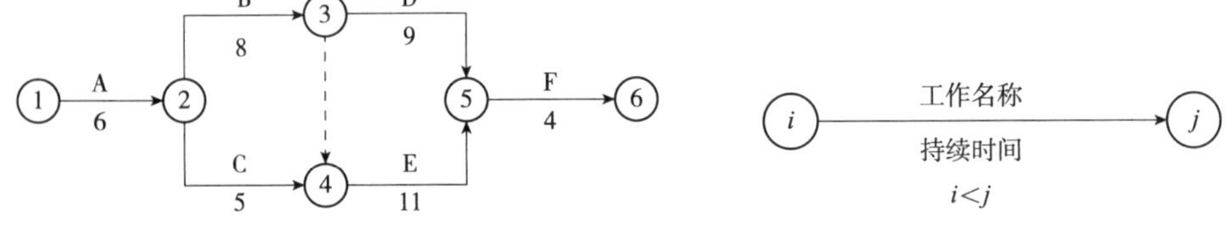


图5-4 双代号网络图　　图5-5 双代号网络图中工作的表示方法

双代号网络图中的工作可以分为三种类型：

①既需要消耗时间又需要消耗资源的工作，如路槽开挖、基层铺筑；

②只需要消耗时间不需要消耗资源的工作，如混凝土养护等技术间歇；

③既不需要消耗时间又不需要消耗资源的工作，即虚工作。虚工作只表示工作与相邻前后工作之间的逻辑关系。虚工作的表示方法如图5-6所示。

(2)**节点(事件)**

在双代号网络图中，节点(事件)是指工作开始或完成的时间点，通常用圆圈(或方框)表示。节点表示的是工作之间的交接点，它既表示该节点前一项或若干项工作的结束，也表示该节点后一项或若干项工作的开始。如图5-4中的节点②，它既表示A工作的结束时刻，也表示B、C工作的开始时刻。

代表工作的箭线，其箭尾节点表示该工作的开始，称为工作的开始节点；其箭头指向的节点表示该工作的结束，称为工作的结束节点。任何工作都可以用其箭线两端的两个节点的编号来表示，开始节点编号在前，结束节点编号在后，如图5-4中的B工作即可用②-③来表示。

网络图中的第一个节点称为起点节点，它表示一项任务的开始；网络图中的最后一个节点称为终点节点，它表示一项任务的完成；其余的节点均称为中间节点。如图5-4中的

①为起点节点，⑥为终点节点，②、③、④、⑤为中间节点。

在网络图中，对一个确定的节点 $i$ 来说，可能有许多箭线指向该节点，这些指向该节点的箭线称为内向箭线；同样也可能有许多箭线由该节点引出，这些由该节点引出的箭线称为外向箭线，如图 5-7 所示。

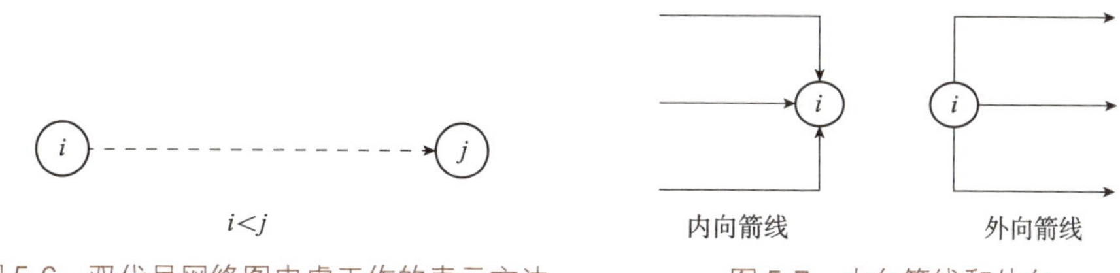


图 5-6　双代号网络图中虚工作的表示方法　　　图 5-7　内向箭线和外向

所有的节点都应统一编号，一条箭线前后两个节点的号码就是该箭线所表示的工作的代号。在对网络图的节点进行编号时，箭尾节点的代号编码应小于箭头节点的编码。

**(3)线路**

网络图中从起点节点出发，沿着箭头方向连续通过一系列箭线和节点，直至到达终点节点的“通道”，称为线路。

网络图中的线路有多条，一条线路上的所有工作的持续时间之和称为该线路的长度。在各条线路中，所有工作的持续时间之和最长的线路称为关键线路。除关键线路之外的其他线路都称为非关键线路。位于关键线路上的工作称为关键工作，除关键工作之外的其他工作称为非关键工作。

关键工作用较粗的箭线或双箭线来表示，以与非关键线路上的工作进行区别。非关键线路上的工作，既有关键工作，也有非关键工作。

工作、节点和线路被称为双代号网络图的三要素。

# 5.2　横道图和网络计划技术

## 5.2.1　施工组织形式

工程施工中，根据工程项目的施工特点、工艺流程、资源利用、平面或空间布置等要求，可以采用依次施工、平行施工和流水施工等组织方式。对于相同的施工对象，当采用不同的作业组织方法时，其效果也各不相同。

**(1)依次施工**

依次施工也称顺序施工，指前一个施工过程(或工序或一栋房屋)完工后才开始下一个施工过程，一个过程紧接着一个过程依次施工下去，直至完成全部施工过程。其特点是：现场作业单一；每天投入的资源量少，但工期长；各专业施工队不能连续施工，产生窝工现象；不利于均衡组织施工。适用于工程量较小，作业面不大的工程。

**(2)平行施工**

是将几个相同的施工过程，分别组织几个相同的工作队，在同一时间、不同的空间上平行进行施工。其特点是：充分利用了空间、争取了时间，可以缩短工期；适用于组织综合工作队施工，不能实现专业化生产，不利于提高工程质量和劳动生产率；如果采用专业工作队施工，则工作队不能连续作业；单位时间内投入施工的资源量成倍增加，现场各项临时设施也相应增加；现场施工组织、管理、协调、调度复杂。

**(3)流水施工**

流水施工为工程项目组织实施的一种主要管理形式，它由固定组织的工人在若干个工作性质相同的施工环境中依次连续地工作。其特点是：科学利用工作面，争取时间，合理压缩工期；各工作队实现了专业化施工，有利于提高技术水平和劳动生产率，也有利于提高工程质量；专业工作队能够连续施工，同时使相邻专业工作队的开工时间能够最大限度地搭接，缩短工期；单位时间内投入的劳动力、施工机具、材料等资源量较为均衡，有利于资源组织与供给；为施工现场的文明施工和科学管理创造了有利条件。

## 5.2.2 流水施工组织方法

流水施工组织的具体步骤是：将拟建工程项目的全部建造过程，在工艺上分解为若干个施工过程，在平面上划分为若干个施工段，还可以在竖向上划分为若干个施工层，然后按照施工过程组建专业工作队(或组)，并使其按照规定的顺序依次连续地投入各施工段，完成各个施工过程。此种作业法既能充分利用时间又能充分利用空间，大大缩短了工期，同时又克服了平行施工资源高度集中的缺点，所以流水施工是一种先进有效的作业组织法。流水施工可保证施工生产的连续性和均衡性，而施工生产的连续性和均衡性势必使各种材料可以均衡使用，消除了工作组的施工间歇，因而可以大幅缩短工期，一般可缩短1/3~1/2。

### 5.2.2.1 流水参数

**(1)工艺参数**

工艺参数指组织流水施工时，用以表达流水施工在施工工艺方面进展状态的参数，通常包括施工过程和流水强度两个参数。

①施工过程　根据施工组织及计划安排需要而将计划任务划分成的子项称为施工过程。施工过程可以是单位工程，可以是分部工程，也可以是分项工程，甚至是将分项工程按照专业工种不同分解而成的施工工序，数目一般用 $n$ 表示。

②流水强度　是指流水施工的某施工过程(专业工作队)在单位时间内所完成的工程量，也称流水能力或生产能力。

**(2)空间参数**

空间参数指组织流水施工时，表达流水施工在空间布置上划分的个数。空间参数可以是施工区(段)，也可以是多层的施工层数，数目一般用 $m$ 表示。

由于施工段内的施工任务由专业工作队一次完成，因而在两个施工段之间容易形成一个施工缝。施工段数量的多少，将直接影响流水施工的效果。为使流水施工段划分得合理，一般应遵循下列原则：

①同一专业工作队在各个施工段上的劳动量应大致相等，相差幅度不宜超过15%。

②每个施工段内要有足够的工作面，以保证相应数量的工人、主导施工机械的生产效率，满足合理劳动组织的要求。

③施工段的界限应尽可能与结构界限(如沉降缝、伸缩缝等)相吻合，或设在对建筑结构整体性影响小的部位，以保证建筑结构的整体性。

④施工段的数目要满足合理组织流水施工的要求。施工段数量过多，会降低施工速度，延长工期；施工段数量过少，不利于充分利用工作面，可能造成窝工。

⑤对于多层建筑物、构筑物或需要分层施工的工程，应既分施工段，又分施工层，各专业工作队依次完成第一施工层中各施工段任务后，再转入第二施工层的施工段上作业，依此类推，以确保相应专业工作队在施工段与施工层之间，组织连续、均衡、有节奏的流水施工。

**(3)时间参数**

时间参数指在组织流水施工时，用以表达流水施工在时间安排上所处状态的参数，主要包括流水节拍、流水间歇时间($t_j$)、流水步距和流水施工工期等。

①流水节拍　是指在组织流水施工时，每个专业工作队在一个施工段上的施工时间，以 $t$ 表示。

②流水间歇时间($t_j$)　在组织流水施工确定计划总工期时，项目管理人员还应根据本项目的具体情况，考虑确定以下几个时间参数的值。

技术间歇时间：在组织流水施工时，除要考虑相邻专业工作队之间的流水步距外，有时根据建筑材料或现浇构件等的工艺性质，还要考虑合理的工艺等待间歇时间，这个等待时间称为技术间歇时间。如混凝土浇筑后的养护时间、砂浆抹面和油漆面的干燥时间等。

组织间歇时间：在流水施工中，由于施工技术或施工组织的原因，造成的在流水步距以外增加的间歇时间，称为组织间歇时间。如墙体砌筑前的墙身位置弹线，施工人员、机械转移，回填土前地下管道检查验收等。

平行搭接时间(提前插入时间)：在组织流水施工时，有时为了缩短工期，在工作面允许的条件下，如果前一个专业工作队完成部分施工任务后，能够提前为后一个专业工作队提供工作面，使后者提前进入前一个施工段，两者在同一施工段上平行搭接施工，这个搭接的时间称为平行搭接时间，即提前插入时间，通常以 $C_{j,j+1}$ 表示。

在计算工期时，前两者需加上，第三者需减去。

③流水步距　是指两个相邻的专业工作队进入流水作业的时间间隔，以 $K$ 表示。

④流水施工工期　是指从第一个专业工作队投入流水作业开始，到最后一个专业工作队完成最后一个施工过程的最后一段工作、退出流水作业为止的整个持续时间。由于一项工程往往由许多流水组组成，所以这里所说的是流水组的工期，而不是整个工程的总工期。工期可用符号 $T$ 表示，一般可采用式(5-1)计算：

$$T=\sum B_{i,i+1}+\sum t_j-\sum t_c+T_n \tag{5-1}$$

式中　$\sum B_{i,i+1}$——流水施工中流水步距之和；

$\sum t_j$——流水间歇时间之和；

$\sum t_c$——提前插入时间之和；

$T_n$——流水施工中最后一个施工过程的总持续时间，$T_n=mt_n$。

### 5.2.2.2　流水施工的基本组织形式

在流水施工中，根据流水节拍的特征将流水施工划分为等节奏流水施工、异节奏流水施工和无节奏流水施工三类。

(1)**等节奏流水施工**

等节奏流水施工是指在有节奏流水施工中，各施工过程的流水节拍都相等的流水施工，也称为全等节拍流水施工。

①等节奏流水施工的特点　等节奏流水施工是一种最理想的流水施工方式，其特点如下：

• 所有施工过程在各个施工段上的流水节拍均相等；

• 相邻施工过程的流水步距相等，且等于流水节拍；

• 专业工作队数等于施工过程数，即每一个施工过程成立一个专业工作队，由该队完成相应施工过程所有施工段上的任务；

• 各个专业工作队在各施工段上能够连续作业，施工段之间没有空闲时间。

②等节奏流水施工工期的计算

有间歇时间的等节奏流水施工：所谓间歇时间，是指相邻两个施工过程之间由于工艺或组织安排需要而增加的额外等待时间，包括工艺间歇时间($G_{j,j+1}$)和组织间歇时间($Z_{j,j+1}$)。对于有间歇时间的等节奏流水施工，其流水施工工期 $T$ 可按下式计算：

$$T=(n-1)K+\sum_G+\sum_Z+mK=(m+n-1)K+\sum_G+\sum_Z$$

式中　$n$——施工过程数；

$K$——流水步距；

$\sum_G$——工艺间歇；

$\sum_Z$——组织间歇；

$m$——施工段数。

有提前插入时间的等节奏流水施工：所谓提前插入时间，是指相邻两个专业工作队在同一施工段上共同作业的时间。在工作面允许和资源有保证的前提下，专业工作队提前插入施工，可以缩短流水施工工期。对于有提前插入时间的等节奏流水施工，其流水施工工期 $T$ 可按下式计算：

$$T=(m+n-1)K+\sum_G+\sum_Z-\sum_C$$

式中　$\sum_C$——提前插入时间，即搭接时间。

(2)**异节奏流水施工**

异节奏流水施工是指在有节奏流水施工中，各施工过程的流水节拍各自相等而不同施工过程之间的流水节拍不尽相等的流水施工。在组织异节奏流水施工时，又可以采用等步距和异步距两种方式。

①等步距异节奏流水施工　是指同一施工过程在各个施工段的流水节拍相等，不同施工过程之间的流水节拍不完全相等，但各个施工过程的流水节拍均为其中最小节拍的整数倍的流水施工方式。

等步距异节奏流水施工的特征为：

• 同一施工过程在其各个施工段上的流水节拍均相等，不同施工过程的流水节拍不等，其值为倍数关系。

• 各施工过程之间的流水步距等于其中最小的流水节拍。

• 专业工作队数大于施工过程数，部分或全部施工过程按倍数增加相应专业工作队；

专业工作队数等于本施工过程流水节拍与最小流水节拍的比值，即 $D_i=t_i/t_{min}$。

• 各个专业工作队在施工段上能够连续作业，施工段之间没有间隔时间。

等步距异节奏流水步距的确定：

$$B_{i,i+1}=t_{min}$$

等步距异节奏流水工期的计算：

$$T=\sum B_{i,i+1}+T_n=(m+n'-1)t_{min}$$

式中　$n'$——施工班组(专业工作队)总数目。

从上述两式可以看出，等步距异节奏流水施工实质上也是一种等节奏流水施工，是通过对流水节拍较大的施工过程相应增加专业工作队数，使它转换为步距 $B_{i,i+1}=t_{min}$ 的等节奏流水，所以也称成倍节拍流水施工。等步距异节奏流水施工方式比较适用于线形工程(如道路、管道等)的施工。

②异步距异节奏流水施工　是指同一施工过程的流水节拍各自相等，不同施工过程的流水步距、流水节拍不相等的流水施工方式。

其特征是：

• 同一施工过程在各个施工段上流水节拍均相等，不同施工过程之间的流水节拍不尽相等；

• 相邻施工过程之间的流水步距不尽相等；

• 专业工作队数等于施工过程数；

• 各个专业工作队在施工段上能够连续作业，施工段之间没有间隔时间。

其流水步距的计算为：

$$B_{i,i+1}=t_i+t_j-t_c \quad (当\ t_i\leqslant t_{i+1}时)$$

$$B_{i,i+1}=mt_i-(m-1)t_{i+1}+t_j-t_c \quad (当\ t_i>t_{i+1}时)$$

其工期的计算为：

$$T=\sum B_{i,i+1}+T_n$$

异步距异节奏流水施工方式适用于分部和单位工程流水施工，它允许不同施工过程采用不同的流水节拍，因此，在进度安排上比等节奏流水施工以及等步距异节奏流水施工更灵活，实际应用范围较广泛。

**(3)无节奏流水施工**

无节奏流水施工也称非节奏流水施工，是指各个施工过程的流水节拍均不完全相等(即使是同一施工过程在不同施工段上的流水节拍也不相等)的一种流水施工方式。这种施工是流水施工中最常见的一种。其特征是：

• 同一施工过程流水节拍不完全相等，不同施工过程流水节拍也不完全相等，且无变化规律；

• 各个施工过程之间的流水步距不完全相等且差异较大；

• 每个专业工作队都能连续作业，而施工段之间可能有空闲；

• 专业施工队数等于施工过程数，即 $n'=n$。

无节奏流水施工流水步距的计算，通常采用潘特考夫斯基法，简称累加数列法，也称为最大差法(即累加数列、错位相减、取大差)：

第一步：累加数列，即将每个施工过程的流水节拍逐段累加；

第二步：错位相减，即从前一个施工班组由加入流水起到完成该段工作止的持续时间和减去后一个施工班组由加入流水起到完成前一个施工段工作止的持续时间和(即相邻斜减)，得到一组差数；

第三步：取大差，即取上一步斜减差数中最大值作为流水步距。

其施工工期的计算为：

$$T=\sum B_{i,i+1}+\sum t_j-\sum t_c+T_n$$

无节奏流水施工适用于各种不同结构性质和规模的工程施工组织。由于它不像有节奏流水施工有一定的时间规律约束，所以在进度安排上比较灵活、自由，适用于分部工程和单位工程以及大型建筑群的流水施工，是流水施工中应用最多的一种方式。

到底采取哪一种流水施工的组织形式，除了要分析流水节拍的特点外，还要考虑工期要求和项目经理部自身的具体施工条件。

任何一种流水施工的组织形式，仅仅是一种组织管理手段，其最终目的是要实现企业目标——工程质量好、工期短、成本低、效益高和安全施工。

#### 5.2.2.3 流水施工的组织步骤

①确定施工起点流向，分解施工过程。

②确定施工顺序，划分施工段。

③根据工程量和相关定额及必需的劳动力，加以综合分析，制定施工过程(或工种、工序)的工期(流水节拍)。确定工期时可视实际情况酌加机动时间，但要满足工程总工期要求。

④确定流水作业方式。

⑤按潘特考夫斯基法确定相邻两个专业工作队之间的流水步距。

⑥按式(5-1)计算流水施工的计划工期。

⑦绘制施工进度计划图(横道图或网络图)。

### 5.2.3 横道图计划技术

**(1)横道图的形式**

横道图是一种最直观的工期计划方法。它在国外又被称为甘特(Gantt)图，在工程中广泛应用，并受到欢迎。横道图用横坐标表示时间，工程活动在图的左侧纵向排列，以活动所对应的横道位置表示活动的起始时间，横道的长短表示活动持续时间的长短。它实质上是图和表的结合形式。

**(2)横道图的特点**

①优点　能够清楚地表达工程活动的开始时间、结束时间和持续时间，一目了然，易于理解，并能够为各层次的人员所掌握和运用；使用方便，制作简单；不仅能够安排工期，而且可以与劳动力计划、材料计划、资金计划相结合。

②缺点　很难表达工程活动之间的逻辑关系。如果一个活动提前或推迟，或延长持续时间，很难分析出它会影响哪些后续的活动；不能表示活动的重要性，如哪些活动是关键

的，哪些活动有推迟或拖延的余地；横道图上所能表达的信息量较少；不便用计算机处理，即对一个复杂的工程不能进行工期计算，更不能进行工期方案的优化。

**(3)横道图的应用范围**

横道图的特点决定了它既有广泛的应用范围和很强的生命力，同时又有局限性。

横道图可直接应用于一些简单的小项目。由于工程活动较少，可以直接用它排工期计划。

项目初期由于尚没有做详细的项目结构分解，工程活动之间复杂的逻辑关系尚未分析出来，一般人们都用横道图制订总体计划。

上层管理者一般仅需了解总体计划，故都用横道图表示。

**(4)施工进度计划横道图绘制步骤**

施工进度计划横道图是以横向线条结合时间坐标表示各项工作施工的起始点和先后顺序的，整个计划是由一系列的横道(条)组成。

横道图施工进度计划绘制步骤如下：

①绘制表格；

②根据计划的开工日期确定首个施工过程的起点，根据该施工过程的流水节拍确定终点，并用横向线条表示；

③根据施工顺序和工艺衔接关系，依次绘制并表示其余施工过程的时间安排，用横向线条表示，以此类推直至最后一个施工过程；

④在确定每个施工过程时间安排的起点位置时，务必注意工艺间歇、组织间歇或提前插入时间的影响；

⑤清绘完毕后，要认真检查，看是否准确、清晰，是否与计算工期一致，是否满足总工期需要等。

**(5)横道图进度计划示例**

某小区绿化工程由三块基本相同的楼间绿地组成，每块绿地为一个施工段，施工过程划分为整理绿化地、乔灌木栽植、草坪灯安装和铺种草皮四项，各施工过程的流水节拍见表 5-2。

**表 5-2　流水节拍表**

| 施工过程编号 | 施工过程 | 流水节拍(天) | | |
|---|---|---|---|---|
| | | A 块绿地 | B 块绿地 | C 块绿地 |
| Ⅰ | 整理绿化地 | 2 | 2 | 2 |
| Ⅱ | 乔灌木栽植 | 6 | 6 | 6 |
| Ⅲ | 草坪灯安装 | 4 | 4 | 4 |
| Ⅳ | 铺种草皮 | 4 | 4 | 4 |

采用四个专业工作队(每个施工过程成立一个专业工作队)组织的流水施工属于一般的成倍节拍(等步距异节奏)流水施工方式。根据表 5-2 中数据，采用潘特考夫斯基法计算流水步距。有关参数计算如下：

①各施工过程流水节拍的累加数列

施工过程Ⅰ：2　4　6

施工过程Ⅱ：6　12　18

施工过程Ⅲ：4　8　12

施工过程Ⅳ：4　8　12

②错位相减，取最大值得流水步距

| $K_{Ⅰ,Ⅱ}$： | 2 | 4 | 6 | |
|---|---|---|---|---|
| −) | | 6 | 12 | 18 |
| | 2 | −2 | −6 | −18 |

所以，$K_{Ⅰ,Ⅱ}=2$。

| $K_{Ⅱ,Ⅲ}$： | 6 | 12 | 18 | |
|---|---|---|---|---|
| −) | | 4 | 8 | 12 |
| | 6 | 8 | 10 | −12 |

所以，$K_{Ⅱ,Ⅲ}=10$。

| $K_{Ⅲ,Ⅳ}$： | 4 | 8 | 12 | |
|---|---|---|---|---|
| −) | | 4 | 8 | 12 |
| | 4 | 4 | 4 | −12 |

所以，$K_{Ⅲ\ Ⅳ}=4$。

③计算总工期　采用下式计算：

$$T=\sum k_{j,j+1}+\sum t_n+\sum_G+\sum_Z-\sum_C=(2+10+4)+(4+4+4)+0+0-0=28(\text{天})$$

④完成施工的流水施工进度计划　如图5-8所示。

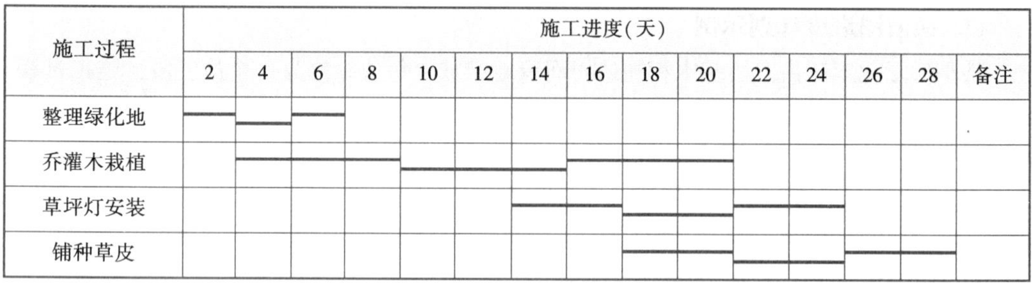

| 施工过程 | 施工进度(天) | | | | | | | | | | | | | | |
|---|---|---|---|---|---|---|---|---|---|---|---|---|---|---|---|
| | 2 | 4 | 6 | 8 | 10 | 12 | 14 | 16 | 18 | 20 | 22 | 24 | 26 | 28 | 备注 |
| 整理绿化地 | | | | | | | | | | | | | | | |
| 乔灌木栽植 | | | | | | | | | | | | | | | |
| 草坪灯安装 | | | | | | | | | | | | | | | |
| 铺种草皮 | | | | | | | | | | | | | | | |

图5-8　一般的成倍节拍流水施工进度计划

由图5-8可知，如果按4个施工过程成立4个专业工作队组织流水施工，其总工期为28天，为加快施工进度，可以增加专业工作队，组织加快的成倍节拍流水施工，计算如下：

①计算流水步距　流水步距等于流水节拍的最大公约数，即：$K=\min[2,6,4]=2$。

②确定专业工作队数目　每个施工过程成立的专业工作队数目可按下式计算：

$$b_j=t_j/K$$

式中　$b_j$——第$j$个施工过程的专业工作队数目；

$t_j$——第$j$个施工过程的流水节拍；

$K$——流水步距。

在本例中，各施工过程的专业工作队数目分别为：

Ⅰ——绿化地整理：$b_{\text{I}}=2/2=1$；

Ⅱ——乔灌木栽植：$b_{\text{II}}=6/2=3$；

Ⅲ——草坪灯安装：$b_{\text{III}}=4/2=2$；

Ⅳ——草皮铺种：$b_{\text{IV}}=4/2=2$。

于是，参与该工程流水施工的专业工作队总数 $n'=1+3+2+2=8$。

③绘制加快的成倍节拍流水施工进度计划图　在加快的成倍节拍流水施工进度计划图中，除表明施工过程的编号或名称外，还应表明专业工作队的编号。

根据图 5-8 所示进度计划编制的加快的成倍节拍流水施工进度计划如图 5-9 所示。

④确定流水施工工期　由图 5-9 可知，本计划中没有组织间歇、工艺间歇及提前插入，故流水施工工期$T=(m+n'-1)K=(3+8-1)\times2=20$(天)。

与一般的成倍节拍流水施工进度计划相比，该工程组织加快的成倍节拍流水施工进度计划使总工期缩短了 8(28−20=8)天。

| 施工过程 | 专业工作队 | 施工进度(天) | | | | | | | | | | | | | | |
|---|---|---|---|---|---|---|---|---|---|---|---|---|---|---|---|---|
| | | 2 | 4 | 6 | 8 | 10 | 12 | 14 | 16 | 18 | 20 | 22 | 24 | 26 | 28 | 备注 |
| 整理绿化地 | Ⅰ | | | | | | | | | | | | | | | |
| 乔灌木栽植 | $\text{II}_1$ | | | | | | | | | | | | | | | |
| | $\text{II}_2$ | | | | | | | | | | | | | | | |
| | $\text{II}_3$ | | | | | | | | | | | | | | | |
| 草坪灯安装 | $\text{III}_1$ | | | | | | | | | | | | | | | |
| | $\text{III}_2$ | | | | | | | | | | | | | | | |
| 铺种草皮 | $\text{IV}_1$ | | | | | | | | | | | | | | | |
| | $\text{IV}_2$ | | | | | | | | | | | | | | | |

图 5-9　加快的成倍节拍流水施工进度计划

## 5.2.4　网络计划技术

网络计划技术是一种以网络图形来表达计划中各项工作之间相互依赖、相互制约的关系，分析其内在规律，寻求其最优方案的计划管理技术。它将施工进度看作一个系统模型，系统中可以清楚看出各工序之间的逻辑制约关系，哪些工序是关键、重点工序，或是影响工期的主要因素。同时由于它是有向、有序的模型，便于计算机进行技术调整优化。因此，它较横道图计划技术更科学、更严密，更利于调动一切积极因素，能更有效地把握和控制施工进度，是工程施工进度现代化管理的主要手段。

网络图是由箭线和节点组成的，用来表示工作的开展顺序及其相互依赖、相互制约关系的有向、有序的网状图形。

网络计划是建立在一些时间参数计算之上的，网络计划中的时间参数见表 5-3 所列。

表 5-3 网络计划中的时间参数

| 序号 | 参数名称 | | 含 义 |
|---|---|---|---|
| 1 | 持续时间 | | 一项工作从开始到完成的时间 |
| 2 | 工期 | 计算工期 | 根据网络计划时间参数计算而得到的工期 |
| 3 | | 要求工期 | 任务委托人所提出的指令性工期 |
| 4 | | 计划工期 | 根据要求工期和计算工期所确定的作为实施目标的工期 |
| 5 | 最早开始时间 | | 在其所有紧前工作全部完成后，本工作有可能开始的最早时刻 |
| 6 | 最早完成时间 | | 在其所有紧前工作全部完成后，本工作有可能完成的最早时刻 |
| 7 | 最迟完成时间 | | 在不影响整个任务按期完成的前提下，本工作必须完成的最迟时刻 |
| 8 | 最迟开始时间 | | 在不影响整个任务按期完成的前提下，本工作必须开始的最迟时刻 |
| 9 | 总时差 | | 在不影响总工期的前提下，本工作可以利用的机动时间 |
| 10 | 自由时差 | | 在不影响其紧后工作最早开始时间的前提下，本工作可以利用的机动时间 |
| 11 | 节点的最早时间 | | 在双代号网络计划中，以该节点为开始节点的各项工作的最早开始时间 |
| 12 | 节点的最迟时间 | | 在双代号网络计划中，以该节点为完成节点的各项工作的最迟完成时间 |
| 13 | 时间间隔 | | 本工作的最早完成时间与其紧后工作最早开始时间之间可能存在的差值 |

计算网络计划的时间参数是编制网络计划的重要步骤，是确定关键线路、确定非关键线路上的机动时间、计算工期以及进行网络计划优化、调整和执行的前提。

《工程网络计划技术规程》(JGJ/T 121—2015)推荐的常用工程网络计划类型包括：双代号网络计划和单代号网络计划。其中双代号网络计划和双代号时标网络计划应用较为广泛。

## 5.2.5 双代号网络图的绘制与计算

**(1)双代号网络图各种逻辑关系的正确表示方法**

要绘制出一个正确地反映工作逻辑关系的网络图，首先要搞清楚各项工作之间的逻辑关系。

①逻辑关系 是指工作之间相互制约或依赖的关系，也就是先后顺序关系。逻辑关系包括工艺关系和组织关系。

工艺关系：生产性工作由工艺技术决定的、非生产性工作由程序决定的工作先后顺序关系称为工艺关系。如现浇钢筋混凝土柱的施工，必须在绑扎完柱子钢筋和支完模板以后，才能浇筑混凝土。

组织关系：工作之间由施工组织安排或资源调配需要而规定的先后顺序关系称为组织关系。

就某一个特定的工作 *i-j* 而言，必须紧排在其前面进行的工作称为工作 *i-j* 的紧前工作，必须紧排在其后面进行的工作称为工作 *i-j* 的紧后工作，可以与其同时进行的工作称为工作 *i-j* 的平行工作，如图 5-10 所示。

在网络图中，自起点节点至 *i-j* 工作之间各条线路上的所有工作称为 *i-j* 工作的先行工作，*i-j* 工作之后至终点节点之间各条线路上的所有工作称为 *i-j* 工作的后续工作。没有紧前工作的工作称为起始工作，没有紧后工作的工作称为结束工作。

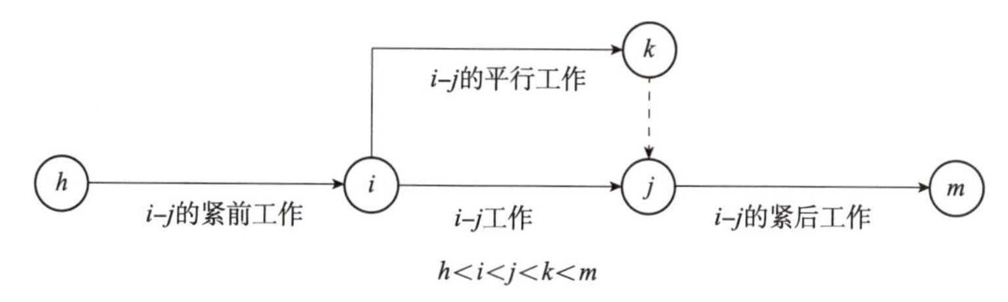


图 5-10　双代号网络图中工作之间的关系

②逻辑关系的表达　在网络图中，各种工作之间的逻辑关系是变化多端的。表 5-4 给出了双代号网络图中常见的一些逻辑关系及其表示方法。

**表 5-4　双代号网络图中常见的逻辑关系及其表示方法**

| 序号 | 工作间逻辑关系 | 表示方法 |
|---|---|---|
| 1 | A、B、C 无紧前工作，即工作 A、B、C 均为计划的第一项工作，且平行进行 | 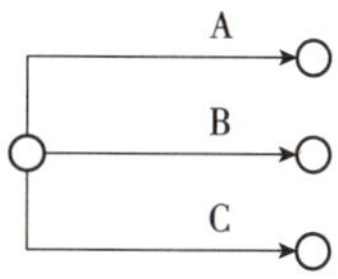 |
| 2 | A 完成后，B、C、D 才能开始 | 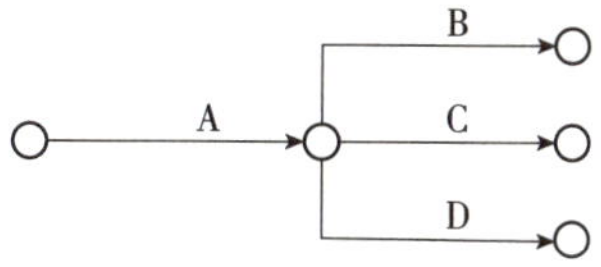 |
| 3 | A、B、C 均完成后，D 才能开始 | 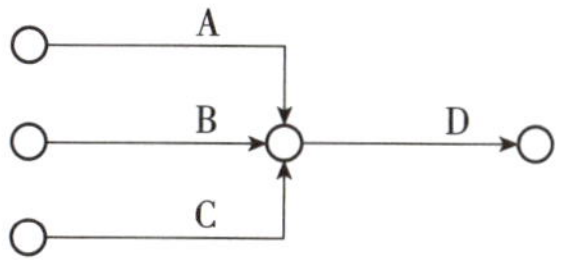 |
| 4 | A、B 均完成后，C、D 才能开始 | 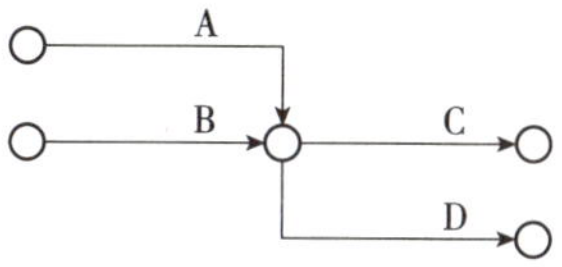 |
| 5 | A 完成后，D 才能开始；A、B 均完成后，E 才能开始；A、B、C 均完成后，F 才能开始 | 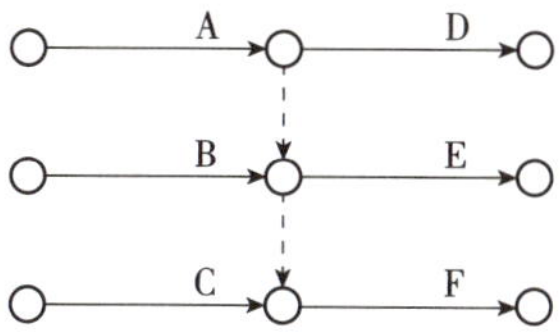 |
| 6 | A 与 D 同时开始，B 为 A 的紧后工作，C 为 D、B 的紧后工作 | 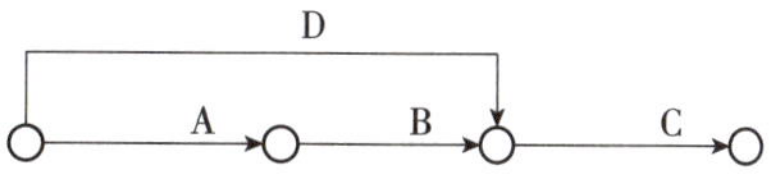 |
| 7 | A、B 均完成后，D 才开始；A、B、C 均完成后，E 才开始；D、E 完成后，F 才能开始 | 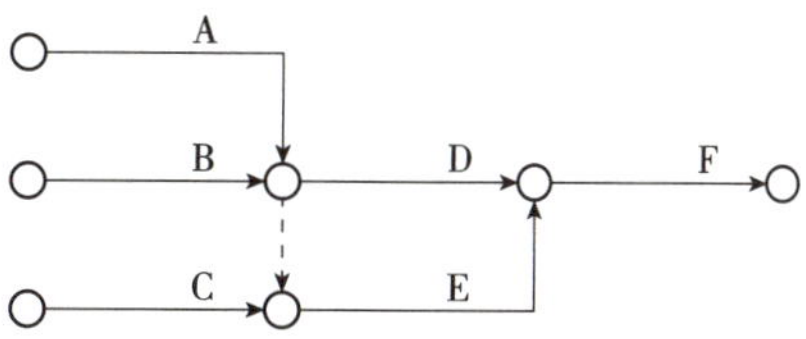 |

(续)

| 序号 | 工作间逻辑关系 | 表示方法 |
|---|---|---|
| 8 | A完成后，B、C、D才能开始；B、C、D均完成后，E才能开始 | 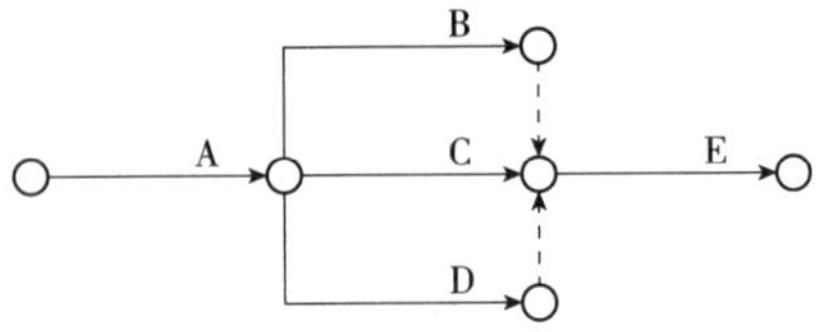 B A C E D |
| 9 | A、B均完成后，D才能开始；B、C均完成后，E才能开始 | 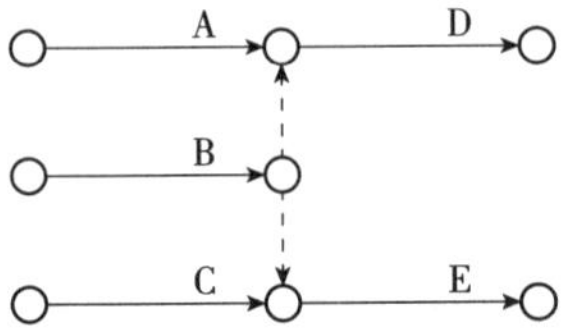 A D B C E |
| 10 | 工作A、B分为三个施工阶段，分段流水施工，$A_1$完成后进行$A_2$、$B_1$；$A_2$完成后进行$A_3$、$B_2$；$A_2$、$B_1$完成后进行$B_2$；$A_3$、$B_2$完成后进行$B_3$ | 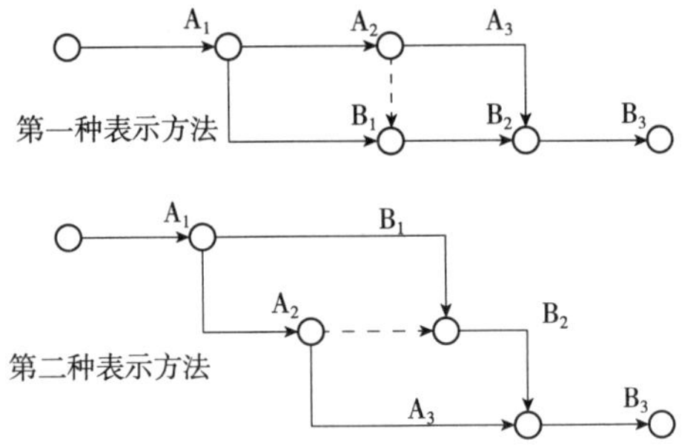 $A_1$ $A_2$ $A_3$ 第一种表示方法 $B_1$ $B_2$ $B_3$<br>$A_1$ $B_1$ $A_2$ $B_2$ 第二种表示方法 $A_3$ $B_3$ |
| 11 | A、B均完成后，C才能开始；A、B、C分三段作业交叉进行；A、B分为$A_1$、$A_2$、$A_3$和$B_1$、$B_2$、$B_3$三个施工段，C分为$C_1$、$C_2$、$C_3$三个施工段 | 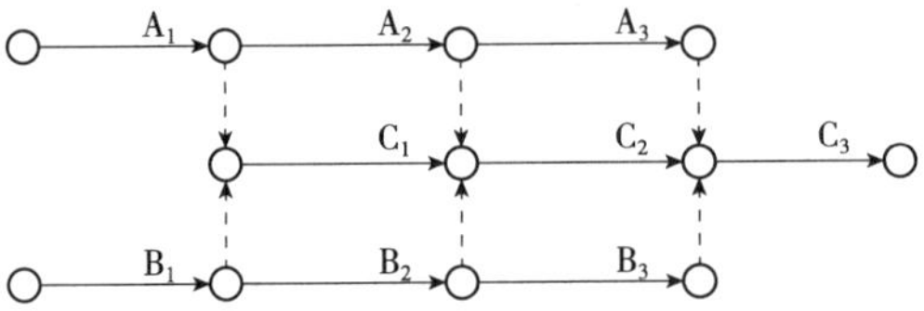 $A_1$ $A_2$ $A_3$ $C_1$ $C_2$ $C_3$ $B_1$ $B_2$ $B_3$ |
| 12 | A、B、C为最后三项工作，即A、B、C无紧后作业 | 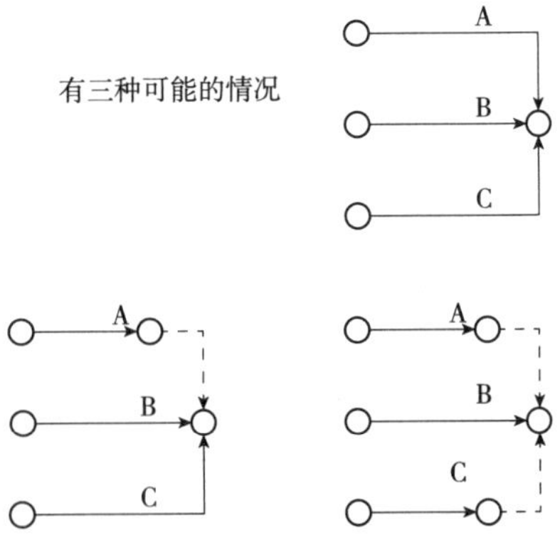 A 有三种可能的情况 B C<br>A B C　A B C |

③虚工作在双代号网络图中的作用　在绘制网络图时，应特别注意虚箭线的使用。在某些情况下，必须借助虚箭线才能正确表达工作之间的逻辑关系。在双代号网络图中，虚工作一般起联系、区分和断开三个作用。

联系作用：是指应用虚工作连接工作之间的工艺联系和组织联系(图5-11)。

区分作用：当两项工作的开始节点和结束节点相同时，应用虚工作加以区分(图5-12)。

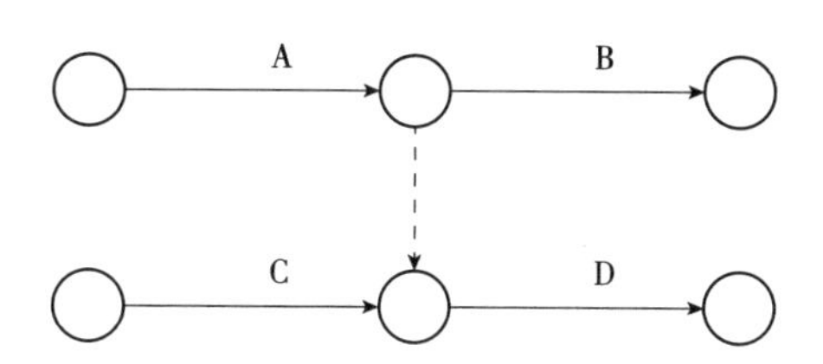


图 5-11 双代号网络图中虚工作的联系作用

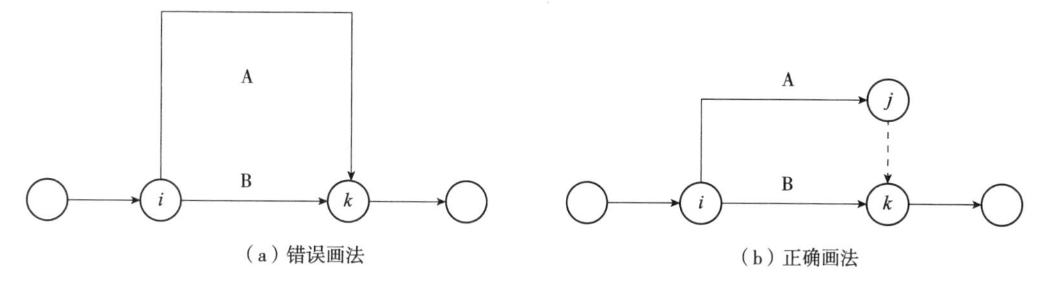


图 5-12 双代号网络图中虚工作的区分作用

断开作用：当网络图的中间节点有逻辑错误，把本来没有逻辑关系的工作联系起来了，这时需要用虚工作断开无逻辑关系的工作联系(图 5-13)。

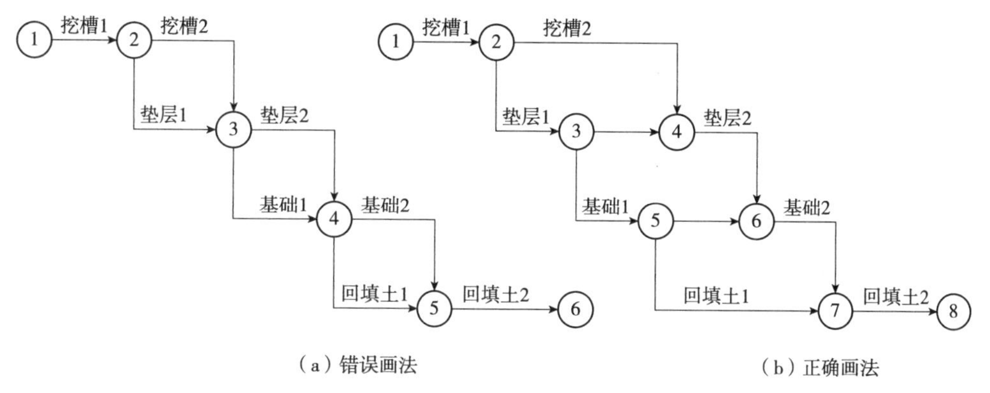


图 5-13 双代号网络图中虚工作的断开作用

**(2)双代号网络图的绘制规则**

①双代号网络图必须正确表达已定的工作间的逻辑关系。

②双代号网络图中，严禁出现循环回路。

③双代号网络图中，严禁出现双向箭头箭线和无箭头连线。

④双代号网络图中，严禁出现没有箭头节点的箭线或没有箭尾节点的箭线。

⑤当双代号网络图的某节点有多条外向箭线或有多条内向箭线时，为使图面简洁，可采用母线法绘图，允许多条箭线经一条共用母线引出或引入节点。

⑥绘制双代号网络图时，应尽量避免箭线交叉，当箭线交叉不可避免时，可采用过桥法或指向法(图 5-14)。

⑦双代号网络图中只能有一个起点节点；在不分期完成任务的网络图中，应只有一个终点节点；其他所有节点均为中间节点。

⑧双代号网络图中，任意两个节点之间只能有一条箭线，不得有两个或两个以上的箭线从同一节点出发且同时指向同一节点。

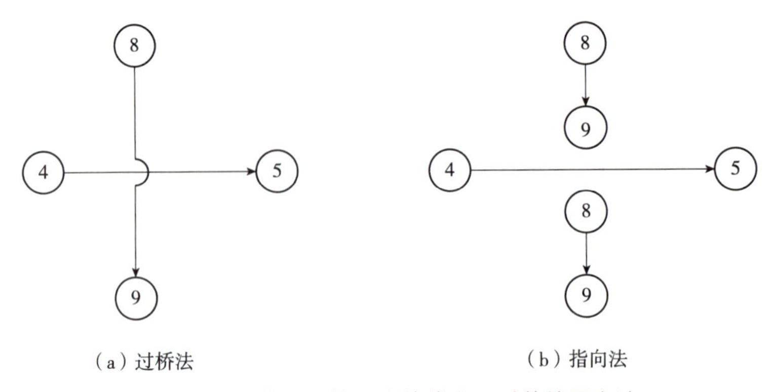


图 5-14　双代号网络图中箭线交叉时的绘图方法

**（3）双代号网络图的节点编号**

网络图绘制好以后，还要对网络图的节点进行编号。节点编号的目的是赋予网络计划中每个工作一个唯一的代号，并便于对网络计划的时间参数进行计算。

双代号网络图的节点编号要遵循以下两个原则：

①箭尾节点的号码应小于箭头节点的号码。

②在一个网络图中，所有的节点不能出现重复的号码。有时考虑到可能在网络图中会增添或改动某些工作，在对节点进行编号时，可采用不连续的编号方法，即可预先留出备用的节点号。

**（4）双代号网络图的绘制步骤**

双代号网络图一般绘图步骤如下：

①分解任务，划分施工工作，制定完成任务的全部工作结构分解表。

②确定全部工作的逻辑关系，绘制工作逻辑关系表，对于逻辑关系比较复杂的任务，可以绘制工作逻辑关系矩阵表。

③确定每一工作的持续时间，制定最终的工程分析表，分析表的格式见表 5-5 所列。

**表 5-5　工程分析表**

| 序号 | 工作名称 | 工作代号 | 紧前工作 | 紧后工作 | 持续时间 | 资源强度 |
|---|---|---|---|---|---|---|
| 1 | | A | — | B、C | | |
| 2 | | B | A | F | | |
| … | | | | | | |

④根据工程分析表，绘制网络图。

**（5）双代号网络图的绘制方法**

双代号网络图的绘制方法，要在既定施工方案的基础上，根据具体的施工条件，以统筹安排为原则。

绘制没有紧前工作的工作箭线，使它们具有相同的开始节点，以保证网络图只有一个起点节点。

依次绘制其他工作箭线。这些工作箭线的绘制条件是其所有紧前工作箭线都已经绘制出来。在绘制这些工作箭线时，应按下列原则进行：

①当所要绘制的工作只有一项紧前工作时，将该工作箭线直接绘制在其紧前工作之后即可。

②当所要绘制的工作有多项紧前工作时，应按以下四种情况分别予以考虑：

第一种情况：对于所要绘制的工作而言，如果在其多项紧前工作中存在一项(且只存在一项)只作为本工作紧前工作的工作(即在紧前工作栏中，该紧前工作只出现一次)，则应将本工作箭线直接画在该紧前工作箭线之后，然后用虚箭线将其他紧前工作箭线的箭头节点与本工作的箭尾节点分别相连，以表达它们之间的逻辑关系。

第二种情况：对于所要绘制的工作而言，如果在其紧前工作中存在多项只作为本工作紧前工作的工作，应将这些紧前工作箭线的箭头节点合并，再从合并之后节点开始，画出本工作箭线，然后用虚箭线将其他紧前工作箭线的箭头节点与本工作的箭尾节点分别相连，以表达它们之间的逻辑关系。

第三种情况：对于所要绘制的工作而言，如果不存在第一和第二种情况，应判断本工作的所有紧前工作是否都同时是其他工作的紧前工作(即在紧前工作栏中，这几项紧前工作是否均同时出现若干次)。如果上述条件成立，应将这些紧前工作箭线的箭头节点合并，再从合并之后节点开始，画出本工作箭线。

第四种情况：对于所要绘制的工作而言，如果不存在前三种情况，则应将本工作箭线单独画在其紧前工作箭线之后的中部，然后用虚箭线将其他紧前工作箭线的箭头节点与本工作的箭尾节点分别相连，以表达它们之间的逻辑关系。

当各项工作箭线都绘制出来以后，应合并那些没有紧后工作的工作箭线的箭头节点，以保证网络图只有一个终点节点。

为了使双代号网络图的条理清楚，各工作的布局合理，可以先按照下列原则确定各工作的开始节点位置号和结束节点位置号，然后按各自的节点位置号绘制网络图：

①无紧前工作的工作(即双代号网络图开始的第一项工作)，其开始节点位置号为零；

②有紧前工作的工作，其开始节点位置号等于其紧前工作的开始节点位置号的最大值加1；

③有紧后工作的工作，其结束节点位置号等于其紧后工作的开始节点位置号的最小值；

④无紧后工作的工作(即双代号网络图开始的最后一项工作)，其结束节点位置号等于网络图中各工作的结束节点位置号的最大值加1。

**(6)双代号网络图绘制示例**

已知某任务的工作构成及其逻辑关系见表5-6所列，试绘制双代号网络图。

首先，确定各工作的开始节点位置号和结束节点位置号，见表5-7所列。

**表5-6　某任务的工作构成及其逻辑关系表**

| 工作代号 | A | B | C | D | E | G | H |
|---|---|---|---|---|---|---|---|
| 紧前工作 | — | — | — | — | A、B | B、C、D | C、D |
| 紧后工作 | E | E、G | G、H | G、H | — | — | — |

**表 5-7 各工作的开始节点位置号和结束节点位置号**

| 工作代号 | A | B | C | D | E | G | H |
|---|---|---|---|---|---|---|---|
| 紧前工作 | — | — | — | — | A、B | B、C、D | C、D |
| 紧后工作 | E | E、G | G、H | G、H | — | — | — |
| 开始节点位置号 | 0 | 0 | 0 | 0 | 0+1<br>1 | 0+1<br>1 | 0+1<br>1 |
| 结束节点位置号 | Max[1]<br>1 | Max[1, 1]<br>1 | Max[1, 1]<br>1 | Max[1, 1]<br>1 | 1+1<br>2 | 1+1<br>2 | 1+1<br>2 |

然后，绘制双代号网络图：

绘制工作箭线 A、B、C、D，如图 5-15(a)所示。

按前述原则②的第一种情况绘制工作箭线 E，如图 5-15(b)所示，工作 E 的两项紧前工作 A、B 中存在一项(且只存在一项)工作 A 只作为本工作的紧前工作，则应将本工作箭线直接画在该紧前工作箭线 A 之后，然后用虚箭线将紧前工作箭线 B 的箭头节点与本工作的箭尾节点相连，以表达它们之间的逻辑关系。

按前述原则②的第三种情况绘制工作箭线 H，如图 5-15(c)所示，工作 H 的两项紧前工作 C、D 中存在两项工作 C、D 同时作为本工作和 H 工作的紧前工作，则应将这两项紧前工作 C、D 的箭线的箭头节点合并，再从合并之后节点开始，画出本工作箭线。

按前述原则②的第四种情况绘制工作箭线 G，如图 5-15(d)所示，把工作箭线 G 单独画在其紧前工作箭线 B、C 之后的中部，然后用虚箭线将其紧前工作 B、C 箭线的箭头节点与本工作的箭尾节点分别相连，以表达它们之间的逻辑关系。

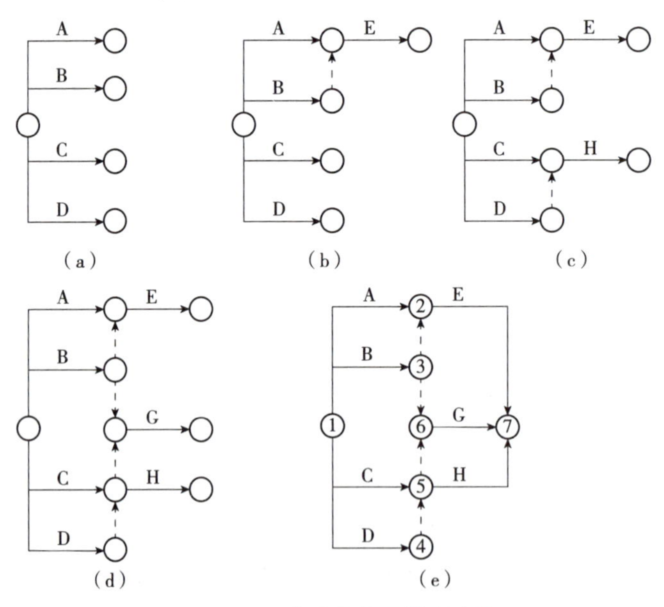


图 5-15 双代号网络图绘制步骤

(各图中，节点竖向排列为 3 列，左、中、右分别对应位置号 0、1、2)

合并没有紧后工作的工作箭线 E、G、H 的箭头节点，以保证网络图只有一个终点节点。当确认给定的逻辑关系表达正确后，再进行节点编号，即得到给定逻辑关系的双代号网络图，如图 5-15(e)所示。

**(7)双代号网络计划时间参数的计算**

双代号网络计划时间参数的计算方法很多，一般常用的有按工作计算法和按节点计算法，以下只讨论按工作计算法在图上进行计算的方法。

①最早开始时间和最早完成时间的计算　工作最早开始时间参数受到紧前工作的约束，故应从网络计划的起点节点开始，顺着箭线方向依次逐项计算：

没有紧前工作的工作(以起点节点为箭尾节点的工作)，当未规定其最早开始时间 $ES_{i-j}$ 时，其值应等于 0，即：

$$ES_{i-j}=0$$

当工作 $i-j$ 有一项或多项紧前工作时，其最早开始时间 $ES_{i-j}$ 等于各紧前工作的最早完成时间 $EF_{h-i}$ 的最大值：

$$ES_{i-j}=\mathrm{Max}\{EF_{h-i}\}$$

或 $$ES_{i-j}=\mathrm{Max}\{ES_{h-i}+D_{h-i}\}$$

工作 $i-j$ 的最早完成时间 $EF_{i-j}$ 等于最早开始时间加上其持续时间：

$$EF_{i-j}=ES_{i-j}+D_{i-j}$$

②确定计算工期 $T_c$　当终点节点编号为 $n$ 时，箭头指向终点节点的所有工作的最早完成时间的最大值即为网络计划的计算工期 $T_c$，其计算公式为：

$$T_c=\mathrm{Max}\{EF_{i-n}\}$$

当已规定了要求工期 $T_r$ 时：

$$T_p \leqslant T_r$$

当未规定要求工期时，可令计划工期 $T_p$ 等于计算工期：

$$T_p=T_c$$

③最迟开始时间和最迟完成时间的计算　工作最迟开始时间和最迟完成时间参数受到紧后工作的约束，故应从网络计划的终点节点开始，逆着箭线方向依次逐项计算：

工作 $i-j$ 的最迟开始时间 $LS_{i-j}$ 等于最迟完成时间减去其持续时间：

$$LS_{i-j}=LF_{i-j}-D_{i-j}$$

没有紧后工作的工作 $i-n$(以终点节点为箭头节点的工作)，其最迟完成时间 $LF_{i-n}$ 应按网络计划的计划工期 $T_p$ 确定，即：

$$LF_{i-n}=T_p$$

当工作 $i-j$ 只有一项紧后工作 $j-k$ 时，其最迟完成时间 $LF_{i-j}$ 为：

$$LF_{i-j}=LF_{j-k}-D_{j-k}$$

当工作 $i-j$ 有多项紧后工作 $j-k$ 时，其最迟完成时间 $LF_{i-j}$ 等于各紧后工作最迟开始时间的最小值：

$$LF_{i-j}=\mathrm{Min}\{LS_{j-k}\}$$

或 $$LF_{i-j}=\mathrm{Min}\{LF_{j-k}-D_{j-k}\}$$

④计算工作总时差　总时差等于其最迟开始时间减去最早开始时间，或等于最迟完成时间减去最早完成时间，即：

$$TF_{i-j}=LS_{i-j}-ES_{i-j}$$

$$或\ TF_{i-j}=LF_{i-j}-EF_{i-j}$$

⑤计算工作自由时差　当工作 $i-j$ 有紧后工作 $j-k$ 时，其自由时差应按下式计算：

$$FF_{i-j}=ES_{j-k}-EF_{i-j}$$

$$或\ FF_{i-j}=ES_{j-k}-ES_{i-j}-D_{i-j}$$

当工作 $i-n$ 没有紧后工作时，其自由时差应按网络计划的计划工期 $T_p$ 确定，即：

$$FF_{i-n}=T_p-EF_{i-n}$$

由总时差和自由时差的定义可知，自由时差小于或等于总时差。

工作 $i-j$ 的自由时差属于 $i-j$ 工作本身，利用自由时差对其紧后工作的最早开始时间没有影响。

**(8)双代号网络关键工作和关键线路的确定**

关键工作是指网络计划中总时差最小的工作。

①当计划工期 $T_p$ 等于网络计划的计算工期 $T_c$ 时，总时差的值等于0的工作为关键工作；

②当计划工期 $T_p$ 大于网络计划的计算工期 $T_c$ 时，总时差的值大于0且其值最小的工作为关键工作；

③当计划工期 $T_p$ 小于网络计划的计算工期 $T_c$ 时，总时差的值小于0且其值最小(负总时差的绝对值最大)的工作为关键工作。

关键线路是指自始至终全部由关键工作组成的线路，或线路上总的工作持续时间最长的线路。

网络计划中的关键线路一般用粗线、双线或者彩色线标注。

**(9)双代号网络工作时间参数的标注**

按工作计算法计算工作时间参数，其计算结果按图5-16所示标注。

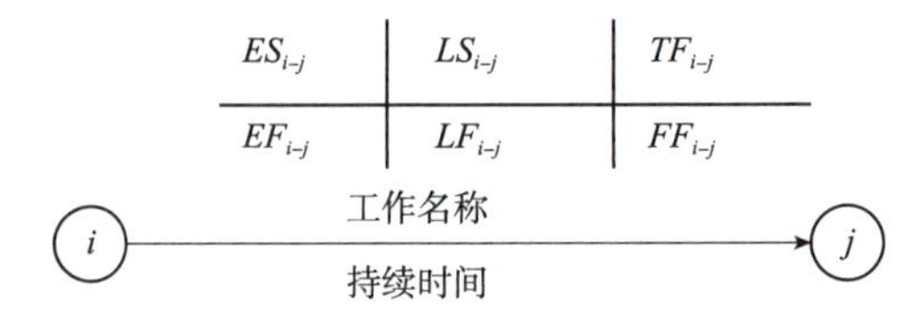


图5-16　按工作计算法计算工作时间参数的标注方式

**(10)双代号网络图时间参数计算示例**

已知某项目的有关资料见表5-8所列，试绘制双代号网络图，并按工作计算法计算各工作的时间参数。

**表5-8　某项目网络计划工作逻辑关系及持续时间表**

| 工作名称 | A | B | C | D | E | F | H | I |
|---|---|---|---|---|---|---|---|---|
| 紧前工作 | — | — | A | A | B、C | B、C | D、E | D、E、F |
| 持续时间 | 1 | 5 | 3 | 2 | 6 | 5 | 5 | 3 |

①按该项目已知的有关资料绘制双代号网络图，然后按工作计算法计算各工作的时间参数如图5-17所示。

②确定关键工作和关键线路

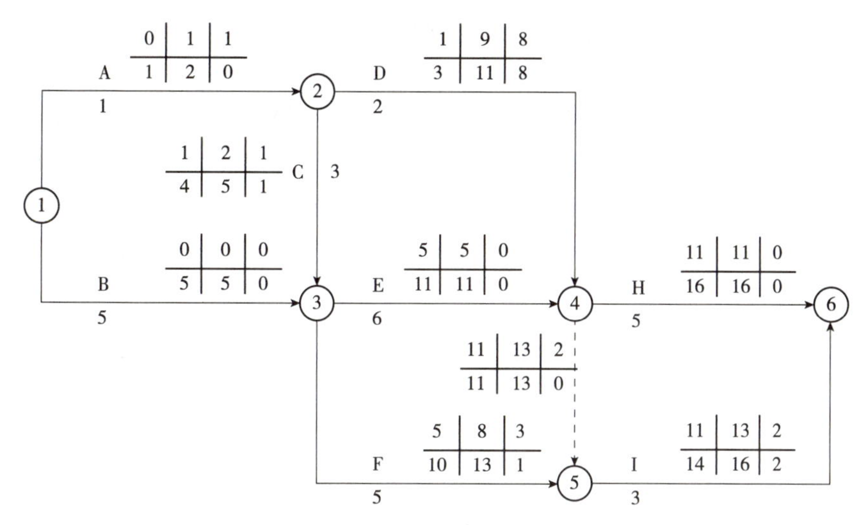

图 5-17　双代号网络图计算实例

总时差最小的为 0，分别是工作 B、E、H，故关键工作为 B、E、H，关键线路是 B→E→H(或线路①-③-④-⑥)。

## 5.2.6　双代号时标网络图的绘制和计算

双代号时标网络计划简称时标网络计划，实质上是在一般双代号网络图上加注时间坐标，它所表达的逻辑关系与原网络计划完全相同，但箭线的长度不能任意画，要与工作的持续时间相对应。时标网络计划既有一般网络计划的优点，又有横道图直观易懂的优点：首先，在时标网络计划中，网络计划的各个时间参数可以直观地表达出来，因此，可以直观地进行判读；其次，利用时标网络计划，可以很方便地绘制出资源需要曲线，便于进行优化和控制；最后，在时标网络计划中，可以利用前锋线方法对计划进行动态跟踪和调整。

时标网络计划可按最早时间和最迟时间两种方法绘制，使用较多的是最早时标网络计划。

### 5.2.6.1　时标网络计划的绘制

时标网络计划宜按最早时间绘制。在绘制前，首先应根据确定的时间单位绘制出一个时间坐标表，时间坐标单位可根据计划期的长短确定，可以是小时、天、周、旬、月或季等。时标一般标注在时标表的顶部或底部(也可在顶部和底部同时标注，特别是大型的、复杂的网络计划)，要注明时标单位。有时在时标表的顶部或底部还加注相对应的日历坐标和计算坐标。时标表中的刻度线应为细实线，为使图面清晰，此线一般不画或少画。

时标形式有以下三种：

计算坐标主要用作网络计划时间参数的计算，但不够明确。如网络计划表示的计划任务从第 0 天开始，就不易理解。

日历坐标可以明确表示整个工程的开工日期和完工日期以及各项工作的开始日期和完成日期，同时还可以考虑扣除节假日休息时间。

工作日坐标可以明确表示各项工作在工程开工后第几天开始和第几天完成，但不能表示工程的开工日期和完工日期以及各项工作的开始日期和完成日期。

在时标网络计划中，以实线表示工作，实线后不足部分(与紧后工作开始节点之间的部分)用波形线表示，波形线的长度表示该工作与紧后工作之间的时间间隔；由于虚工作的持续时间为0，所以，应垂直于时间坐标(画成垂直方向)，用虚箭线表示，如果虚工作的开始节点与结束节点不在同一时刻上，水平方向的长度用波形线表示，垂直部分仍应画成虚箭线(图5-18)。

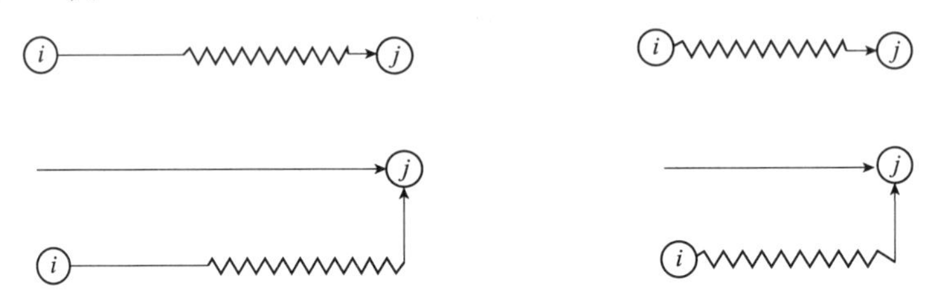


图5-18 时标网络图中工作箭线的画法

在绘制时标网络计划时，应遵循以下规定：①代表工作的箭线长度在时标表上的水平投影长度，应与其所代表的持续时间相对应；②节点的中心线必须对准时标的刻度线；③在箭线与其结束节点之间有不足部分时，应用波形线表示；④在虚工作的开始与其结束节点之间，垂直部分用虚箭线表示，水平部分用波形线表示。

绘制时标网络计划应先绘制出无时标网络计划(逻辑网络图)草图，然后再按间接绘制法或直接绘制法绘制。

**(1)间接绘制法**

间接绘制法又称先算后绘法，是指先计算无时标网络计划草图的时间参数，然后再在时标网络计划表中进行绘制的方法。

用这种方法时，应先对无时标网络计划进行计算，算出其最早时间。然后再按每项工作的最早开始时间将其箭尾节点定位在时标表上，再用规定线型绘出工作及其自由时差，即形成时标网络计划。绘制时，一般先绘制关键线路，然后再绘制非关键线路。

绘制步骤如下：

①先绘制网络计划草图，如图5-19所示。

②计算工作最早时间并标注在图上。

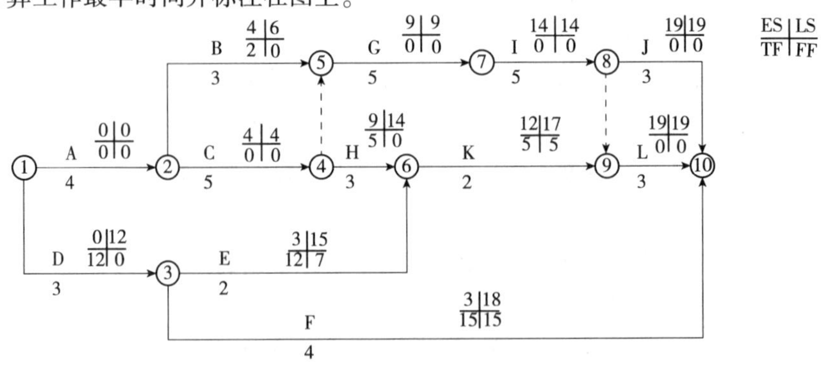


图5-19 某项目网络计划草图

③在时标表上，按最早开始时间确定每项工作的开始节点位置(图形尽量与草图一致)，节点的中心线必须对准时标的刻度线。

④按各工作的时间长度画出相应工作的实线部分，使其水平投影长度等于工作时间；由于虚工作不占用时间，所以应以垂直虚线表示。

⑤用波形线把实线部分与其紧后工作的开始节点连接起来，以表示自由时差(图 5-20)。

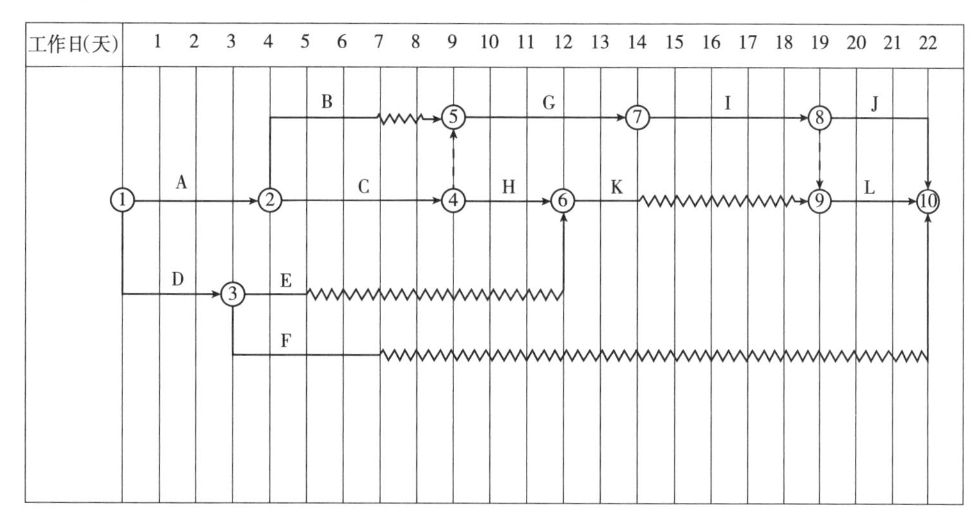


图 5-20　某项目时标网络计划

(2)**直接绘制法**

直接绘制法是指不经时间参数计算而直接按无时标网络计划草图绘制时标网络计划。绘制步骤如下：

①将网络计划起点节点定位在时标表的起始刻度线上(即第一天开始点)。

②按工作持续时间在时标表上绘制起点节点的外向箭线，如图 5-21 中的①–②箭线。

③工作的箭头节点必须在其所有内向箭线绘出以后，定位在这些箭线中完成最迟的实箭线箭头处。

④某些内向箭线长度不足以到达该节点时，用波形线补足，即为该工作的自由时差；如图 5-21 所示，节点 5、7、8、9 之前都用波形线补足。

⑤用上述方法自左向右依次确定其他节点的位置，直至终点节点定位绘完为止。

需要注意的是：使用这一方法的关键是要把虚箭线处理好。首先要把它等同于实箭线看待，但其持续时间为零；其次，虽然它本身没有时间，但可能存在时差，故要按规定画好波形线。在画波形线时，虚工作垂直部分应画虚线，箭头在波形线末端，如图 5-21 中虚工作③–⑤的画法。

### 5.2.6.2　时标网络计划关路线路和时间参数的判定

(1)**关键线路的判定**

时标网络计划的关键线路，应从终点节点至起点节点进行观察，凡自始至终没有波形线的线路，即为关键线路。

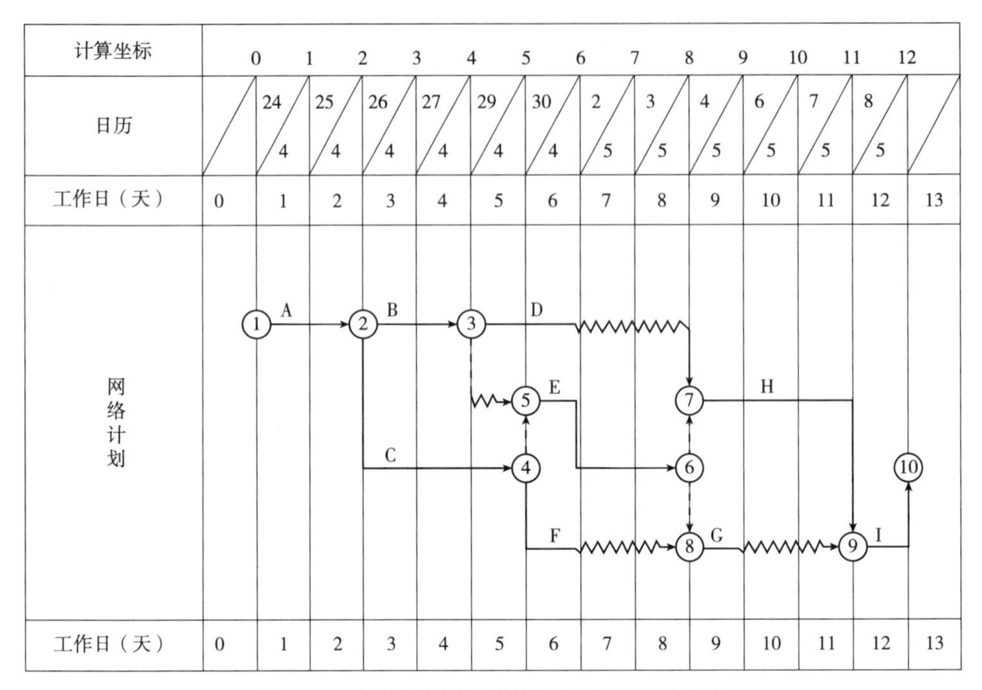

图 5-21 直接绘制法绘制某项目时标网络计划

判别是否是关键线路主要是根据这条线路上各项工作是否有总时差。在这里，是根据是否有自由时差来判断是否有总时差的。因为有自由时差的线路必有总时差。线路上没有自由时差的线路，即没有波形线的线路必然是关键线路。如图 5-21 中的关键线路为①-②-④-⑤-⑥-⑦-⑨-⑩。

**(2)时间参数的判定**

①计算工期的判定　时标网络计划计算工期等于终点节点与起点节点所在位置的时标值之差。

如图 5-21 中，计算工期为 $T_c=12$ 天。

②最早时间的判定　在时标网络计划中，每条箭线箭尾节点中心所对应的时标值，即为该工作的最早开始时间。没有自由时差工作的最早完成时间为其箭头节点中心所对应的时标值；有自由时差工作的最早完成时间为其箭线实线部分右端点所对应的时标值。

如图 5-21 中，工作②-④的最早开始时间为 $ES_{2\text{-}4}=3$ 天，最早完成时间为 $EF_{2\text{-}4}=5$ 天。

③工作自由时差的判定　工作自由时差值等于其波形线在坐标轴上的水平投影长度。

注意：当本工作之后只紧接虚工作时，本工作箭线上不存在波形线，这样其紧接的虚箭线中波形线水平投影长度的最短者则为本工作的自由时差；如果本工作之后不只紧接虚工作时，该工作的自由时差为 0。

④工作总时差的推算　时标网络计划中，工作总时差不能直接观察，但可利用工作自由时差进行判定。工作总时差应自右向左逆箭线推算，因为只有其所有紧后工作的总时差被判定后，本工作的总时差才能判定。

工作总时差等于其紧后工作的总时差加本工作与该紧后工作之间的时间间隔 $LAG_{i\text{-}j\text{-}k}$ 之和的最小值，即：

$$TF_{i-j}=\mathrm{Min}\{TF_{j-k}+LAG_{i-j-k}\}$$

所谓两项工作之间的时间间隔 $LAG_{i-j-k}$ 是指本工作的最早完成时间与其紧后工作最早开始时间之间的差值。

如图5-21中，关键工作⑨-⑩的总时差为0，⑧-⑨的自由时差为2，故⑧-⑨的总时差就是2；工作④-⑧的总时差是其紧后工作⑧-⑨的总时差2与本工作的自由时差2之和，即总时差为4；计算工作②-③的总时差，要在③-⑦与③-⑤的工作总时差2与1中挑选较小的1，本工作的自由时差为0，所以它的总时差就是1。

⑤最迟时间的推算　有了工作总时差与最早时间，工作的最迟时间便可计算出来。

工作最迟开始时间等于本工作的最早开始时间与其总时差之和；工作最迟完成时间等于本工作的最早完成时间与其总时差之和，即：

$$LS_{i-j}=ES_{i-j}+TF_{i-j}$$

$$LF_{i-j}=EF_{i-j}+TF_{i-j}$$

如图5-21中，工作②-③的最迟开始时间 $LS_{2-3}=ES_{2-3}+TF_{2-3}=1+2=3$，其最迟完成时间 $LF_{2-3}=EF_{2-3}+TF_{2-3}=1+4=5$，以此类推。

# 5.3 施工进度计划实施检查与调整

## 5.3.1 施工进度计划实施

施工项目进度计划的实施就是施工活动的进展，也就是用施工进度计划指导施工活动、落实和完成计划。施工项目进度计划逐步实施的进程就是施工项目建造逐步完成的过程。

### 5.3.1.1 进度控制原理

**(1)动态控制原理**

工程进度控制是一个不断变化的动态过程。在项目的开始阶段，实际进度按照计划进度的规划进行，但由于外界因素的影响，实际进度的执行往往会与计划进度出现偏差，产生超前或滞后的现象。这时，通过分析偏差产生的原因，采取相应的改进措施，调整原来的计划，使二者在新的起点上重合，并通过组织管理作用的发挥，使实际进度继续按照计划进行施工。因此，工程进度控制是一个动态的调整过程。

**(2)系统原理**

工程进度控制是一个系统性很强的工作。进度控制中计划进度的编制受许多因素的影响，不能只考虑某一个因素或某几个因素。进度控制组织和进度实施组织也具有系统性。因此，工程进度控制具有系统性，应该综合考虑各种因素的影响。

**(3)信息反馈原理**

信息反馈是工程进度控制的重要环节，施工的实际进度通过信息反馈给基层进度控制工作人员，在分工的职责范围内，信息经过加工逐级反馈给上级主管部门，最后到达主控制室，主控制室整理、统计各方面的信息，经过比较分析做出决策，调整进度计划。因此，进度控制不断调整过程实际上就是信息不断反馈的过程。

**(4)弹性原理**

影响工程进度计划工期的因素很多，因此进度计划的编制应留出余地，使计划进度具有弹性。进行进度控制的时候应该利用这些弹性，缩短有关工作的时间，或改变工作之间的搭接关系，使计划进度和实际进度吻合。

**(5)封闭循环原理**

项目进度控制的全过程是计划、实施、检查、比较分析、确定调整措施和再计划的一个封闭的循环过程。

**(6)网络计划技术原理**

网络计划原理是工程进度控制的计划管理和分析计算的理论基础。在进度控制中既要利用网络计划技术原理编制进度计划，根据实际进度信息，比较和分析进度计划，又要利用网络计划的工期与成本优化和资源优化的理论调整计划。

### 5.3.1.2 进度控制方法、措施和任务

**(1)施工项目进度控制的方法**

施工项目进度控制方法主要是规划、控制和协调。规划是指确定施工项目总进度控制目标和分进度控制目标，并编制其进度计划。控制是指在施工项目实施的全过程中，进行施工实际进度与施工计划进度的比较，出现偏差及时采取措施调整。协调是指协调与施工进度有关的单位、部门和工作队组之间的进度关系。

**(2)施工项目进度控制的措施**

施工项目进度控制的主要措施有组织措施、技术措施、经济措施、合同措施和信息管理措施等。

①组织措施　包括：建立进度控制体系；明确进度控制任务；配备人员；落实进度控制责任；建立进度信息沟通渠道；建立进度检查、协调制度。

②技术措施　包括：采用流水作业方法、科学排序方法和网络计划方法；使用计算机辅助进度管理；实施动态控制。

③经济措施　包括：提供实现进度计划的资金保证；建立严格的奖惩制度；提供设备材料等供应保证；加强索赔管理。

④合同措施　包括：明确每份合同的进度目标；使每份合同的进度目标之间相互协调；严格控制合同变更；充分考虑风险因素对进度的影响。

⑤信息管理措施　包括：不断收集工程实施实际进度的有关信息并进行整理、统计；实际进度与计划进度比较；定期提供进度报告。

**(3)施工项目进度控制的任务**

施工项目进度控制的主要任务是编制施工总进度计划并控制其执行，按期完成整个施工项目的任务；编制单位工程施工进度计划并控制其执行，按期完成单位工程的施工任务；编制分部分项工程施工进度计划，并控制其执行，按期完成分部分项工程的施工任务；编制季度、月、旬等作业计划，并控制其执行，完成规定的目标等。

《建设工程项目管理规范》(GB/T 50326—2017)第 9.2.2 条规定："组织应提出项目控制性进度计划，项目管理机构应根据组织的控制性进度计划，编制项目的作业性进度计划。"也就是说，施工进度计划的实施计划是指年、季、月、旬、周施工进度计划和施工任务书。

编制月(旬、周)作业计划是为了实施施工进度计划，将规定的任务结合现场施工条件，如施工场地的情况、劳动力、机械等资源条件和施工的实际进度进行计划安排。在月(旬、周)计划中要明确本月(旬、周)应完成的任务，所需要的各种资源量，提高劳动生产率的方法和节约措施。编制好月(旬、周)作业计划以后，将每项具体任务通过签发施工任务书的方式使其进一步落实。

施工任务书是向作业班组下达施工任务的一种工具。它是计划管理和施工管理的重要基础依据，也是向班组进行质量、安全、技术、节约等交底的有效形式。施工任务书通常附有限额领料单和考勤表，施工任务书格式见表 5-9 所列。

**表 5-9　施工任务书**

项目名称：　　编　号：　　计划开工日期：　　计划竣工日期：　　工期：
部位名称：　　签 发 人：　　实际开工日期：　　实际竣工日期：　　工期：
施工班组：　　签发日期：　　签收人：

<table>
<tr><td rowspan="3">定额编号</td><td rowspan="3">分项工程名称</td><td rowspan="3">单位</td><td colspan="3">定额工数</td><td colspan="4">实际执行情况</td><td colspan="6">考勤记录</td></tr>
<tr><td rowspan="2">工程量</td><td rowspan="2">每工产量</td><td rowspan="2">定额工日</td><td rowspan="2">工程量</td><td rowspan="2">计划工数</td><td rowspan="2">实际工数</td><td rowspan="2">工效(%)</td><td rowspan="2">姓名</td><td colspan="5">日期</td></tr>
<tr><td></td><td></td><td></td><td></td><td></td></tr>
<tr><td></td><td></td><td></td><td></td><td></td><td></td><td></td><td></td><td></td><td></td><td></td><td></td><td></td><td></td><td></td><td></td></tr>
<tr><td></td><td></td><td></td><td></td><td></td><td></td><td></td><td></td><td></td><td></td><td></td><td></td><td></td><td></td><td></td><td></td></tr>
<tr><td></td><td></td><td></td><td></td><td></td><td></td><td></td><td></td><td></td><td></td><td></td><td></td><td></td><td></td><td></td><td></td></tr>
<tr><td></td><td></td><td></td><td></td><td></td><td></td><td></td><td></td><td></td><td></td><td></td><td></td><td></td><td></td><td></td><td></td></tr>
<tr><td>小计</td><td colspan="5"></td><td></td><td></td><td></td><td></td><td></td><td></td><td></td><td></td><td></td><td></td></tr>
<tr><td>材料名称</td><td>规格</td><td>单位</td><td>施工定额</td><td>计划用量</td><td>实际用量</td><td colspan="4" rowspan="2">施工要求及注意事项：</td><td></td><td></td><td></td><td></td><td></td><td></td></tr>
<tr><td></td><td></td><td></td><td></td><td></td><td></td><td></td><td></td><td></td><td></td><td></td><td></td></tr>
<tr><td></td><td></td><td></td><td></td><td></td><td></td><td colspan="2">验收内容：</td><td colspan="2">验收人：</td><td></td><td></td><td></td><td></td><td></td><td></td></tr>
<tr><td></td><td></td><td></td><td></td><td></td><td></td><td colspan="4">质量分：</td><td></td><td></td><td></td><td></td><td></td><td></td></tr>
<tr><td></td><td></td><td></td><td></td><td></td><td></td><td colspan="2">成本分：</td><td colspan="2">合计：</td><td></td><td></td><td></td><td></td><td></td><td></td></tr>
<tr><td></td><td></td><td></td><td></td><td></td><td></td><td colspan="4">文明施工分：</td><td></td><td></td><td></td><td></td><td></td><td></td></tr>
</table>

施工班组接到任务书后，应做好分工，安排完成，执行中要保质量、保进度、保安全、保节约、保工效提高。任务完成后，班组自检，在确认已经完成后，向工长报请验收。工长验收时要查数量、查质量、查安全、查用工、查节约，然后回收任务书，交作业队登记结算。结算内容有工程量、工期、用工、效率、耗料、报酬、成本。还要进行数量、质量、安全和节约统计，然后存档。

在计划任务完成的过程中，各级施工进度计划的执行者都要跟踪做好施工记录，记载计划中的每项工作开始日期、工作进度和完成日期，实事求是记载并填好有关图表，为施工项目进度检查分析提供依据。

### 5.3.2 进度计划的检查与分析

在园林工程施工过程中，由于各种因素的影响，经常会打乱原计划的安排并出现进度偏差。因此，应及时了解和掌握工程实际进展情况，检查和分析影响进度偏差的原因，并为工程施工进度的调整和控制提供信息、依据。其主要工作包括：

**(1)跟踪检查施工实际进度**

跟踪检查施工实际进度是项目施工进度控制的关键措施。其目的是收集实际施工进度的有关数据。一般检查的时间间隔与施工项目的类型、规模、施工条件和对进度执行要求程度有关。通常每月、半月、旬或周进行一次。若在施工中遇到天气、资源供应等不利因素的严重影响，检查的时间间隔可临时缩短，次数应频繁，甚至可以每日进行检查，或派人员驻现场监督。检查和收集资料的方式一般采用进度报表方式或定期召开进度工作汇报会。为了保证汇报资料的准确性，进度控制的工作人员要经常到现场察看施工项目的实际进度情况，从而保证经常地、定期地准确掌握施工项目的实际进度。

**(2)整理统计检查数据**

收集到的施工项目实际进度数据，要进行必要的整理，按计划控制的工作项目进行统计，形成与计划进度具有可比性的数据、相同的计量单位和形象进度。一般可以按实物工程量、工作量和劳动消耗量以及累计百分比整理和统计实际检查的数据，以便与相应的计划完成量进行对比。

**(3)对比实际进度与计划进度**

将收集的资料整理和统计成具有与计划进度可比性的数据后，用施工项目实际进度与计划进度的比较方法进行比较。常用的比较方法有横道图比较法、列表比较法等。通过比较得出实际进度与计划进度相一致、超前、拖后三种情况。图5-22为利用横道图记录、比较施工进度示例。

图5-22中，某工程有A-K共10道工序，横道图显示原计划工期为100天，实线表示计划进度。在计划图上记录的虚线表示实际进度，由于工序K提前5天完成，使整个计划提前5天完成。

**(4)施工进度检查结果的处理**

通过检查分析，如果进度偏差较小，可在分析其产生原因的基础上采取有效的措施，使矛盾得以解决，继续执行原计划；若偏差较大，经过努力不能按原计划实现，则要考虑对原计划进行必要的调整，即适当延长工期或改变施工速度。计划的调整一般是不可避免的，但应慎重，尽量减少变更计划。

### 5.3.3 施工进度计划调整

在工程项目实施过程中，进度控制就是不断地计划、执行、检查、分析和调整的动态循环过程，因此在施工管理中要做好施工进度的计划与控制，跟踪检查施工进度计划的执行情况，在必要时进行调整，确保园林工程施工进度目标的实现，并注意做好进度控制工

| 工序 | 施工进度（天） | | | | | | | | | |
|---|---|---|---|---|---|---|---|---|---|---|
| | 10 | 20 | 30 | 40 | 50 | 60 | 70 | 80 | 90 | 100 |
| A | | | | | | | | | | |
| B | | | | | | | | | | |
| C | | | | | | | | | | |
| D | | | | | | | | | | |
| E | | | | | | | | | | |
| F | | | | | | | | | | |
| G | | | | | | | | | | |
| H | | | | | | | | | | |
| K | | | | | | | | | | |

图5-22　利用横道图记录、比较施工进度

作总结，为下一步工作和其他工程项目提供经验和参照。

在实施进度监测过程中，一旦发现实际进度偏离计划进度，即出现进度偏差时，必须认真分析产生偏差的原因及其对后续工作和总工期的影响，必要时采取合理、有效的进度计划调整措施，确保进度总目标的实现。

#### 5.3.3.1　调整内容与方法

**(1)调整内容**

施工进度计划的调整依据进度计划检查结果。调整的内容通常包括施工内容、工程量、起止时间、持续时间、工作关系、资源供应等。

**(2)调整方法**

调整施工进度计划采用的原理方法与施工进度计划的优化相同，包括单纯工期调整、资源有限-工期最短调整、工期固定-资源均衡调整、工期-成本调整等。调整通常是通过改变某些工作间的逻辑关系或者缩短某些工作的持续时间实现的。

单纯调整(压缩)工期时只能利用关键线路上的工作，并且要注意三点：一是该工作要有充足的资源供应；二是该工作增加的费用应相对较少；三是不影响工程的质量、安全和环境。

在进行资源有限-工期最短调整时，必须把现有资源的供应能力作为调整的前提。在进行工期固定-资源均衡调整时，要在保持工期不变的条件下，使资源需要量尽可能分布均衡。在进行工期-成本调整时，需注意选择好调整的工作对象，掌握工期与成本的平衡问题。

调整施工进度计划的步骤如下：分析进度计划检查结果→确定调整的对象和目标→选择适当的调整方法→编制调整方案→对调整方案进行评价和决策→调整→确定调整后付诸实施的新施工进度计划。

#### 5.3.3.2 关键工作的调整

压缩关键线路的长度是赶工的一种主要途径。当关键线路的实际进度比计划进度拖后时，应在尚未完成的关键工作中，利用费用优化的原理，选择资源强度小或费用低的工作缩短其持续时间。当通过压缩关键工作的持续时间来调整施工进度计划时，必须采取一定的具体措施才能实现，这些措施包括：

**(1)组织措施**

①增加工作面，组织更多的施工队伍；

②增加每天的施工时间(如采用三班制等)；

③增加劳动力和施工机械的数量。

**(2)技术措施**

①改进施工工艺和施工技术，以缩短工艺技术间歇时间；

②采用更先进的施工方法，以减少施工过程的数量；

③采用更先进的施工机械。

**(3)经济措施**

①实行包干奖励；

②提高奖金数额；

③对所采取的技术措施给予相应的经济补偿。

**(4)其他配套措施**

①改善外部配合条件；

②改善劳动条件；

③实施强有力的调度等。

此外，当关键线路的实际进度比计划进度提前时，若不拟提前工期，应选用资源占用量大或者直接费用高的后续关键工作，适当延长其持续时间，以降低其资源强度或费用；当确定要提前完成计划时，应将计划尚未完成的部分作为一个新计划，重新确定关键工作的持续时间，按新计划实施。

#### 5.3.3.3 非关键工作时差的调整

非关键工作时差的调整应在其时差的范围内进行，以便更充分地利用资源、降低成本或满足施工的需要。每一次调整后都必须重新计算时间参数，观察该调整对计划全局的影响。非关键工作时差的调整可采用以下几种方法：

①将工作在其最早开始时间与最迟完成时间范围内移动；

②延长工作的持续时间；

③缩短工作的持续时间。

#### 5.3.3.4 逻辑关系和搭接关系的调整

当工程项目实施中产生的进度偏差影响到总工期，且有关工作的逻辑关系允许改变时，可以改变关键线路和超过计划工期的非关键线路上的有关工作之间的逻辑关系，以达到缩短工期的目的。

只有当实际情况要求改变施工方法或组织方法时，才可进行逻辑关系的调整。调整时应避免影响原定计划工期和其他工作的顺利进行。

当资源供应条件和作业面允许时，可通过组织搭接作业或平行作业来缩短工期。这种方法的特点是不改变工作的持续时间，而只改变工作的开始时间和完成时间。例如，将顺序进行的工作改为平行作业、搭接作业以及分段组织流水作业等，都可以有效地缩短工期。

#### 5.3.3.5　持续时间的调整

当发现某些工作的原持续时间估计有误或实现条件不充分时，应重新估算其持续时间，并重新计算时间参数，尽量使原计划工期不受影响。

#### 5.3.3.6　资源的调整

当资源供应发生异常时，应采用资源优化方法对计划进行调整，或采取应急措施，使其对工期的影响最小。

网络计划的调整，可以定期进行，也可以根据计划检查的结果在必要时进行。

### 5.3.4　施工进度报告

《建设工程项目管理规范》(GB/T 50326—2017)第9.3.5条规定，“进度计划检查后，项目管理机构应向编制进度管理报告并向相关方发布”。进度报告是根据报告对象的不同确定不同的编制范围和内容而分别编写的。一般分为：项目概要级进度控制报告，是报给项目经理、企业经理或业务部门以及建设单位(业主)的，它是以整个施工项目为对象说明进度计划执行情况的报告；项目管理级进度报告，是报给项目经理及企业业务部门的，它是以单位工程或项目分区为对象说明进度计划执行情况的报告；业务管理级进度报告，是就某个重点部位或重点问题为对象编写的报告，是供项目管理者及各业务部门为其采取应急措施而使用的。

进度报告由计划负责人或进度管理人员与其他项目管理人员协作编写。报告时间一般与进度检查时间相协调，也可按月、旬、周等间隔时间进行编写上报。

施工进度计划检查完成后，应向企业提供施工进度报告，报告应包括下列内容：

①进度执行情况的综合描述　主要内容包括：报告的起止期；当地气象及晴雨天数统计；施工计划的原定目标及实际完成情况；报告计划期内现场的主要大事记(如停水、停电、事故处理情况，收到业主、监理工程师、设计单位等指令文件情况)等。

②实际施工进度图及简要说明。

③施工图纸提供进度。

④材料物资、构配件供应进度。

⑤劳务记录及预测。

⑥日历计划。

⑦工程变更，价格调整，索赔及工程款收支情况。

⑧进度偏差的状况和导致偏差的原因分析。

⑨解决问题的措施。

⑩计划调整意见。

## 5.4 工程延期处理

根据施工合同规定，在要求的竣工时间内完成工程是承包人的义务，是确保业主利益的需要。规模大的工程建设项目在实施过程中总会遇到一些自然或人为的障碍使施工不时停顿，从而使工程不能按期完成。如果这种停顿或延期是由于承包人的违约或过失造成的，则承包人自己应设法追赶工期或接受违约罚款，或由业主委托第三方来完成所延误的工作，而由承包人承担该项费用。但如果引起施工停顿的因素是承包人不能控制、不可能预见的或者是发包人责任造成的，而并非由于承包人的违约或过失所造成的，则可根据具体情况由承包人提出申请，由监理工程师批准允许适当延长工期。施工过程中工期延长有两种情况：一是工程延期；二是工程延误。两者都会使工期拖延，但性质不同，承、发包各方造成的责任不同，处理的方式也有所不同。工程延误是由于承包人自身的原因造成的，承包人将承担由此给业主造成的损失责任。这里主要讨论第一种情况，即工程延期。

### 5.4.1 申报工程延期的条件

由于以下原因导致工程延期，承包单位有权提出延长工期的申请，监理工程师应按合同规定，批准工程延期时间，工期相应顺延：

①发包人未能按专用条款的约定提供图纸及开工条件；

②发包人未能按约定日期支付工程预付款、进度款，致使施工不能正常进行；

③工程师未按合同约定提供所需指令、批准等，致使施工不能正常进行；

④设计变更和工程量增加；

⑤一周内非承包人原因停水、停电、停气造成停工累计超过8h；

⑥不可抗力；

⑦专用条款中约定或工程师同意工期顺延的其他情况。

### 5.4.2 工程延期审批程序

#### 5.4.2.1 工程延期申报与审批程序

①承包人在工程首次出现延误情况后的14天内，将工程延期意向书面通知监理机构。

②提交上述意向后的7天内，承包人应向监理机构提交正式的延期申请。正式的延期申请应以《工程延期申请书》(表5-10)的形式上报，并应附有承包人要求延期的详细资料、证明材料、受影响的工程在施工进度网络计划中的位置、延期的测算方法和测算细节。

**表 5-10 工程延期申请书**

工程名称： 申请编号：

<table>
<tr><td>致：<br>根据合同（或施工）条款相关规定，由于本申请表附件所列原因，我方申请工期顺延____天，请予以批准。<br><br>附件：工期顺延证据及计算<br>其他证明材料<br><br>合同竣工日期：__________<br>申请延长至：__________<br><br>施工单位：__________（盖章）<br>日期：____年__月__日</td></tr>
<tr><td>监理单位审核意见：<br><br>监理单位：__________（盖章）<br>总监理工程师：__________<br>日期：____年__月__日</td></tr>
</table>

③如果导致工程延期的事件有延续性，承包人不能在提交延期意向的7天内送交上述规定的详细资料，则承包人应在提交要求延期意向的书面通知后7天内先报告初步情况，然后每隔7天向监理机构提交事件进展的详细资料。在该事件造成的影响终结后14天之内，承包人应向监理机构提交正式的延期申请，正式延期申请应附有与此有关的所有证明材料和最终详细资料。

④监理工程师在收到正式延期申请后14天内予以确认签批，逾期不予确认签批也不提出修改意见，视为同意顺延工期。

工程延期申报与审批程序如图5-23所示。

### 5.4.2.2 工程延期的判断和计算

**（1）工程延期的判断**

工程延期成立与否，首先看影响工程进度的事实是否存在。承包人提出申请要求延长工期，必须在事件发生后的规定期限内向监理工程师提交报告，申述事件的详细情况以及对工程的影响，并提交相关证明材料，如施工日志、天气记录等。

其次，要判断影响工程进度的事实是否符合合同规定，即影响工程进度的事件是属于

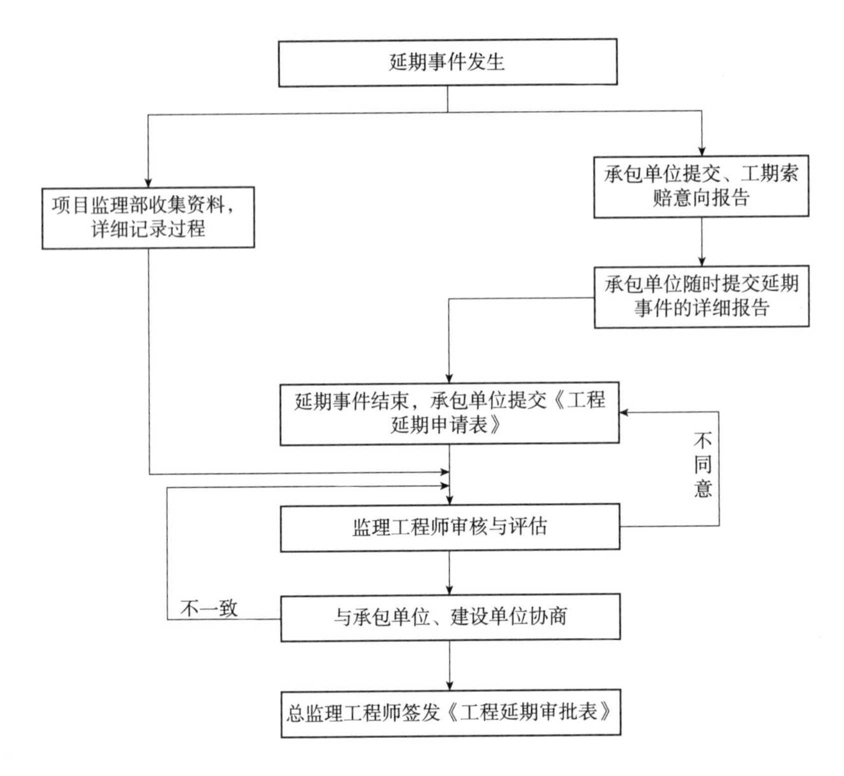


图5-23 工程延期申请及审批程序

工程延期还是工程延误。

再次，要判断延期事件是否发生在施工进度网络计划图的关键线路上。也就是说发生延误的工程部分项目必须是会影响到整个工程项目工期的，如果发生延误的工程部分项目并不影响整个工程完工期，那么就不可能批准延期。

最后，申请延期天数的计算应当正确。

**(2)工程延期天数的计算**

①工程分析法　即依据合同工期的网络进度计划图，考察承包人完成工程所需的实际工时，与计算工时进行比较，计算出延期天数。

②实测法　承包人按监理工程师的局部工程变更指令完成变更工程的实际工时，可通过实际测量确定。

③类推法　按照合同文件中规定的同类工程进度计算延长的工期。

④工时分析法　某一工种的分项工程项目延误事件发生后，按实际施工的程序统计出所用的工时总量，然后按延误期间承担该分项工程工种的全部人员投入施工来计算要延长的工期。

⑤造价比较法　若施工中出现了很多大小不等的工期索赔事由，较难准确地单独计算且又麻烦，可由双方协商，采用造价比较法确定工期补偿天数。

⑥折合法　当延期事件发生在某一分部分项工程时，可把局部工期转变成整体工期来计算，这时可用局部工种的工作量占整个工程工作量的比重来折算。

实践教学

# 实训5-1 园林工程项目施工进度计划横道图的绘制

## 一、实训目的

通过园林工程项目施工进度计划横道图的绘制实训，使学生熟悉流水施工组织方法，掌握进度计划横道图的主要内容、有关参数的计算、绘制方法要求和绘制过程，具备横道图计划技术的基本技能。

## 二、材料及用具

(1)某园林工程项目资料包括施工图纸、现场情况、招标文件，施工定额及项目部资源情况资料等。

(2)三角板、铅笔、橡皮及图纸。

## 三、方法及步骤

(1)分析图纸、招标文件、现场情况、资源条件等。

(2)根据施工图纸计算各分部分项工程的工程量，根据图纸、工程特点和现场情况划分施工段和施工过程，根据劳动定额计算各施工过程的流水节拍。

(3)进行施工流水参数计算。

(4)根据流水参数计算结果、招标文件要求等绘制施工进度计划横道图。

## 四、考核评估

| 序号 | 考核项目 | 考核标准 | | | | 等级分值 | | | |
|---|---|---|---|---|---|---|---|---|---|
| | | A | B | C | D | A | B | C | D |
| 1 | 流水节拍、流水步距、工期计算的正确性：对施工项目内容有清楚、准确的把握，能正确计算工程量和套用定额，能正确计算施工流水的各项参数，能结合招标文件要求和施工资源条件合理确定工期 | 好 | 较好 | 一般 | 较差 | 50 | 40 | 30 | 20 |
| 2 | 横道图绘制的正确性和规范性：横道图正确、清晰、规范 | 好 | 较好 | 一般 | 较差 | 40 | 32 | 24 | 16 |
| 3 | 实训态度：积极主动，完成及时 | 好 | 较好 | 一般 | 较差 | 10 | 8 | 6 | 4 |
| 合计 | | | | | | | | | |

# 实训 5-2 园林工程项目施工进度计划网络图的绘制

## 一、实训目的

通过编制园林工程项目施工进度计划网络图的实训，使学生熟悉网络计划的方法，熟悉网络图中各工程或工作之间逻辑关系的判别，掌握网络参数计算、关键线路的判别以及网络图的绘制方法及其要求，基本掌握网络计划技术。

## 二、材料及用具

(1)某园林工程项目资料包括施工图纸、现场情况、招标文件，施工定额及项目部资源情况资料等。

(2)三角板、铅笔、橡皮及图纸。

## 三、方法及步骤

(1)分析图纸、招标文件、现场情况、资源条件等。

(2)根据施工图纸计算各分部分项工程的工程量，根据图纸、工程特点和现场情况划分施工段和施工过程，根据劳动定额计算各施工过程的工作时间。

(3)分析确定各工作之间的逻辑关系。

(4)根据各工作之间的逻辑关系绘制网络计划草图。

(5)检查、核对各工作之间逻辑关系的正确性，绘制网络图。

(6)进行网络参数计算。

(7)判别关键工作和关键线路，确定计划工期。

## 四、考核评估

| 序号 | 考核项目 | 考核标准 | | | | 等级分值 | | | |
|---|---|---|---|---|---|---|---|---|---|
| | | A | B | C | D | A | B | C | D |
| 1 | 各工作间逻辑关系的正确性：能准确划分施工过程，能准确判别各工作之间的逻辑关系并正确表达 | 好 | 较好 | 一般 | 较差 | 40 | 30 | 20 | 10 |
| 2 | 网络参数计算、关键线路判别、工期计算的正确性：能正确计算各项网络参数，能准确判别关键线路，能正确计算计划工期 | 好 | 较好 | 一般 | 较差 | 30 | 25 | 22 | 10 |
| 3 | 网络图绘制的规范性：网络图绘制正确、清晰、规范 | 好 | 较好 | 一般 | 较差 | 20 | 16 | 12 | 5 |
| 4 | 实训态度：积极主动，完成及时 | 好 | 较好 | 一般 | 较差 | 10 | 9 | 6 | 5 |
| 合计 | | | | | | | | | |

## 自主学习资源库

1. 项目施工管理与进度控制. 李政训. 中国建筑工业出版社，2003.
2. 项目计划与进度管理. (美)豪根. 机械工业出版社，2007.
3. 项目进度管理. 朱宏亮. 清华大学出版社，2002.
4. 工程项目管理. 齐宝库. 大连理工大学出版社，2007.
5. 建设工程进度控制. 中国建设监理协会. 知识产权出版社，2014.

## 自测题

1. 编制施工总进度计划的意义、依据和步骤是什么？
2. 流水施工组织的几种方式各有什么特点？如何组织加快的成倍节拍流水施工？
3. 施工进度计划横道图的特点是什么？绘制步骤和要点是什么？
4. 怎样绘制双代号网络计划？时间参数如何计算？
5. 怎样利用实际进度前锋线法进行施工进度的比较分析？
6. 总结关键线路上各种时间参数的特征。
7. 造成工程延期的因素有哪些？申请工程延期的注意事项有哪些？

# 单元 6　园林工程施工质量控制

**学习目标**

**【知识目标】**

(1) 理解园林工程施工质量控制的内涵。

(2) 掌握园林工程施工质量的各类风险控制

(3) 了解质量管理 PDCA 循环的内容和流程。

(4) 熟悉全面质量管理的思想、方法和基本原则

**【技能目标】**

(1) 能够编制园林工程施工质量控制计划。

(2) 能够对施工质量控制点进行科学设置与管理。

(3) 能够进行园林工程施工质量验收工作。

(4) 能够依据程序编制施工质量事故和调查处理报告。

**【素质目标】**

(1) 培养学生在学习过程中的自我责任意识。

(2) 通过对施工质量控制点的科学设置，培养学生独立分析问题和解决实际问题的能力。

(3) 通过对工程质量事故的调查处理，培养学生的安全意识和质量意识。

## 6.1　园林工程施工质量控制的内涵

### 6.1.1　园林工程施工质量和质量管理

园林工程施工质量是指通过项目实施形成的园林工程实体的质量，是反映园林工程满足相关标准规定或合同约定的要求，包括其在安全、使用功能、耐久性能、环境保护等方面所有明显和隐含能力的特性总和。其质量特性主要体现在适用性、安全性、耐久性、可靠性、经济性及与环境的协调性六个方面。

《质量管理体系　基础和术语》(GB/T 19000—2016/ISO 9000：2015) 关于质量管理的定义是：包括组织确定其目标以及为获得期望的结果确定其过程和所需资源的活动。

园林工程施工质量管理是指在园林工程项目实施过程中，指挥和控制项目参与各方关于质量的相互协调的活动，是围绕着使园林工程施工满足质量要求而开展的策划、组织、计划、实施、检查、监督和审核等所有管理活动的总和。它是园林工程项目的建设、勘察、设计、施工、监理等单位的共同职责，项目参与各方的项目经理必须调动与园林项目质量有关的所有人员的积极性，共同做好本职工作，才能完成园林工程施工质量管理的任务。

### 6.1.2　园林工程施工质量的影响因素

园林工程施工质量的影响因素，主要是指在园林施工质量目标策划、决策和实现过程中影响质量形成的各种客观因素和主观因素，包括人的因素、机械因素、材料因素、方法因素和环境因素(简称人、机、料、法、环)等。

#### 6.1.2.1　人的因素

在园林工程项目质量管理中，人的因素起决定性的作用。项目质量控制应以控制人的因素为基本出发点。影响项目质量的人的因素包括两个方面：一是指直接履行项目质量职能的决策者、管理者和作业者个人的质量意识及质量活动能力；二是指承担项目策划、决策或实施的建设单位、勘察设计单位、咨询服务机构、工程承包企业等实体组织的质量管理体系及其管理能力。前者是个体的人，后者是群体的人。我国实行建筑业企业经营资质管理制度、市场准入制度、执业资格注册制度、作业及管理人员持证上岗制度等，从本质上说，都是对从事建设工程活动的人的素质和能力进行必要的控制。人，作为控制对象，应避免工作的失误；作为控制动力，应充分调动人的积极性，发挥人的主导作用。因此，必须有效控制项目参与各方的人员素质，不断提高人的质量活动能力，才能保证项目质量。

#### 6.1.2.2　机械因素

机械包括工程设备、施工机械和各类施工工器具。工程设备是指组成园林工程实体的工艺设备和各类机具，如各类生产设备、装置和辅助配套的电梯、泵机，以及通风空调、消防、环保设备等，它们是工程项目的重要组成部分，其质量的优劣直接影响工程使用功能的发挥。施工机械和各类施工工具是指施工过程中使用的各类机具设备，包括运输设备、吊装设备、操作工具、测量仪器、计量器具以及施工安全设施等。施工机械设备是所有施工方案和工法得以实施的重要物质基础，合理选择和正确使用施工机械设备是保证项目施工质量和安全的重要条件。

#### 6.1.2.3　材料因素

材料包括原材料、半成品、成品、构配件和周转材料等。各类材料是园林工程施工的基本物质条件，材料质量是工程质量的基础，材料质量不符合要求，工程质量就不可能达到标准。所以加强对材料的质量控制，是保证工程质量的基础。

#### 6.1.2.4　方法因素

方法因素又称技术因素，包括勘察、设计、施工所采用的技术和方法，以及工程检测、试验的技术和方法等。从某种程度上说，技术方案和工艺水平的高低决定了项目质量的优劣。依据科学的理论，采用先进合理的技术方案和措施，按照规范进行勘察、设计、施工，必将对保证项目的结构安全和满足使用功能，对组成质量因素的产品精度、强度、平整度、清洁度、耐久性等物理、化学特性等方面起到良好的推进作用。例如，建设主管部门近年在建筑业中推广应用的10项新的应用技术，包括地基基础和地下空间工程技术、高性能混凝土技术、高效钢筋和预应力技术、新型模板及脚手架应用技术、钢结构技术、建筑防水技术等，对消除质量通病、保证建设工程质量起到了积极作用，收到了明显的效果。

#### 6.1.2.5 环境因素

影响园林工程项目质量的环境因素包括园林项目的自然环境因素、社会环境因素、管理环境因素和作业环境因素。

**(1)自然环境因素**

自然环境因素主要是指工程地质、水文、气象条件和地下障碍物以及其他不可抗力等影响园林项目质量的因素。例如，复杂的地质条件必然对地基处理和房屋基础设计提出更高的要求，处理不当就会对结构安全造成不利影响；在地下水位高的地区，若在雨期进行基坑开挖，遇到连续降雨或排水困难，就会引起基坑塌方或地基受水浸泡影响承载力等；在寒冷地区冬期施工措施不当，工程会因受到冻融而影响质量；在基层未干燥或大风天进行卷材屋面防水层的施工，就会导致粘贴不牢及空鼓等质量问题。

**(2)社会环境因素**

社会环境因素主要是指会对园林项目质量造成影响的各种社会环境因素，包括国家建设法律法规的健全程度及其执法力度；建设工程项目法人决策的理性化程度以及建筑业经营者的经营管理理念；建筑市场包括建设工程交易市场和建筑生产要素市场的发育程度及交易行为的规范程度；政府的工程质量监督及行业管理成熟程度；建设咨询服务业的发展程度及其服务水准的高低；廉政管理及行风建设的状况等。

**(3)管理环境因素**

管理环境因素主要是指园林项目参建单位的质量管理体系、质量管理制度和各参建单位之间的协调等因素。比如，参建单位的质量管理体系是否健全，运行是否有效，决定了该单位的质量管理能力。在项目施工中根据承发包的合同结构，理顺管理关系，建立统一的现场施工组织系统和质量管理的综合运行机制，确保工程项目质量保证体系处于良好的状态，创造良好的质量管理环境和氛围，是施工顺利进行、提高施工质量的保证。

**(4)作业环境因素**

作业环境因素主要是指园林项目实施现场平面和空间环境条件，各种能源介质供应，施工照明、通风、安全防护设施，施工场地给排水，以及交通运输和道路条件等因素。这些条件是否良好，都直接影响到施工能否顺利进行，以及施工质量能否得到保证。

上述因素对项目质量的影响，具有复杂多变和不确定性的特点。对这些因素进行控制，是项目质量控制的主要内容。

### 6.1.3 园林工程施工质量的风险控制

园林工程施工质量风险通常是指某种因素对实现园林工程施工质量目标造成不利影响

的不确定性，这些因素导致发生质量损害的概率和造成质量损害的程度都是不确定的。在园林工程项目实施的整个过程中，对质量风险进行识别、评估、响应及控制，减少风险源的存在，降低风险事故发生的概率，减少风险事故对项目质量造成的损害，把风险损失控制在可以接受的程度，是园林工程施工质量控制的重要内容。

#### 6.1.3.1 项目实施过程中常见的质量风险种类

**(1)按风险产生的原因分类**

从风险产生的原因分析，常见的项目质量风险有以下几类：

①自然风险 包括客观自然条件对项目质量的不利影响和突发自然灾害对项目质量造成的损害。软弱、不均匀的岩土地基，恶劣的水文、气象条件，是长期存在的可能损害项目质量的隐患；地震、暴风、雷电、暴雨以及由此派生的洪水、滑坡、泥石流等突然发生的自然灾害都可能对项目质量造成严重破坏。

②技术风险 包括现有技术水平的局限和项目实施人员对园林工程技术的掌握、应用不当对项目质量造成的不利影响。人类对自然规律的认识有一定的局限性，现有的科学技术水平不一定能够完全解决和正确处理工程实践中的所有问题；项目实施人员自身技术水平的局限，在项目决策和设计、施工、监理过程中，可能发生技术上的错误。这两方面的问题都可能对项目质量造成不利影响，特别是在不够成熟的新结构、新技术、新工艺、新材料的应用上可能存在的风险更大。

③管理风险 园林工程项目的建设、设计、施工、监理等工程质量责任单位的质量管理体系存在缺陷，组织结构不合理，工作流程组织不科学，任务分工和职能划分不恰当，管理制度不健全，或者各级管理者的管理能力不足和责任心不强，这些因素都可能对施工质量造成损害。

④环境风险 包括园林工程施工实施的社会环境和实施现场的工作环境可能对项目质量造成的不利影响。社会上的种种腐败现象和违法行为，都会给项目质量带来严重的隐患；项目实施现场的空气污染、水污染、光污染和噪声、固体废弃物等都可能对项目实施人员的工作质量和项目实体质量造成不利影响。

**(2)按承担风险责任的主体分类**

从风险损失责任承担的角度，项目质量风险可以分为：

①业主方的风险 项目决策的失误，设计、施工、监理单位选择错误，向设计、施工单位提供的基础资料不准确，项目实施过程中对项目参与各方的关系协调不当，对项目的竣工验收有疏忽等，由此对项目质量造成的不利影响都是业主方的风险。

②勘察设计方的风险 水文地质勘察的疏漏，设计的错误，造成项目的结构安全和主要使用功能方面不满足要求，是勘察设计方的风险。

③施工方的风险 在项目实施过程中，由于施工方管理松懈、混乱，施工技术错误，或者材料、机械使用不当，导致发生安全、质量事故，是施工方的风险。

④监理方的风险 在项目实施过程中，由于监理方没有依法履行在工程质量和安全方面的监理责任因而留下质量隐患，或发生安全、质量事故，是监理方的风险。

### 6.1.3.2 项目实施过程中的质量风险控制

**(1)建设单位质量风险控制**

①确定工程项目质量风险控制方针、目标和策略；根据相关法律法规和工程合同的约定，明确项目参与各方的质量风险控制职责。

②对项目实施过程中业主方的质量风险进行识别、评估，确定相应的应对策略，制订质量风险控制计划和工作实施办法，明确项目机构各部门质量风险控制职责，落实质量风险控制的具体责任。

③在工程项目实施期间，对建设工程项目质量风险控制实施动态管理，通过合同约束，对参建单位质量风险管理工作进行督导、检查和考核。

**(2)设计单位质量风险控制**

①设计阶段做好方案比选工作，选择最优设计方案，有效降低工程项目实施期间和运营期间的质量风险。在设计文件中，明确高风险施工项目质量风险控制的工程措施，并就施工阶段必要的预控措施和注意事项，提出防范质量风险的指导性建议。

②将施工图审查工作纳入风险管理体系，保证其公正独立性，摆脱业主方、设计方和施工方的干扰，提高设计产品的质量。

③项目开工前，由建设单位组织设计、施工、监理单位进行设计交底，明确存在重大质量风险源的关键部位或工序，提出质量风险控制要求或工作建议，并对参建方的疑问进行解答、说明。

④工程实施中，及时处理新发现的不良地质条件等潜在风险因素或风险事件，必要时进行重新验算或变更设计。

**(3)施工单位质量风险控制**

①制订施工阶段质量风险控制计划和工作实施细则，并严格贯彻执行。

②开展与工程质量相关的施工环境、社会环境风险调查，按承包合同约定办理施工质量保险。

③严格进行施工图审查和现场地质核对，结合设计交底及质量风险控制要求，编制高风险分部分项工程专项施工方案，并按规定进行论证审批后实施。

④按照现场施工特点和实际需要，对施工人员进行针对性的岗前质量风险教育培训；关键项目的质量管理人员、技术人员及特殊作业人员，必须持证上岗。

⑤加强对建筑构件、材料的质量控制，优选构件、材料的合格分供方，构件、材料进场要进行质量复验，确保不将不合格的构件、材料用到项目上。

⑥在项目施工过程中，对质量风险进行实时跟踪监控，预测质量风险变化趋势，对新发现的风险事件和潜在的风险因素提出预警，并及时进行质量风险识别评估，制定相应对策。

**(4)监理单位质量风险控制**

①编制质量风险管理监理实施细则，并贯彻执行。

②组织并参与质量风险源调查与识别、风险分析与评估等工作。

③对施工单位上报的专项方案进行审核，重点审查质量风险控制对策中的保障措施。

④对施工现场各种资源配置情况、各风险要素发展变化情况进行跟踪检查，尤其是对专项方案中的质量风险防范措施落实情况进行检查确认，发现问题及时处理。

⑤对关键部位、关键工序的施工质量派专人进行旁站监理；对重要的建筑构件、材料进行平行检验。

# 6.2　全面质量管理的思想和方法的应用

## 6.2.1　全面质量管理的思想

全面质量管理（total quality control，TQC）是20世纪中期开始在欧美和日本广泛应用的质量管理理念和方法。我国从20世纪80年代开始引进和推广全面质量管理，其基本原理就是强调在企业或组织最高管理者的质量方针指引下，实行全面、全过程和全员参与的质量管理。

全面质量管理的主要特点是：以顾客满意为宗旨；领导参与质量方针和目标的制定；提倡预防为主、科学管理、用数据说话等。在当今世界标准化组织颁布的ISO 9000：2005质量管理体系标准中，处处都体现了这些重要特点和思想。建设工程项目的质量管理，同样应贯彻“三全”管理的思想和方法。

**（1）全面质量管理**

建设工程项目的全面质量管理是指项目参与各方所进行的工程项目质量管理的总称，其中包括工作质量和工程（产品）质量的全面管理。工作质量是产品质量的保证，直接影响产品质量的形成。建设单位、监理单位、勘察单位、设计单位、施工总承包单位、施工分包单位、材料设备供应商等，任何一方、任何环节的怠慢疏忽或质量责任不落实都会造成对建设工程质量的不利影响。

**（2）全过程质量管理**

全过程质量管理是指根据工程质量的形成规律，从源头抓起，全过程推进。《质量管理体系　基础和术语》（GB/T 19000—2008/ISO 9000：2005）强调质量管理的“过程方法”管理原则，要求应用“过程方法”进行全过程质量控制。要控制的主要过程有：项目策划与决策过程；勘察设计过程；设备材料采购过程；施工组织与实施过程；检测设施控制与计量过程；施工生产的检验试验过程；工程质量的评定过程；工程竣工验收与交付过程；工程回访维修服务过程等。

**（3）全员参与质量管理**

按照全面质量管理的思想，组织内部的每个部门和工作岗位都承担着相应的质量职能，组织的最高管理者确定了质量方针和目标，就应组织和动员全体员工参与到实施质量方针的系统活动中去，发挥自己的角色作用。开展全员参与质量管理的重要手段就是运用目标管理方法，将组织的质量总目标逐级进行分解，使之形成自上而下的质量目标分解体系和自下而上的质量目标保证体系，发挥组织系统内部每个工作岗位、部门或团队在实现质量总目标过程中的作用。

### 6.2.2　质量管理的PDCA循环

在长期的生产实践和理论研究中形成的PDCA循环，是建立质量管理体系和进行质量管理的基本方法。从某种意义上说，管理就是确定任务目标，并通过PDCA循环来实现预期目标。每一循环都围绕着实现预期的目标，进行计划(P)、实施(D)、检查(C)和处置(A)活动，随着对存在问题的解决和改进，在一次一次的滚动循环中逐步上升，不断增强质量管理能力，不断提高质量水平(图6-1)。每一次循环，四大职能活动相互联系，共同构成了质量管理的系统过程。

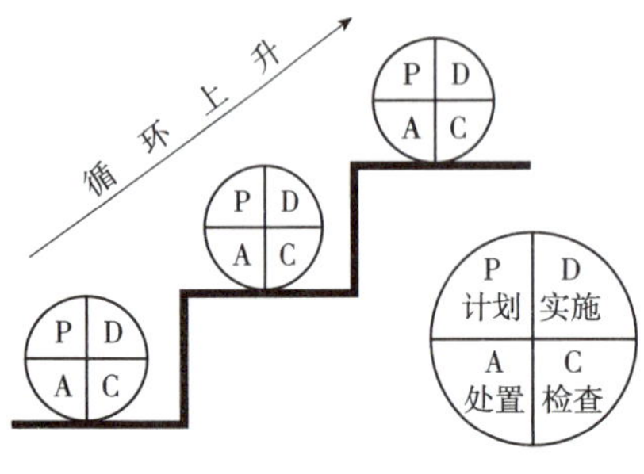


图6-1　PDCA循环示意图

(1)**计划**(Plan)

计划由目标和实现目标的手段组成，所以说计划是一条"目标—手段链"。质量管理的计划职能，包括确定质量目标和制定实现质量目标的行动方案两方面。实践表明，质量计划的严谨周密、经济合理和切实可行，是保证工作质量、产品质量和服务质量的前提条件。

建设工程项目的质量计划，是由项目参与各方根据其在项目实施中所承担的任务、责任范围和质量目标，分别制订质量计划而形成的质量计划体系。其中，建设单位的工程项目质量计划，包括确定和论证项目总体的质量目标，制定项目质量管理的组织、制度、工作程序、方法和要求。项目其他各参与方，则根据国家法律法规和工程合同规定的质量责任和义务，在明确各自质量目标的基础上，制定实施相应范围质量管理的行动方案，包括技术方法、业务流程、资源配置、检验试验要求、质量记录方式、不合格处理及相应管理措施等具体内容和做法的质量管理文件，同时也须对其实现预期目标的可行性、有效性、经济合理性进行分析论证，并按照规定的程序与权限，审批后执行。

(2)**实施**(Do)

实施职能在于将质量的目标值，通过生产要素的投入、作业技术活动和产出过程，转换为质量的实际值。为保证工程质量的产出或形成过程能够达到预期的结果，在各项质量活动实施前，要根据质量管理计划进行行动方案的部署和交底。交底的目的在于使具体的作业者和管理者明确计划的意图和要求，掌握质量标准及其实现的程序与方法。在质量活动的实施过程中，要求严格执行计划的行动方案，规范行为，把质量管理计划的各项规定和安排落实到具体的资源配置和作业技术活动中。

(3)**检查**(Check)

检查是指对计划实施过程进行各种检查，包括作业者的自检、互检和专职管理者专检。各类检查也都包含两大方面：一是检查是否严格执行了计划的行动方案，实际条件是否发生了变化，不执行计划的原因；二是检查计划执行的结果，即产出的质量是否达到标准的要求，对此进行确认和评价。

(4)**处置**(Action)

对于质量检查所发现的质量问题或质量不合格，及时进行原因分析，采取必要的措施，予以纠正，保持工程质量形成过程的受控状态。处置分为纠偏和预防改进两个方面。

前者是采取有效措施，解决当前的质量偏差、问题或事故；后者是将目前质量状况信息反馈到管理部门，反思问题症结或计划时的不周，确定改进目标和措施，为今后类似质量问题的预防提供借鉴。

### 6.2.3 质量管理的八项原则

质量管理八项原则是ISO 9000族标准的编制基础，是世界各国质量管理成功经验的科学总结，其中不少内容与我国全面质量管理的经验吻合。它的贯彻执行能够促进企业管理水平的提高，提高顾客对其产品或服务的满意程度，帮助企业达到持续成功的目的。质量管理八项原则的具体内容如下：

**(1)以顾客为关注焦点**

组织(从事一定范围生产经营活动的企业)依存于其顾客。组织应理解顾客当前的和未来的需求，满足顾客要求并争取超越顾客的期望。

**(2)领导作用**

领导者确立本组织统一的宗旨和方向，并营造和保持使员工充分参与实现组织目标的内部环境。因此，领导在企业的质量管理中起着决定性的作用。只有领导重视，各项质量活动才能有效开展。

**(3)全员参与**

各级人员都是组织之本，只有全员充分参加，才能使他们的才干为组织带来收益。

产品质量是产品形成过程中全体人员共同努力的结果，其中也包含着为他们提供支持的管理、检查、行政人员的贡献。企业领导应对员工进行质量意识等各方面的教育，激发他们的积极性和责任感，为其能力、知识、经验的提高提供机会，发挥创造精神，鼓励持续改进，给予必要的物质和精神奖励，使全员积极参与，为达到让顾客满意的目标而奋斗。

**(4)过程方法**

将活动和相关的资源作为过程进行管理，可以更高效地得到期望的结果。任何使用资源的生产活动和将输入转化为输出的一组相关联的活动都可视为过程。ISO 9000族标准是建立在过程控制的基础上。一般在过程的输入端、过程的不同位置及输出端都存在着可以进行测量、检查的机会和控制点，对这些控制点实行测量、检测和管理，便能控制过程的有效实施。

**(5)管理的系统方法**

将相互关联的过程作为系统加以识别、理解和管理，有助于组织提高实现其目标的有效性和效率。不同企业应根据自己的特点，建立资源管理、过程实现、测量分析改进等方面的关联，并加以控制。即采用过程网络的方法建立质量管理体系，实施系统管理。建立实施质量管理体系的工作内容一般包括：确定顾客期望；建立质量目标和方针；确定实现目标的过程和职责；确定必须提供的资源；规定测量过程有效性的方法；实施测量确定过程的有效性；确定防止不合格并清除产生原因的措施；建立和应用持续改进质量管理体系的过程。

**(6)持续改进**

持续改进总体业绩是组织的一个永恒目标，其作用在于增强企业满足质量要求的能力，包括产品质量、过程及体系的有效性和效率的提高。持续改进是增强和满足质量要求能力的循环活动，是使企业的质量管理走上良性循环轨道的必由之路。

**(7)基于事实的决策方法**

有效的决策应建立在数据和信息分析的基础上，数据和信息分析是事实的高度提炼。以事实为依据做出决策，可防止决策失误。为此，企业领导应重视数据信息的收集、汇总和分析，以便为决策提供依据。

**(8)与供方互利的关系**

组织与供方是相互依存的，建立双方的互利关系可以增强双方创造价值的能力。供方提供的产品是企业提供产品的一个组成部分。处理好与供方的关系，涉及企业能否持续、稳定提供顾客满意产品的重要问题。因此，对供方不能只讲控制，不讲合作互利，特别是关键供方，更要建立互利关系，这对企业与供方双方都有利。

### 6.2.4 企业质量管理体系的运行

①企业质量管理体系的运行是在生产及服务的全过程，按质量管理体系文件所制定的程序、标准、工作要求及目标分解的岗位职责进行运作。

②在企业质量管理体系运行的过程中，按各类体系文件的要求，监视、测量和分析过程的有效性和效率，做好文件规定的质量记录，持续收集、记录并分析过程的数据和信息，全面反映产品质量和过程符合要求，并具有可追溯的效能。

③按文件规定的办法进行质量管理评审和考核。对过程运行的评审考核工作，应针对发现的主要问题，采取必要的改进措施，使这些过程达到所策划的结果并实现对过程的持续改进。

④落实质量体系的内部审核程序，有组织、有计划地开展内部质量审核活动，其主要目的是：评价质量管理程序的执行情况及适用性；揭露过程中存在的问题，为质量改进提供依据；检查质量体系运行的信息；向外部审核单位提供体系有效的证据。

为确保系统内部审核的效果，企业领导应发挥决策领导作用，制定审核政策和计划，组织内审人员队伍，落实内审条件，并对审核发现的问题采取纠正措施和提供人、财、物等方面的支持。

## 6.3 园林工程项目施工质量控制

### 6.3.1 施工质量控制的依据与基本环节

#### 6.3.1.1 施工质量的基本要求

工程项目施工是实现项目设计意图形成工程实体的阶段，是最终形成项目质量和实现项目使用价值的阶段。项目施工质量控制是整个工程项目质量控制的关键和重点。

施工质量要达到的最基本要求是：通过施工形成的项目工程实体质量经检查验收合格。

项目施工质量验收合格应符合下列要求：

**(1)符合《建筑工程施工质量验收统一标准》(GB 50300—2013)和相关专业验收规范的规定**

这是国家法律、法规的要求。国家建设行政主管部门为了加强建筑工程质量管理，规范建筑工程施工质量的验收，保证工程质量，制定相应的标准和规范。这些标准、规范主要是从技术的角度，为保证房屋建筑各专业工程的安全性、可靠性、耐久性而提出的一般性要求。

**(2)符合工程勘察、设计文件的要求**

这是勘察、设计对施工提出的要求。工程勘察、设计单位针对本工程的水文地质条件，根据建设单位的要求，从技术和经济结合的角度，为满足工程的使用功能和安全性、经济性、与环境的协调性等要求，以图纸、文件的形式对施工提出要求，是针对每个工程项目的个性化要求。

**(3)符合施工承包合同的约定**

这是施工承包合同约定的要求。施工承包合同的约定具体体现了建设单位的要求和施工单位的承诺，合同的约定全面体现了对施工形成的工程实体的适用性、安全性、耐久性、可靠性、经济性和与环境的协调性六个方面质量特性的要求。

为了达到上述要求，项目的建设单位、勘察单位、设计单位、施工单位、工程监理单位应切实履行法定的质量责任和义务，在整个施工阶段对影响项目质量的各项因素实行有效的控制，通过保证项目实施过程的工作质量来保证项目工程实体的质量。

“合格”是对项目质量的最基本要求，国家鼓励采用先进的科学技术和管理方法，提高建设工程质量。全国和地方(部门)的建设主管部门或行业协会设立了中国建筑工程鲁班奖(国家优质工程)、詹天佑奖以及各种优质工程奖等，都是为了鼓励项目参建单位创造更好的工程质量。

#### 6.3.1.2　施工质量控制的依据

**(1)共同性依据**

共同性依据指适用于施工质量管理有关的、通用的、具有普遍指导意义和必须遵守的基本法规。主要包括：国家和政府有关部门颁布的与工程质量管理有关的法律法规性文件，如《建筑法》《中华人民共和国招标投标法》和《建设工程质量管理条例》等。

**(2)专业技术性依据**

专业技术性依据指针对不同行业、不同质量控制对象制定的专业技术规范文件。包括规范、规程、标准、规定等，如工程建设项目质量检验评定标准，有关建筑材料、半成品和构配件质量方面的专门技术法规性文件，有关材料验收、包装和标志等方面的技术标准和规定，施工工艺质量等方面的技术法规性文件，有关新工艺、新技术、新材料、新设备的质量规定和鉴定意见等。

**(3)项目专用性依据**

项目专用性依据指本项目的工程建设合同、勘察设计文件、设计交底及图纸会审记录、设计修改和技术变更通知，以及相关会议记录和工程联系单等。

#### 6.3.1.3 施工质量控制的基本环节

施工质量控制应贯彻全面、全员、全过程质量管理的思想，运用动态控制原理，进行质量的事前控制、事中控制和事后控制。

**(1)事前质量控制**

事前质量控制指在正式施工前进行的事前主动质量控制，通过编制施工质量计划，明确质量目标，制定施工方案，设置质量管理点，落实质量责任，分析可能导致质量目标偏离的各种影响因素，针对这些影响因素制定有效的预防措施，防患于未然。

事前质量预控必须充分发挥组织的技术面和管理面的整体优势，把长期形成的先进技术、管理方法和经验智慧，创造性地应用于工程项目。

事前质量预控要求针对质量控制对象的控制目标、活动条件、影响因素进行周密分析，找出薄弱环节，制定有效的控制措施和对策。

**(2)事中质量控制**

事中质量控制指在施工质量形成过程中，对影响施工质量的各种因素进行全面的动态控制。事中质量控制也称作业活动过程质量控制，包括质量活动主体的自我控制和他人监控的控制方式。自我控制是第一位的，即作业者在作业过程对自己质量活动行为的约束和技术能力的发挥，以完成符合预定质量目标的作业任务；他人监控是对作业者的质量活动过程和结果，由来自企业内部管理者和企业外部有关方面进行监督检查，如工程监理机构、政府质量监督部门等的监控。

施工质量的自控和监控是相辅相成的系统过程。自控主体的质量意识和能力是关键，是施工质量的决定因素；各监控主体所进行的施工质量监控是对自控行为的推动和约束。因此，自控主体必须正确处理自控和监控的关系，在致力于施工质量自控的同时，还必须接受来自业主、监理等方面对其质量行为和结果所进行的监督管理，包括质量检查、评价和验收。自控主体不能因为监控主体的存在和监控职能的实施而减轻或免除其质量责任。

事中质量控制的目标是确保工序质量合格，杜绝质量事故发生；控制的关键是坚持质量标准；控制的重点是工序质量、工作质量和质量控制点的控制。

**(3)事后质量控制**

事后质量控制也称事后质量把关，以使不合格的工序或最终产品(包括单位工程或整个工程项目)不流入下道工序、不进入市场。事后控制包括对质量活动结果的评价、认定，对工序质量偏差的纠正，对不合格产品的整改和处理。控制的重点是发现施工质量方面的缺陷，并通过分析提出施工质量改进的措施，保持质量处于受控状态。

以上三大环节不是互相孤立和截然分开的，它们共同构成有机的系统过程，实质上也就是质量管理 PDCA 循环的具体化，在每一次滚动循环中不断提高，达到质量管理和质量控制的持续改进。

### 6.3.2 施工质量控制点设置与管理

**(1)质量控制点的设置**

质量控制点应选择那些技术要求高、施工难度大、对工程质量影响大或是发生质量问题时危害大的对象进行设置。一般选择下列部位或环节作为质量控制点：

①对工程质量形成过程产生直接影响的关键部位、工序、环节及隐蔽工程；

②施工过程中的薄弱环节，或者质量不稳定的工序、部位或对象；

③对下道工序有较大影响的上道工序；

④采用新技术、新工艺、新材料的部位或环节；

⑤施工质量无把握的、施工条件困难的或技术难度大的工序或环节；

⑥用户反馈指出的和过去有过返工的不良工序。

一般建筑工程质量控制点的设置可参考表6-1。

**表6-1 质量控制点的设置**

| 分项工程 | 质量控制点 |
|---|---|
| 工程测量定位 | 标准轴线桩、水平桩、龙门板、定位轴线、标高 |
| 地基、基础(含设备基础) | 基坑(槽)尺寸、标高、土质、地基承载力，基础垫层标高，基础位置、尺寸、标高，预埋件、预留洞孔的位置、标高、规格、数量，基础杯口弹线 |
| 砌　体 | 砌体轴线，皮数杆，砂浆配合比，预留洞孔、预埋件的位置、数量，砌块排列 |
| 模　板 | 位置、标高、尺寸，预留洞孔位置、尺寸，预埋件的位置，模板的承载力、刚度和稳定性，模板内部清理及润湿情况 |
| 钢筋混凝土 | 水泥品种、强度等级，砂石质量，混凝土配合比，外加剂比例，混凝土振捣，钢筋品种、规格、尺寸、搭接长度，钢筋焊接、机械连接，预留洞孔、预埋件的规格、位置、尺寸、数量，预制构件吊装或出厂(脱模)强度，吊装位置、标高、支承长度、焊缝长度 |
| 吊　装 | 吊装设备的起重能力、吊具、索具、地锚 |
| 钢结构 | 翻样图、放大样 |
| 焊　接 | 焊接条件、焊接工艺 |
| 装　修 | 视具体情况而定 |

**(2)质量控制点的重点控制对象**

质量控制点的选择要准确，还要根据对重要质量特性进行重点控制的要求，选择质量控制点的重点部位、重点工序和重点质量因素作为质量控制点的重点控制对象，进行重点预控和监控，从而有效地控制和保证施工质量。质量控制点的重点控制对象主要包括以下几个方面：

①人的行为　某些操作或工序，应以人为重点控制对象，如高空、高温、水下、易燃易爆、重型构件吊装作业以及操作要求高的工序和技术难度大的工序等，都应从人的生理、心理、技术能力等方面进行控制。

②材料的质量与性能　这是直接影响工程质量的重要因素，在某些工程中应作为控制的重点。如钢结构工程中使用的高强度螺栓、某些特殊焊接使用的焊条，都应重点控制其材质与性能；又如水泥的质量是直接影响混凝土工程质量的关键因素，施工中就应对进场

的水泥质量进行重点控制，必须检查核对其出厂合格证，并按要求进行强度和安定性的复验等。

③施工方法与关键操作　某些直接影响工程质量的关键操作应作为控制的重点，如预应力钢筋的张拉工艺操作过程及张拉力的控制，是可靠地建立预应力值和保证预应力构件质量的关键过程。同时，易对工程质量产生重大影响的施工方法，也应列为控制的重点，如大模板施工中模板的稳定和组装问题、液压滑模施工时支撑杆的稳定问题、升板法施工中提升量的控制问题等。

④施工技术参数　如混凝土的外加剂掺量、水灰比，回填土的含水量，砌体的砂浆饱满度，防水混凝土的抗渗等级，建筑物沉降与基坑边坡稳定监测数据，大体积混凝土内外温差及混凝土冬期施工受冻临界强度等技术参数都是应重点控制的质量参数与指标。

⑤技术间歇　有些工序之间必须留有必要的技术间歇时间，如砌筑与抹灰之间，应在墙体砌筑后留6~10天时间，让墙体充分沉陷、稳定、干燥，然后再抹灰，抹灰层干燥后，才能喷白、刷浆；混凝土浇筑与模板拆除之间，应保证混凝土有一定的硬化时间，达到规定拆模强度后方可拆除等。

⑥施工顺序　某些工序之间必须严格控制施工顺序，如对冷拉的钢筋应当先焊接后冷拉，否则会失去冷强；屋架的安装固定，应采取对角同时施焊方法，否则会由于焊接应力导致校正好的屋架发生倾斜。

⑦易发生或常见的质量通病　如混凝土工程的蜂窝、麻面、空洞，墙、地面、屋面工程渗水、漏水、空鼓、起砂、裂缝等，都与操作工序有关，均应事先研究对策，提出预防措施。

⑧新技术、新材料及新工艺的应用　由于缺乏经验，施工时应将其作为重点进行控制。

⑨产品质量不稳定和不合格率较高的工序　应列为重点，认真分析，严格控制。

⑩特殊地基或特种结构　对于湿陷性黄土、膨胀土、红黏土等特殊土地基的处理，以及大跨度结构、高耸结构等技术难度较大的施工环节和重要部位，均应予以特别的重视。

**(3)质量控制点的管理**

设定了质量控制点，质量控制的目标及工作重点就更加明晰。

首先，要做好施工质量控制点的事前质量预控工作，包括：明确质量控制的目标与控制参数；编制作业指导书和质量控制措施；确定质量检查检验方式及抽样的数量与方法；明确检查结果的判断标准及质量记录与信息反馈要求等。

其次，要向施工作业班组进行认真交底，使每一个质量控制点上的作业人员明白施工作业规程及质量检验评定标准，掌握施工操作要领；在施工过程中，相关技术管理和质量控制人员要在现场进行重点指导和检查验收。

同时，还要做好施工质量控制点的动态设置和动态跟踪管理。所谓动态设置，是指在工程开工前、设计交底和图纸会审时，可确定项目的一批质量控制点，随着工程的展开、施工条件的变化，随时或定期进行控制点的调整和更新。动态跟踪是应用动态控制原理，落实专人负责跟踪和记录控制点质量控制的状态和效果，并及时向项目管理组织的高层管理者反馈质量控制信息，保持施工质量控制点的受控状态。

对于危险性较大的分部分项工程或特殊施工过程，除按一般过程质量控制的规定执行外，还应由专业技术人员编制专项施工方案或作业指导书，施工单位技术负责人、项目总监理工程师、建设单位项目负责人签字后执行。超过一定规模的危险性较大的分部分项工程，还要组织专家对专项方案进行论证。作业前施工员、技术员做好交底和记录，使操作人员在明确工艺标准、质量要求的基础上进行作业。为保证质量控制点的目标实现，应严格按照三级检查制度进行检查控制。在施工中发现质量控制点有异常时，应立即停止施工，召开分析会，查找原因并采取对策予以解决。

施工单位应积极主动地支持、配合监理工程师的工作，根据现场工程监理机构的要求，对施工作业质量控制点按照不同的性质和管理要求，细分为“见证点”和“待检点”进行施工质量的监督和检查。凡属“见证点”的施工作业，如重要部位、特种作业、专门工艺等，施工方必须在该项作业开始前24h，书面通知现场监理机构到位旁站，见证施工作业过程；凡属“待检点”的施工作业，如隐蔽工程等，施工方必须在完成施工质量自检的基础上，提前通知项目监理机构进行检查验收，然后才能进行工程隐蔽或下道工序的施工。未经过项目监理机构检查验收合格，不得进行工程隐蔽或下道工序的施工。

## 6.3.3 施工准备质量控制

### 6.3.3.1 施工技术准备工作的质量控制

施工技术准备是指在正式开展施工作业活动前进行的技术准备工作。这类工作内容繁多，主要在室内进行。例如，熟悉施工图纸，组织设计交底和图纸审查；进行工程项目检查验收的项目划分和编号；审核相关质量文件，细化施工技术方案和施工人员、机具的配置方案，编制施工作业技术指导书，绘制各种施工详图（如测量放线图、大样图及配筋、配板、配线图表等），进行必要的技术交底和技术培训。如果施工准备工作出错，必然影响施工进度和作业质量，甚至直接导致质量事故的发生。

施工技术准备工作的质量控制，包括对上述技术准备工作成果的复核审查，检查这些成果是否符合设计图纸和施工技术标准的要求；依据经过审批的质量计划审查、完善施工质量控制措施；针对质量控制点，明确质量控制的重点对象和控制方法；尽可能地提高上述工作成果对施工质量的保证程度等。

### 6.3.3.2 现场施工准备工作的质量控制

（1）**计量控制**

计量控制是施工质量控制的一项重要基础工作。施工过程中的计量，包括施工生产时的投料计量、施工测量、监测计量以及对项目、产品或过程的测试、检验、分析计量等。开工前要建立和完善施工现场计量管理的规章制度；明确计量控制责任者和配置必要的计量人员；严格按规定对计量器具进行维修和校验；统一计量单位，组织量值传递，保证量值统一，从而保证施工过程中计量的准确。

（2）**测量控制**

工程测量放线是建设工程产品由设计转化为实物的第一步。施工测量质量的好坏，直接决定工程的定位和标高是否正确，并且制约施工过程有关工序的质量。因此，施工单位在开工前应编制测量控制方案，经项目技术负责人批准后实施。要对建设单位提供的原始坐标点、基准线和水准点等测量控制点进行复核，并将复测结果上报监理工程师审核，批准后施工单位才能建立施工测量控制网，进行工程定位和标高基准的控制。

**(3)施工平面图控制**

建设单位应按照合同约定并充考虑施工的实际需要，事先划定并提供施工用地和现场临时设施用地的范围，协调平衡和审查批准各施工单位的施工平面设计。施工单位要严格按照批准的施工平面布置图，科学合理地使用施工场地，正确安装设置施工机械设备和其他临时设施，维护现场施工道路畅通无阻和通信设施完好，合理控制材料的进场与堆放，保持良好的防洪排水能力，保证充分的给水和供电。建设(监理)单位应会同施工单位制定严格的施工场地管理制度、施工纪律和相应的奖惩措施，严禁乱占场地和擅自断水、断电、断路，及时制止和处理各种违纪行为，并做好施工现场的质量检查记录。

### 6.3.4 施工过程质量控制

施工过程的质量控制，是在工程项目质量实际形成过程中的事中质量控制。

建设工程项目施工是由一系列相互关联、相互制约的作业过程(工序)构成，因此，施工质量控制必须对全部作业过程，即各道工序的作业质量持续进行控制。从项目管理的立场看，工序作业质量的控制，首先，是质量生产者即作业者的自控，在施工生产要素合格的条件下，作业者能力及其发挥的状况是决定作业质量的关键。其次，来自作业者外部的各种作业质量检查、验收和对质量行为的监督，也是不可缺少的设防和把关的管理措施。

#### 6.3.4.1 施工工序质量控制

工序是人、材料、机械设备、施工方法和环境因素对工程质量综合起作用的过程，所以对施工过程的质量控制，必须以工序作业质量控制为基础和核心。因此，工序的质量控制是施工阶段质量控制的重点。只有严格控制工序质量，才能确保施工项目的实体质量。施工工序质量控制主要包括工序施工条件控制和工序施工效果控制。

**(1)工序施工条件控制**

工序施工条件是指从事工序活动的各生产要素质量及生产环境条件。工序施工条件控制就是控制工序活动的各种投入要素质量和环境条件质量。控制的手段主要有检查、测试、试验、跟踪监督等。控制的依据主要是设计质量标准、材料质量标准、机械设备技术性能标准、施工工艺标准以及操作规程等。

**(2)工序施工效果控制**

工序施工效果主要反映工序产品的质量特征和特性指标。对工序施工效果的控制就是控制工序产品的质量特征和特性指标能否达到设计质量标准以及施工质量验收标准的要求。工序施工效果控制属于事后质量控制，其控制的主要途径是实测获取数据、统计分析获取数据、判断认定质量等级和纠正质量偏差。

按有关施工验收规范规定，下列工序质量必须进行现场质量检测，合格后才能进行下道工序：

①地基基础工程

地基及复合地基承载力检测：对于灰土地基、砂和砂石地基、土工合成材料地基、粉煤灰地基、强夯地基、注浆地基、预压地基，其竣工后的结果(地基强度或承载力)必须达到设计要求的标准。检验数量，每单位工程不应少于3点；1000$m^2$以上工程，每100$m^2$至少应有1点；3000$m^2$以上工程，每300$m^2$至少应有1点。每一独立基础下至少应有1点，基槽每20延米应有1点。

对于水泥土搅拌桩复合地基、高压喷射注浆桩复合地基、砂桩地基、振冲桩复合地基、土和灰土挤密桩复合地基、水泥粉煤灰碎石桩复合地基及夯实水泥土桩复合地基，其承载力检验，数量为总数的0.5%~1%，但不应小于3处。有单桩强度检验要求时，数量为总数的0.5%~1%，但不应少于3根。

工程桩的承载力检测：对于地基基础设计等级为甲级或地质条件复杂、成桩质量可靠性低的灌注桩，应采用静载荷试验的方法进行检验。检验桩数不应少于总数的1%，且不应少于3根，当总桩数少于50根时，检验桩数不应少于2根。

设计等级为甲级、乙级的桩基或地质条件复杂、桩施工质量可靠性低、本地区采用的新桩型或新工艺的桩基应进行桩的承载力检测。检测数量在同一条件下不应少于3根，且不宜少于总桩数的1%。

桩身质量检验：对设计等级为甲级或地质条件复杂、成桩质量可靠性低的灌注桩，抽检数量不应少于总数的30%，且不应少于20根；其他桩基工程的抽检数量不应少于总数的20%，且不应少于10根；对混凝土预制桩及地下水位以上且终孔后经过核验的灌注桩，检验数量不应少于总桩数的10%，且不得少于10根。每个柱子承台下不得少于1根。

②主体结构工程

混凝土、砂浆、砌体强度现场检测：检测同一强度等级、同条件养护的试块强度，以此检测结果代表工程实体的结构强度。

• 混凝土：按统计方法评定混凝土强度的基本条件时，同一强度等级的同条件养护试件的留置数量不宜少于10组；按非统计方法评定混凝土强度时，留置数量不应少于3组。

• 砂浆抽检数量：每一检验批且不超过250$m^3$砌体的各种类型及强度等级的砌筑砂浆，每台搅拌机应至少抽检一次。

• 砌体：普通砖15万块、多孔砖5万块、灰砂砖及粉灰砖10万块各为一检验批，抽检数量为一组。

钢筋保护层厚度检测：钢筋保护层厚度检测的结构部位，应由监理(建设)、施工等各方根据结构构件的重要性共同选定。对梁类、板类构件，应各抽取构件数量的2%且不少于5个构件进行检验。

混凝土预制构件结构性能检测：对成批生产的构件，同一工艺正常生产的不超过1000件且不超过3个月的同类型产品为一批。在每批中应随机抽取一个构件作为试件进行检验。

#### 6.3.4.2　施工作业质量的自控

**(1)施工作业质量自控的意义**

施工作业质量的自控，从经营的层面上说，强调的是作为建筑产品生产者和经营者的施工企业，应全面履行企业的质量责任，向顾客提供质量合格的工程产品；从生产的过程来说，强调的是施工作业者的岗位质量责任，向后道工序提供合格的作业成果(中间产品)。因此，施工方是施工阶段质量自控的主体。施工方不能因为监控主体的存在和监控责任的实施而减轻或免除其质量责任。我国《建筑法》和《建设工程质量管理条例》规定：建筑施工企业对工程的施工质量负责；建筑施工企业必须按照工程设计要求、施工技术标准和合同的约定，对建筑材料、建筑构配件和设备进行检验，不合格的不得使用。

施工方作为工程施工质量的自控主体，既要遵循本企业质量管理体系的要求，也要根据其在所承建的工程项目质量控制系统中的地位和责任，通过具体项目质量计划的编制与实施，有效地实现施工质量的自控目标。

**(2)施工作业质量自控的程序**

施工作业质量的自控过程是由施工作业组织的成员进行的，其基本的控制程序包括：施工作业技术交底、施工作业活动实施和施工作业质量自检自查、互检互查以及专职管理人员的质量检查等。

①施工作业技术交底　技术交底是施工组织设计和施工方案的具体化，施工作业技术交底的内容必须具有可行性和可操作性。

从项目的施工组织设计到分部分项工程的作业计划，在实施之前都必须逐级进行交底，其目的是使管理者的计划和决策意图为实施人员所理解。施工作业交底是最基层的技术和管理交底活动，施工总承包方和工程监理机构都要对施工作业交底进行监督。作业交底的内容包括作业范围、施工依据、作业程序、技术标准和要领、质量目标以及其他与安全、进度、成本、环境等目标管理有关的要求和注意事项。

②施工作业活动实施　施工作业活动是由一系列工序所组成的。为了保证工序质量的受控，首先要对作业条件进行再确认，即按照作业计划检查作业准备状态是否落实到位，其中包括对施工程序和作业工艺顺序的检查确认。在此基础上，严格按作业计划的程序、步骤和质量要求展开工序作业活动。

③施工作业质量检查　施工作业的质量检查是贯穿整个施工过程的最基本的质量控制活动，包括施工单位内部的工序作业质量自检、互检、专检和交接检查，以及现场监理机构的旁站检查、平行检验等。施工作业质量检查是施工质量验收的基础，已完检验批及分部分项工程的施工质量，必须在施工单位完成质量自检并确认合格之后，才能报请现场监理机构进行检查验收。

前道工序作业质量经验收合格后，才可进入下道工序施工。未经验收合格的工序，不得进入下道工序施工。

**(3)施工作业质量自控的要求**

工序作业质量是直接形成工程质量的基础，为达到对工序作业质量控制的效果，在加强工序管理和质量目标控制方面应坚持以下要求：

①预防为主　严格按照施工质量计划的要求，进行各分部分项施工作业的部署。同时，根据施工作业的内容、范围和特点，制订施工作业计划，明确作业质量目标和作业技术要领，认真进行作业技术交底，落实各项作业技术组织措施。

②重点控制 在施工作业计划中，一方面要认真贯彻实施施工质量计划中的质量控制点的控制措施，同时，要根据作业活动的实际需要，进一步建立工序作业控制点，深化工序作业的重点控制。

③坚持标准 工序作业人员在工序作业过程中应严格进行质量自检，通过自检不断改善作业，并创造条件开展作业质量互检，通过互检加强技术与经验的交流。对已完工序作业产品，即检验批或分部分项工程，应严格坚持质量标准。对不合格的施工作业质量，不得进行验收签证，必须按照规定的程序进行处理。

《建筑工程施工质量验收统一标准》(GB 50300—2013)及配套使用的专业质量验收规范，是施工作业质量自控的合格标准。有条件的施工企业或项目经理部应结合自己的条件编制高于国家标准的企业内控标准或工程项目内控标准，或采用施工承包合同明确规定的更高标准，列入质量计划中，努力提升工程质量水平。

④记录完整 施工图纸、质量计划、作业指导书、材料质保书、检验试验及检测报告、质量验收记录等，是形成可追溯性的质量保证依据，也是工程竣工验收所不可缺少的质量控制资料。因此，对工序作业质量，应有计划、有步骤地按照施工管理规范的要求进行填写记载，做到及时、准确、完整、有效，并具有可追溯性。

**(4)施工作业质量自控的制度**

施工作业质量自控的有效制度有：质量自检制度、质量例会制度、质量会诊制度、质量样板制度、质量挂牌制度、每月质量讲评制度等。

### 6.3.4.3 施工作业质量的监控

**(1)施工作业质量的监控主体**

为了保证项目质量，建设单位、监理单位、设计单位及政府的工程质量监督部门，在施工阶段应依据法律法规和工程施工承包合同，对施工单位的质量行为和项目实体质量实施监督控制。

设计单位应当就审查合格的施工图纸设计文件向施工单位作出详细说明；应当参与建设工程质量事故分析，并对因设计造成的质量事故提出相应的技术处理方案。

建设单位在领取施工许可证或者开工报告前，应当按照国家有关规定办理工程质量监督手续。

作为监控主体之一的项目监理机构，在施工作业实施过程中，根据其监理规划与实施细则，采取现场旁站、巡视、平行检验等形式，对施工作业质量进行监督检查，如果发现工程施工不符合工程设计要求、施工技术标准和合同约定，有权要求建筑施工企业改正。监理机构应进行检查而没有检查或没有按规定进行检查的，给建设单位造成损失时应承担赔偿责任。

必须强调，施工质量的自控主体和监控主体，在施工全过程相互依存、各尽其责，共同推动着施工质量控制过程的展开和最终实现工程项目的质量总目标。

**(2)现场质量检查**

现场质量检查是施工作业质量的监控的主要手段。

①现场质量检查的内容

开工前的检查：主要检查是否具备开工条件，开工后是否能够保持连续正常施工，能否保证工程质量。

工序交接的检查：对于重要的工序或对工程质量有重大影响的工序，应严格执行“三检”制度(自检、互检、专检)，未经监理工程师(或建设单位技术负责人)检查认可，不得进行下道工序施工。

隐蔽工程的检查：施工中凡是隐蔽工程必须检查认证后方可进行隐蔽掩盖。

停工后复工的检查：因客观因素停工或处理质量事故等停工复工时，经检查认可后方能复工。

分项、分部工程完工后的检查：应经检查认可，并签署验收记录后，才能进行下一工程项目的施工。

成品保护的检查：检查成品有无保护措施以及保护措施是否有效可靠。

②现场质量检查的方法

目测法：即凭借感官进行检查，也称观感质量检验，其手段可概括为“看、摸、敲、照”四个字。

• 看：就是根据质量标准要求进行外观检查。例如，清水墙面是否洁净，喷涂的密实度和颜色是否良好、均匀，工人的操作是否正常，内墙抹灰的大面及口角是否平直，混凝土外观是否符合要求等。

• 摸：就是通过触摸手感进行检查、鉴别。例如，油漆的光滑度，浆活是否牢固、不掉粉等。

• 敲：就是运用敲击工具进行音感检查。例如，对地面工程、装饰工程中的水磨石、面砖、石材饰面等，均应进行敲击检查。

• 照：就是通过人工光源或反射光照射，检查难以看到或光线较暗的部位。例如，管道井、电梯井等内部管线、设备安装质量，装饰吊顶内连接及设备安装质量等。

实测法：就是通过实测数据与施工规范、质量标准的要求及允许偏差值进行对照，以此判断质量是否符合要求，其手段可概括为“靠、量、吊、套”四个字。

• 靠：就是用直尺、塞尺检查诸如墙面、地面、路面等的平整度。

• 量：就是指用测量工具和计量仪表等检查断面尺寸、轴线、标高、湿度、温度等的偏差。例如，大理石板拼缝尺寸，摊铺沥青拌合料的温度，混凝土坍落度的检测等。

• 吊：就是利用托线板以及线坠吊线检查垂直度。例如，砌体垂直度检查、门窗的安装等。

• 套：就是以方尺套方，辅以塞尺检查。例如，对阴阳角的方正、踢脚线的垂直度、预制构件的方正、门窗口及构件的对角线检查等。

试验法：是指通过必要的试验手段对质量进行判断的检查方法，主要包括如下内容：

• 理化试验：工程中常用的理化试验包括物理力学性能的检验和化学成分及化学性质的测定等两个方面。物理力学性能的检验，包括各种力学指标的测定，如抗拉强度、抗压强度、抗弯强度、抗折强度、冲击韧性、硬度、承载力等，以及各种物理性能方面的测定，如密度、含水量、凝结时间、安定性及抗渗、耐磨、耐热性能等。化学成分及化学性质的测定，如钢筋中的磷、硫含量，混凝土中粗骨料中的活性氧化硅成分，以及耐酸、耐碱、抗腐蚀性等。此外，根据规定有时还需进行现场试验，如对桩或地基的静载试验、下水管道的通水试验、压力管道的耐压试验、防水层的蓄水或淋水试验等。

- 无损检测：利用专门的仪器仪表从表面探测结构物、材料、设备的内部组织结构或损伤情况。常用的无损检测方法有超声波探伤、X射线探伤、γ射线探伤等。

**(3)技术核定与见证取样送检**

①技术核定　在建设工程项目施工过程中，因施工方对施工图纸的某些要求不甚明白，或图纸内部存在某些矛盾，或工程材料调整与代用，改变建筑节点构造、管线位置或走向等，需要通过设计单位明确或确认的，施工方必须以技术核定单的方式向监理工程师提出，报送设计单位核准确认。

②见证取样送检　为了保证建设工程质量，我国规定对工程所使用的主要材料、半成品、构配件以及施工过程留置的试块、试件等应实行现场见证取样送检。见证人员由建设单位及工程监理机构中有相关专业知识的人员担任；送检的试验室应具备经国家或地方工程检验检测主管部门核准的相关资质；见证取样送检必须严格按执行规定的程序进行，包括取样见证并记录、样本编号、填单、封箱、送试验室、核对、交接、试验检测、报告等。

检测机构应当建立档案管理制度。检测合同、委托单、原始记录、检测报告应当按年度统一进行编号，编号应当连续，不得随意抽撤、涂改。

#### 6.3.4.4　隐蔽工程验收与成品质量保护

**(1)隐蔽工程验收**

凡被后续施工所覆盖的施工内容，如地基基础工程、钢筋工程、预埋管线等均属隐蔽工程。加强隐蔽工程质量验收，是施工质量控制的重要环节。其程序要求施工方首先应完成自检并合格，然后填写专用的《隐蔽工程验收单》。验收单所列的验收内容应与已完工的隐蔽工程实物相一致，并事先通知监理机构及有关方面，按约定时间进行验收。验收合格的隐蔽工程，由各方共同签署验收记录；验收不合格的隐蔽工程，应按验收整改意见进行整改后重新验收。严格隐蔽工程验收的程序和记录，对于预防工程质量隐患、提供可追溯质量记录具有重要作用。

**(2)成品质量保护**

对建设工程项目已完成施工的成品进行保护，目的是避免已完施工成品受到来自后续施工以及其他方面的污染或损坏。已完施工的成品保护问题和相应措施，在工程施工组织设计与计划阶段就应该从施工顺序上进行考虑，防止施工顺序不当或交叉作业造成相互干扰、污染和损坏；成品形成后可采取防护、覆盖、封闭、包裹等相应措施进行保护。

### 6.3.5　施工质量与设计质量协调

建设工程项目施工是按照工程设计图纸(施工图)进行的，施工质量离不开设计质量，优良的施工质量要靠优良的设计质量和周到的设计现场服务来保证。

#### 6.3.5.1　项目设计质量的控制

要保证施工质量，首先要控制设计质量。项目设计质量的控制，主要是从满足项目建设需求入手，包括国家相关法律法规、强制性标准和合同规定的明确需求以及潜在需求，以使用功能和安全可靠性为核心，进行下列设计质量的综合控制：

**(1)项目功能性质量控制**

要保证施工质量，首先要控制设计质量。项目设计质量的控制，主要是从满足项目建设需求入手，包括国家相关法律法规、强制性标准和合同规定的明确需求以及潜在需求，以使用功能和安全可靠性为核心，进行项目功能性、项目可靠性、项目观感质量、项目经济性质量、施工可行性质量等设计质量的综合控制。

**(2)项目可靠性质量控制**

可靠性质量控制主要是指建设工程项目建成后，在规定的使用年限和正常的使用条件下，保证使用安全和建筑物、构筑物及其设备系统性能稳定、可靠。

**(3)项目观感性质量控制**

对于建筑工程项目，观感性质量主要是指建筑物的总体格调、外部形体及内部空间观感效果，整体环境的适宜性、协调性，文化内涵的韵味及其魅力等的体现；道路、桥梁等基础设施工程同样也有其独特的构型格调、观感效果及其环境适宜的要求。

**(4)项目经济性质量控制**

建设工程项目经济性质量，是指不同设计方案的选择对建设投资的影响。经济性质量控制的目的，在于强调设计过程的多方案比较，通过价值工程、优化设计，不断提高建设工程项目的性价比。在满足项目投资目标要求的条件下，做到经济高效，防止浪费。

**(5)项目施工可行性质量控制**

任何设计意图都要通过施工来实现，设计意图不能脱离现实的施工技术和装备水平，否则再好的设计意图也无法实现。设计一定要充分考虑施工的可行性，并尽量做到方便施工，以保证施工顺利进行，保证项目施工质量。

### 6.3.5.2 施工与设计的协调

从项目施工质量控制的角度来说，项目建设单位、施工单位和监理单位，都要注重施工与设计的相互协调。这个协调工作主要包括以下几个方面：

**(1)设计联络**

项目建设单位、施工单位和监理单位应组织施工单位到设计单位进行设计联络，其任务主要是：

①了解设计意图、设计内容和特殊技术要求，分析其中的施工重点和难点，以便有针对性地编制施工组织设计，及早做好施工准备；对于以现有的施工技术和装备水平实施有困难的设计，要及时提出意见，协商修改设计，或者探讨通过技术攻关提高技术装备水平来实施的可能性，同时向设计单位介绍和推荐先进的施工新技术、新工艺和工法，争取通过适当的设计，使这些新技术、新工艺和工法在施工中得到应用。

②了解设计进度，根据项目进度控制总目标、施工工艺顺序和施工进度安排，提出设计出图的时间和顺序要求，对设计和施工进度进行协调，使施工得以连续顺利进行；

③从施工质量控制的角度，提出合理化建议，优化设计，为保证和提高施工质量创造更好的条件。

(2)**设计交底和图纸会审**

建设单位和监理单位应组织设计单位向所有的施工实施单位进行详细的设计交底，使实施单位充分理解设计意图，了解设计内容和技术要求，明确质量控制的重点和难点；同时，认真地进行图纸会审，深入发现和解决各专业设计之间可能存在的矛盾，消除施工图的差错。

(3)**设计现场服务和技术核定**

建设单位和监理单位应要求设计单位派出得力的设计人员到施工现场进行设计服务，解决施工中发现和提出的与设计有关的问题，及时做好相关设计核定工作。

(4)**设计变更**

在施工期间，建设单位、设计单位或施工单位提出需要进行局部设计变更的内容，都必须按照规定的程序，先将变更意图或请求报送监理工程师审查，经设计单位审核认可并签发设计变更通知书后，再由监理工程师下达变更指令。

# 6.4 园林工程施工质量验收

建设工程项目的质量验收，主要是指工程施工质量的验收。施工质量验收应按照《建筑工程施工质量验收统一标准》(GB 50300—2013)进行。该标准是建筑工程各专业工程施工质量验收规范编制的统一准则，各专业工程施工质量验收规范应与该标准配合使用。

根据上述施工质量验收统一标准，所谓“验收”，是指建筑工程在施工单位自行质量检查评定的基础上，参与建设活动的有关单位共同对检验批、分项、分部、单位工程的质量进行抽样复验，根据相关标准以书面形式对工程质量达到合格与否做出确认。

正确地进行工程项目质量的检查评定和验收，是施工质量控制的重要环节。施工质量验收包括施工过程质量验收及竣工质量验收两个部分。

## 6.4.1 施工过程质量验收

工程项目质量验收，应将项目划分为单位(子单位)工程、分部(子分部)工程、分项工程和检验批进行验收。施工过程质量验收主要是指检验批和分项、分部工程的质量验收。

### 6.4.1.1 施工过程质量验收的内容

《建筑工程施工质量验收统一标准》(GB 50300—2013)与各个专业工程施工质量验收规范，明确规定了各分项工程施工质量的基本要求，规定了分项工程检验批量的抽查办法和抽查数量，规定了检验批主控项目、一般项目的检查内容和允许偏差，规定了对主控项目、一般项目的检验方法，规定了各分部工程验收的方法和需要的技术资料等，同时对涉及人民生命财产安全、人身健康、环境保护和公共利益的内容以强制性条文做出规定，要求必须坚决、严格遵照执行。

检验批和分项工程是质量验收的基本单元；分部工程是在所含全部分项工程验收的基础上进行验收的，在施工过程中随完工随验收，并留下完整的质量验收记录和资料；单位工程作为具有独立使用功能的完整的建筑产品，进行竣工质量验收。

施工过程的质量验收包括以下验收环节，通过验收后留下完整的质量验收记录和资料，为工程项目竣工质量验收提供依据。

**(1)检验批质量验收**

检验批是指按同一的生产条件或按规定的方式汇总起来供检验用的，由一定数量样本组成的检验体。检验批可根据施工及质量控制和专业验收需要按楼层、施工段、变形缝等进行划分。检验批是工程验收的最小单位，是分项工程乃至整个建筑工程质量验收的基础。

检验批应由监理工程师(建设单位项目技术负责人)组织施工单位项目专业质量(技术)负责人等进行验收。

检验批质量验收合格应符合下列规定：

①主控项目和一般项目的质量经抽样检验合格；

②具有完整的施工操作依据、质量检查记录。

主控项目是指建筑工程中对安全、卫生、环境保护和公众利益起决定性作用的检验项目。主控项目的验收必须从严要求，不允许有不符合要求的检验结果。主控项目的检查具有否决权。除主控项目以外的检验项目称为一般项目。

**(2)分项工程质量验收**

分项工程质量验收在检验批验收的基础上进行。一般情况下，两者具有相同或相近的性质，只是批量的大小不同而已。分项工程可由一个或若干个检验批组成。

分项工程应由监理工程师(建设单位项目技术负责人)组织施工单位项目专业质量(技术)负责人进行验收。

分项工程质量验收合格应符合下列规定：

①分项工程所含的检验批均应符合合格质量的规定；

②分项工程所含的检验批的质量验收记录应完整。

**(3)分部工程质量验收**

分部工程质量验收在其所含各分项工程验收的基础上进行。

分部工程应由总监理工程师(建设单位项目负责人)组织施工单位项目负责人和技术、质量负责人等进行验收；地基与基础、主体结构分部工程的勘察、设计单位工程项目负责人和施工单位技术、质量部门负责人也应参加相关分部工程验收。

分部(子分部)工程质量验收合格应符合下列规定：

①分部(子分部)工程所含分项工程的质量均应验收合格；

②质量控制资料应完整；

③地基与基础、主体结构和设备安装等分部工程有关安全及使用功能的检验和抽样检测结果应符合有关规定；

④观感质量验收应符合要求。

必须注意的是，由于分部工程所含的各分项工程性质不同，因此它并不是在所含分项工程验收基础上的简单相加，即所含分项工程验收合格且质量控制资料完整，只是分部工程质量验收的基本条件，还必须在此基础上对涉及安全和使用功能的地基与基础、主体结构、有关安全及重要使用功能的设备安装分部工程进行见证取样试验或抽样检测，而且需要对其观感质量进行验收，并综合给出质量评价。对于评价为“差”的检查点应通过返修处理等进行补救。

#### 6.4.1.2 施工过程质量验收不合格的处理

施工过程的质量验收是以检验批的施工质量为基本验收单元。检验批质量不合格可能是由于使用的材料不合格，或施工作业质量不合格，或质量控制资料不完整等原因所致，其处理方法有：

①在检验批验收时，发现存在严重缺陷的应推倒重做，有一般的缺陷可通过返修或更换器具、设备，消除缺陷后重新进行验收。

②个别检验批发现某些项目或指标(如试块强度等)不满足要求难以确定是否验收时，应请有资质的法定检测单位检测鉴定，当鉴定结果能够达到设计要求时，应予以验收。

③检测鉴定达不到设计要求，但经原设计单位核算仍能满足结构安全和使用功能的检验批，可予以验收。

④严重质量缺陷或超过检验批范围内的缺陷，经法定检测单位检测鉴定以后，认为不能满足最低限度的安全储备和使用功能，则必须进行加固处理，虽然改变外形尺寸，但能满足安全使用要求，可按技术处理方案和协商文件进行验收，责任方应承担经济责任。

⑤通过返修或加固处理后仍不能满足安全使用要求的分部工程严禁验收。

### 6.4.2 竣工质量验收

工程项目竣工质量验收是施工质量控制的最后一个环节，是对施工过程质量控制成果的全面检验，是从终端把关方面进行质量控制。未经验收或验收不合格的工程，不得交付使用。

#### 6.4.2.1 竣工质量验收的依据

工程项目竣工质量验收的依据有：

①国家相关法律法规和建设主管部门颁布的管理条例和办法；

②工程施工质量验收统一标准；

③专业工程施工质量验收规范；

④批准的设计文件、施工图纸及说明书；

⑤工程施工承包合同；

⑥其他相关文件。

#### 6.4.2.2 竣工质量验收的要求

建筑工程施工质量应按下列要求进行验收：

①建筑工程施工质量应符合本标准和相关专业验收规范的规定；

②建筑工程施工应符合工程勘察、设计文件的要求；

③参加工程施工质量验收的各方人员应具备规定的资格；

④工程质量的验收均应在施工单位自行检查评定的基础上进行；

⑤隐蔽工程在隐蔽前应由施工单位通知有关单位进行验收，并形成验收文件；

⑥涉及结构安全的试块、试件以及有关材料，应按规定进行见证取样检测；

⑦检验批的质量应按主控项目和一般项目验收；

⑧对涉及结构安全和使用功能的重要分部工程应进行抽样检测；

⑨承担见证取样检测及有关结构安全检测的单位应具有相应资质；

⑩工程的观感质量应由验收人员现场检查，并应共同确认。

### 6.4.2.3 竣工质量验收的标准

单位工程是工程项目竣工质量验收的基本对象。单位(子单位)工程质量验收合格应符合下列规定：

①单位(子单位)工程所含分部(子分部)工程的质量均应验收合格；

②质量控制资料应完整；

③单位(子单位)工程所含分部工程有关安全和使用功能的检验资料应完整；

④主要功能项目的抽查结果应符合相关专业质量验收规范的规定；

⑤观感质量验收应符合要求。

### 6.4.2.4 竣工质量验收的程序

建设工程项目竣工质量验收可以分为竣工验收准备、竣工预验收和竣工正式验收三个环节。整个验收过程涉及建设单位、设计单位、监理单位及施工总分包各方的工作，必须按照工程项目质量控制系统的职能分工，以监理工程师为核心进行竣工质量验收的组织协调。

**(1)竣工验收准备**

施工单位按照合同规定的施工范围和质量标准完成施工任务后，应自行组织有关人员进行质量检查评定。自检合格后，向现场监理机构提交工程竣工预验收申请报告，要求组织工程竣工预验收。施工单位的竣工验收准备，包括工程实体的验收准备和相关工程档案资料的验收准备，使之达到竣工验收的要求，其中设备及管道安装工程等，应经过试车、试压和系统联动试运行，并有检查记录。

**(2)竣工预验收**

监理机构收到施工单位的工程竣工预验收申请报告后，应就验收的准备情况和验收条件进行检查，对工程质量进行竣工预验收。对工程实体质量及档案资料存在的缺陷，及时提出整改意见，并与施工单位协商整改方案，确定整改要求和完成时间。具备下列条件时，由施工单位向建设单位提交工程竣工验收报告，申请工程竣工验收。

①完成建设工程设计和合同约定的各项内容；

②有完整的技术档案和施工管理资料；

③有工程使用的主要建筑材料、构配件和设备的进场试验报告；

④有工程勘察、设计、施工、工程监理等单位分别签署的质量合格文件；

⑤有施工单位签署的工程保修书。

**(3)竣工正式验收**

建设单位收到工程竣工验收报告后，应由建设单位(项目)负责人组织施工(含分包单位)、设计、勘察、监理等单位(项目)负责人进行单位工程验收。

建设单位应组织勘察、设计、施工、监理等单位和其他方面的专家组成竣工验收小组，负责检查验收的具体工作，并制定验收方案。

建设单位应在工程竣工验收前 7 个工作日将验收时间、地点、验收组名单书面通知该工程的工程质量监督机构。建设单位组织竣工验收会议。正式验收过程的主要工作有：

①建设、勘察、设计、施工、监理单位分别汇报工程合同履约情况及工程施工各环节满足设计要求，质量符合法律、法规和强制性标准的情况；

②检查审核设计、勘察、施工、监理单位的工程档案资料及质量验收资料；

③实地检查工程外观质量，对工程的使用功能进行抽查；

④对工程施工质量管理各环节工作、对工程实体质量及质保资料情况进行全面评价，形成经验收组人员共同确认签署的工程竣工验收意见；

⑤竣工验收合格，建设单位应及时提出工程竣工验收报告，验收报告应附有工程施工许可证、设计文件审查意见、质量检测功能性试验资料、工程质量保修书等所规定的其他文件；

⑥工程质量监督机构应对工程竣工验收工作进行监督。

#### 6.4.2.5　竣工验收备案

我国实行建设工程竣工验收备案制度。新建、扩建和改建的各类房屋建筑工程和市政基础设施工程的竣工验收，均应按《建设工程质量管理条例》规定进行备案。

①建设单位应当自建设工程竣工验收合格之日起 15 日内，将建设工程竣工验收报告和规划、公安消防、环保等部门出具的认可文件或准许使用文件，报建设行政主管部门或者其他相关部门备案。

②备案部门在收到备案文件资料后的 15 日内，对文件资料进行审查，符合要求的工程，在验收备案表上加盖“竣工验收备案专用章”，并将其中一份退建设单位存档。若在审查中发现建设单位在竣工验收过程中，有违反国家有关建设工程质量管理规定行为的，责令停止使用，重新组织竣工验收。

③建设单位有下列行为之一的，责令改正，处以工程合同价款 2% 以上 4% 以下的罚款，造成损失的依法承担赔偿责任：未组织竣工验收，擅自交付使用的；验收不合格，擅自交付使用的；对不合格的建设工程按照合格工程验收的。

## 6.5　园林工程施工质量不合格处理

### 6.5.1　施工质量事故预防

建立健全施工质量管理体系，加强施工质量控制，就是为了预防施工质量问题和质量事故，在保证工程质量合格的基础上，不断提高工程质量。所以，施工质量控制的所有措施和方法，都是预防施工质量事故的措施。具体来说，施工质量事故的预防，应运用风险管理的理论和方法，从寻找和分析可能导致施工质量事故发生的原因入手，抓住影响施工质量的各种因素和施工质量形成过程的各个环节，采取针对性的预防控制措施。

#### 6.5.1.1 施工质量事故发生的原因

施工质量事故发生的原因大致有以下四类：

**(1)技术原因**

技术原因指引发的质量事故是由于在项目勘察、设计、施工中技术上的失误。例如，地质勘察过于疏略，对水文地质情况判断错误，致使地基基础设计采用不正确的方案；结构设计方案不正确，计算失误，构造设计不符合规范要求；施工管理及实际操作人员的技术素质差，采用了不合适的施工方法或施工工艺等。这些技术上的失误是造成质量事故的常见原因。

**(2)管理原因**

管理原因指引发的质量事故是由于管理上的不完善或失误造成的。例如，施工单位或监理单位的质量管理体系不完善，质量管理措施落实不力，施工管理混乱，不遵守相关规范，违章作业，检验制度不严密，质量控制不严格，检测仪器设备管理不善而失准，以及材料质量检验不严等原因引起质量事故。

**(3)社会、经济原因**

社会、经济原因指引发的质量事故是由于社会上存在的不正之风及经济上的原因，滋长了建设中的违法违规行为，而导致出现质量事故。例如，违反基本建设程序，无立项、无报建、无开工许可、无招投标、无资质、无监理、无验收的“七无”工程，边勘察、边设计、边施工的“三边”工程，很多重大施工质量事故都能从这几个方面找到原因；某些施工企业盲目追求利润而不顾工程质量，在投标报价中随意压低标价，中标后则依靠违法的手段或修改方案追加工程款，甚至偷工减料等，这些因素都会导致发生重大工程质量事故。

**(4)人为事故和自然灾害原因**

人为事故和自然灾害原因指造成的质量事故是由于人为的设备事故、安全事故，导致连带发生质量事故，以及严重的自然灾害等不可抗力造成质量事故。

#### 6.5.1.2 施工质量事故预防的具体措施

**(1)严格按照基本建设程序办事**

首先要做好项目可行性论证，不可未经深入的调查分析和严格论证就盲目拍板定案；要彻底搞清工程地质水文条件方可开工；杜绝无证设计、无图施工；禁止任意修改设计和不按图纸施工；工程竣工不进行试车运转、不经验收不得交付使用。

**(2)认真做好工程地质勘察**

地质勘察时要适当布置钻孔位置和设定钻孔深度。钻孔间距过大，不能全面反映地基实际情况；钻孔深度不够，难以查清地下软土层、滑坡、墓穴、孔洞等有害地质构造。地质勘察报告必须详细、准确，防止因根据不符合实际情况的地质资料而采用错误的基础方案，导致地基不均匀，沉降、失稳，使上部结构及墙体开裂、破坏、倒塌。

**(3)科学处理地基**

对软弱土、冲填土、杂填土、湿陷性黄土、膨胀土、岩层出露、岩溶、土洞等不均匀地基要进行科学的加固处理。要根据不同地基的工程特性，按照地基处理与上部结构相结合使其共同工作的原则，从地基处理与设计措施、结构措施、防水措施、施工措施等方面综合考虑治理。

**(4)进行必要的设计审查复核**

要请具有合格专业资质的审图机构对施工图进行审查复核，防止因设计考虑不周、结构构造不合理、设计计算错误、沉降缝及伸缩缝设置不当、悬挑结构未通过抗倾覆验算等原因，导致质量事故的发生。

**(5)严格把好建筑材料及制品的质量关**

要从采购订货、进场验收、质量复验、存储和使用等几个环节，严格控制建筑材料及制品的质量，防止不合格或是变质、损坏的材料和制品用到工程上。

**(6)对施工人员进行必要的技术培训**

要通过技术培训使施工人员掌握基本的建筑结构和建筑材料知识，懂得遵守施工验收规范对保证工程质量的重要性，从而在施工中自觉遵守操作规程，不蛮干、不违章操作、不偷工减料。

**(7)依法进行施工组织管理**

施工管理人员要认真学习、严格遵守国家相关政策法规和施工技术标准，依法进行施工组织管理；施工人员首先要熟悉图纸，对工程的难点和关键工序、关键部位应编制专项施工方案并严格执行；施工作业必须按照图纸和施工验收规范、操作规程进行；施工技术措施要正确，施工顺序不可搞错，脚手架和楼面不可超载堆放构件和材料；要严格按照制度进行质量检查和验收。

**(8)做好应对不利施工条件和各种灾害的预案**

要根据当地气象资料的分析和预测，事先针对可能出现的风、雨、高温、严寒、雷电等不利施工条件，制定相应的施工技术措施；还要对不可预见的人为事故和严重自然灾害做好应急预案，并有相应的人力、物力储备。

**(9)加强施工安全与环境管理**

许多施工安全和环境事故都会连带发生质量事故，加强施工安全与环境管理，也是预防施工质量事故的重要措施。

## 6.5.2 施工质量问题和质量事故处理

### 6.5.2.1 施工质量事故处理的依据

**(1)质量事故的实况资料**

质量事故的实况资料包括质量事故发生的时间、地点；质量事故状况的描述；质量事故发展变化的情况；有关质量事故的观测记录、事故现场状态的照片或录像；事故调查组调查研究所获得的第一手资料。

**（2）有关合同及合同文件**

有关合同及合同文件包括工程承包合同、设计委托合同、设备与器材购销合同、监理合同及分包合同等。

**（3）有关的技术文件和档案**

有关的技术文件和档案主要是有关的设计文件，如施工图纸和技术说明；与施工有关的技术文件、档案和资料，如施工方案、施工计划、施工记录、施工日志、有关建筑材料的质量证明资料、现场制备材料的质量证明资料、质量事故发生后对事故状况的观测记录、试验记录或试验报告等。

**（4）相关的建设法规**

主要有《中华人民共和国建筑法》《建设工程质量管理条例》和《关于做好房屋建筑和市政基础设施工程质量事故报告和调查处理工作的通知》等与工程质量及质量事故处理有关的法律法规，以及勘察、设计、施工、监理等单位资质管理和从业者资格管理方面的法规，建筑市场管理方面的法规，以及相关技术标准、规范、规程和管理办法等。

### 6.5.2.2　施工质量事故报告和调查处理程序

施工质量事故报告和调查处理的一般程序如图 6-2 所示。

**（1）事故报告**

《建设工程质量管理条例（2019 年修正版）》第 52 条规定：建设工程发生质量事故，有关单位应当在 24 小时内向当地建设行政主管部门和其他有关部门报告。对重大质量事故，事故发生地的建设行政主管部门和其他有关部门应当按照事故类别和等级向当地人民政府和上级建设行政主管部门和其他有关部门报告。特别重大质量事故的调查程序按照国务院有关规定办理。

**（2）事故调查**

事故调查要按规定区分事故的大小，分别由相应级别的人民政府直接或授权委托有关部门组织事故调查组进行调查。未造成人员伤亡的一般事故，县级人民政府也可以委托事故发生单位组织事故调查组进行调查。事故调查应力求及时、客观、全面，以便为事故的分析与处理提供正确的依据。调查结果要整理撰写成事故调查报告，其主要内容应包括：

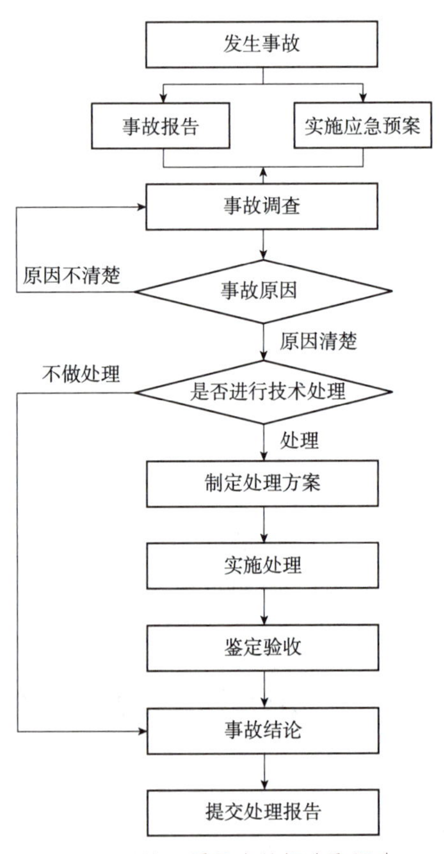


图 6-2　施工质量事故报告和调查处理的一般程序

①质量事故项目及各参建单位概况；

②质量事故的类型与性质；

③事故发生经过和事故救援情况；

④事故造成的损失；

⑤事故项目有关质量检测报告和技术分析报告；

⑥事故发生的原因和事故性质；

⑦事故责任的认定和事故责任者的处理建议；

⑧事故防范和整改措施；

⑨涉及的需要同步修订完善的质量管理制度与流程。

**(3)质量事故原因分析**

原因分析要建立在质量事故情况调查的基础上，避免情况不明就主观推断事故的原因。特别是对涉及勘察、设计、施工、材料和管理等方面的质量事故，事故的原因往往错综复杂，因此，必须对调查所得到的数据、资料进行仔细的分析，依据国家有关法律法规和工程建设标准分析事故的直接原因和间接原因，必要时组织对事故项目进行检测鉴定和专家技术论证，去伪存真，找出造成事故的主要原因。

**(4)制定质量事故处理的技术方案**

质量事故的处理要建立在原因分析的基础上，要广泛地听取专家及有关方面的意见，经科学论证，决定事故是否要进行技术处理和怎样处理。在制定质量事故处理的技术方案时，应做到安全可靠、技术可行、不留隐患、经济合理、具有可操作性、满足项目的安全和使用功能要求。

**(5)质量事故处理**

质量事故处理的内容包括：质量事故的技术处理，即按经过论证的技术方案进行处理，解决事故造成的质量缺陷问题；质量事故的责任处罚，即依据有关人民政府对事故调查报告的批复和有关法律法规的规定，对事故相关责任者实施行政处罚，负有事故责任的人员涉嫌犯罪的，依法追究刑事责任。

**(6)质量事故处理的鉴定验收**

质量事故的技术处理是否达到预期的目的，是否依然存在隐患，应当通过检查鉴定和验收做出确认。事故处理的质量检查鉴定，应严格按施工验收规范和相关质量标准的规定进行，必要时还应通过实际量测、试验和仪器检测等方法获取必要的数据，以便准确地对事故处理的结果做出鉴定，形成鉴定结论。

**(7)提交质量事故处理报告**

质量事故处理后，必须尽快提交完整的质量事故处理报告，其内容包括：事故调查的原始资料、测试的数据；事故原因分析和论证结果；事故处理的依据；事故处理的技术方案及措施；实施技术处理过程中有关的数据、记录、资料；检查验收记录；对事故相关责任者的处罚情况和事故处理的结论等。

#### 6.5.2.3 施工质量事故处理的基本要求

①质量事故的处理应安全可靠、不留隐患、满足生产和使用要求、施工方便、经济

合理;

②消除造成事故的原因，注意综合治理，防止事故再次发生;

③正确确定技术处理的范围和正确选择处理的时间和方法;

④切实做好事故处理的检查验收工作，认真落实防范措施;

⑤确保事故处理期间的安全。

#### 6.5.2.4 施工质量缺陷处理的基本方法

**(1)返修处理**

当项目的某些部分的质量虽未达到规范、标准或设计规定的要求，存在一定的缺陷，但经过采取整修等措施后可以达到要求的质量标准，又不影响使用功能或外观的要求时，可采取返修处理的方法。

**(2)加固处理**

加固处理主要针对危及结构承载力的质量缺陷。通过加固处理，使建筑结构恢复或提高承载力，重新满足结构安全性与可靠性的要求，使结构能继续使用或改作其他用途。对混凝土结构常用的加固方法主要有：增大截面加固法、外包角钢加固法、粘钢加固法、增设支点加固法、增设剪力墙加固法、预应力加固法等。

**(3)返工处理**

当工程质量缺陷经过返修、加固处理后仍不能满足规定的质量标准要求，或不具备补救可能性时，则必须采取重新制作、重新施工的返工处理措施。

**(4)限制使用**

当工程质量缺陷按修补方法处理后无法保证达到规定的使用要求和安全要求，而又无法返工处理的情况下，可做出诸如结构卸荷或减荷以及限制使用的决定。

**(5)不做处理**

某些工程质量问题虽然达不到规定的要求或标准，但其情况不严重，对结构安全或使用功能影响很小，经过分析、论证、法定检测单位鉴定和设计单位等认可后可不做专门处理。一般可不做专门处理的情况有以下几种：

①不影响结构安全和使用功能的　例如，有的工业建筑物出现放线定位的偏差，且严重超过规范标准规定，若要纠正会造成重大经济损失，但经过分析、论证其偏差不影响生产工艺和正常使用，在外观上也无明显影响，可不做处理。又如，某些部位的混凝土表面的裂缝，经检查分析，属于表面养护不够的干缩微裂，不影响安全和外观，也可不做处理。

②后道工序可以弥补的　例如，混凝土结构表面的轻微麻面，可通过后续的抹灰、刮涂、喷涂等弥补，也可不做处理。再如，混凝土现浇楼面的平整度偏差达到10mm，但由于后续垫层和面层的施工可以弥补，所以也可不做处理。

③法定检测单位鉴定合格的　例如，某检验批混凝土试块强度值不满足规范要求，强度不足，但法定检测单位对混凝土实体强度进行实际检测后，其实际强度达到规范允许和设计要求值时，可不做处理。对经检测未达到要求值，但相差不多，经分

析论证，只要使用前经再次检测达到设计强度，也可不做处理，但应严格控制施工荷载。

④出现的质量缺陷，经检测鉴定达不到设计要求，但经原设计单位核算，仍能满足结构安全和使用功能的　例如，某一结构构件截面尺寸不足，或材料强度不足，影响结构承载力，但按实际情况进行复核验算后仍能满足设计要求的承载力时，可不进行专门处理。这种做法实际上是挖掘设计潜力或降低设计的安全系数，应谨慎处理。

**(6)报废处理**

出现质量事故的项目，通过分析或实践，采取上述处理方法后仍不能满足规定的质量要求或标准，则必须予以报废处理。

## 实践教学

# 实训 6-1　园林工程质量计划模拟编制

## 一、实训目的

通过园林工程质量计划模拟编制的实训，使学生掌握施工过程中质量控制的主要内容、方法和过程，为进行后期的施工与管理打下基础。

## 二、材料及用具

施工图纸、施工组织设计、技术检验标准《城市绿化工程施工及验收规范》(GJJ/T 82—1999)、三角板、铅笔、橡皮及图纸。

## 三、方法及步骤

(1)技术准备

包括：合同、技术协议、需方的技术质量要求、验收标准、施工图纸、施工组织设计、需方提供的或者由需方委托的第三方提供的编制质量计划的原则要点或者是质量计划的初始质量计划、企业内部的质量保证手册等。

(2)编制

制定园林工程质量目标、园林工程质量保证体系及园林工程质量保证措施。

(3)评审

质量计划草案应交有关生产、技术、经营等业务部门进行会签。

## 四、实训要求及注意事项

(1)认真学习质量计划编制原则；

(2)注意搜集编制依据，包括适用的法律、法规、规程、标准、规范、工程合同、施工现场条件、模拟公司的决策和现有资源等；

(3)了解工程概况，包括工程地点、建设规模、工程结构特点等；

(4)了解工程项目组成、模拟建设单位的项目质量目标、项目拟定的施工方案等内容。

## 五、考核评估

| 序号 | 考核项目 | 考核标准 | | | | 等级分值 | | | |
|---|---|---|---|---|---|---|---|---|---|
| | | A | B | C | D | A | B | C | D |
| 1 | 计划的针对性：对施工项目有明确具体的针对性和质量目标要求，能对具体工程的特点、施工方案、施工工艺进行编制，能很好地起到指导和控制施工质量的作用 | 好 | 较好 | 一般 | 较差 | 30 | 24 | 18 | 12 |
| 2 | 计划的完整性：满足质量要求、工程合同、规范标准，全面覆盖工程的全部过程，满足《建设工程项目管理规范》对项目管理实施规划的要求 | 好 | 较好 | 一般 | 较差 | 30 | 24 | 18 | 12 |
| 3 | 计划的可操作性：质量控制程序详细，项目管理机构健全，管理职责明确，项目质量奖罚措施、质量控制层次合理，质量计划实施、调整和验证措施到位 | 好 | 较好 | 一般 | 较差 | 30 | 24 | 18 | 12 |
| 4 | 文字组织的条理性：句子结构简洁，文字无纰漏，无错别字，行文条理清晰，编排主次分明，阅读方便 | 好 | 较好 | 一般 | 较差 | 5 | 4 | 3 | 2 |
| 5 | 实训态度：积极主动，完成及时 | 好 | 较好 | 一般 | 较差 | 5 | 4 | 3 | 2 |
| 合计 | | | | | | | | | |

## 自主学习资源库

1. 建筑工程施工质量检查与验收手册．毛龙泉，沈北安，等．中国建筑工业出版社，2002.

2. 园林施工管理．浙江省建设厅城建处．中国建筑工业出版社，2005.

3. 园林绿化质量检查．浙江省建设厅城建处．中国建筑工业出版社，2006.

## 自测题

1. 园林工程项目质量和质量管理的内涵是什么？
2. 园林工程项目质量的影响因素有哪些？
3. 园林工程项目质量的风险控制有哪些方面？
4. 怎样理解全面质量管理思想在园林施工项目建设中的应用？
5. 通常情况下，园林工程施工质量控制的依据与基本环节分别有哪些？
6. 如何进行施工质量控制点的设置与管理？
7. 施工准备和施工过程的质量控制分别包含哪些方面？
8. 园林工程施工质量验收包含哪些内容？
9. 园林工程施工质量不合格该如何处理？

# 单元 7 园林工程施工成本控制

**学习目标**

【知识目标】

(1) 了解园林工程项目成本控制的概念和基本原则。

(2) 熟悉园林工程项目成本控制的内容和成本计划的编制方法。

(3) 掌握园林工程项目成本控制的一般技术方法。

(4) 了解园林工程施工成本分析的一些方法。

【技能目标】

(1) 能够编制园林工程项目成本计划。

(2) 能够熟悉项目施工过程中成本控制技术措施。

(3) 能够进行一般园林工程项目成本核算。

(4) 能够熟练应用工程量清单计价模式下成本控制的措施和方法。

【素质目标】

(1) 培养学生的独立工作能力和团队协作意识。

(2) 通过学习成本控制的理论和方法，使学生养成科学、严谨的工作作风。

(3) 培养学生高效的学习、工作能力和客观公正的工作态度。

## 7.1 园林工程施工成本控制概论

### 7.1.1 园林施工成本概念与分类

#### 7.1.1.1 施工成本概念

园林工程的施工成本是指施工单位在承建并完成施工工程的过程中所发生的全部生产费用的总和，包括所消耗的材料、构配件、周转材料的摊销费或租赁费、施工机械的台班费或租赁费、支付给生产工人的工资、奖金以及施工企业或项目经理部为组织和管理工程施工所发生的全部费用支出。工程施工成本是园林施工企业的主要产品成本。一般以项目的单位工程为成本核算对象，各单位工程成本的综合即为施工项目成本。园林工程的施工成本不包括税金、利润、应交纳的滞纳金、罚款、违约金、赔偿金、流动资金的贷款利息以及因材料盘亏和毁损引起的损失等。

在施工管理中，最终是要使施工工程达到质量高、工期短、消耗低、安全好等目标，而成本是这四项目标经济效果的综合反映。因此，成本是施工管理的核心。

#### 7.1.1.2 施工成本分类

对施工成本进行分类，有助于认识和掌握成本的特性和搞好施工成本管理。

**(1)按成本管理的需要分类**

①预算成本 是根据施工图由全国(或地方)统一的工程量计算规则计算出来的工程量，采用全国统一的园林工程基础定额和地区市场劳务价格、材料价格及价差系数，并按有关取费费率进行计算的成本。预算成本既是确定工程造价的基础，也是编制计划成本的依据和评价实际成本的依据。

②计划成本 是指园林施工企业或项目经理部根据计划期的有关资料(如工程的具体条件、企业施工定额和施工企业为实施该项目的各项技术组织措施等)，在实际成本发生前事先计算的成本。也就是施工企业考虑降低成本措施后的成本计划数，反映了企业在计划期内应达到的成本水平。它对于加强园林施工企业和项目经理部的经济核算，建立和健全施工项目成本管理责任制，控制施工过程中的生产费用，降低施工项目成本具有十分重要的作用。

③实际成本 是施工项目在报告期内实际发生的各项生产费用的总和。把实际成本与计划成本比较，可揭示成本是节约还是超支，可考核企业施工技术水平及技术组织措施的贯彻执行情况和企业的经营效果。通过实际成本与预算成本比较，可以反映工程盈亏情况。因此，计划成本和实际成本都是反映施工企业成本水平的，它们受企业本身的生产技术、施工条件和经营管理水平所制约。

**(2)按生产费用计入成本的方法分类**

①直接成本 是指直接耗用于并能直接计入工程对象的费用。

②间接成本 是指非直接用于也无法直接计入工程对象，但为进行工程施工所必须发生的费用，通常是按照直接成本的比例来计算。

将施工成本分为直接成本和间接成本，能正确反映工程成本的构成，考核各项生产费用的使用是否合理，便于找出降低成本的途径。

**(3)按生产费用与工程量关系分类**

①固定成本 是指在一定期间和一定的工程量范围内，其发生的成本额不受工程量增减变动的影响而相对固定的成本。如折旧费、大修理费、管理人员工资、办公费、照明费等。这一成本是为了保持企业一定的生产管理条件而发生的。一般来说，企业的固定成本每月基本相同，但是，当工程量超过一定范围需要增添机械设备和管理人员时，固定成本将会发生变动。此外，所谓固定，是就其总额而言，分配到每个单位工程量的固定费用则是变动的。

②变动成本 是指发生总额随着工程量的增减变动而成正比例变动的费用，如直接用于工程的材料费、实行计划工资制的人工费等。所谓变动，也是就其总额而言，对于每个单位工程量上的变动费用往往是不变的。

将施工过程中发生的全部费用划分为固定成本和变动成本，对于成本管理和成本决策具有重要作用。由于固定成本是维持生产能力所必需的费用，要降低单位工程量的固定费用，就需从提高劳动生产率、增加企业总工程量数额并降低固定成本的绝对值入手。降低变动成本只能从降低单位分项工程的消耗定额入手。

## 7.1.2 园林工程施工成本管理概念与分类

### 7.1.2.1 施工成本管理概念

成本管理也称成本控制，是指在保证满足工程质量、工期、安全生产等合同要求的前提下，对项目实施过程中所发生的费用，通过计划、组织、控制和协调等活动使其达到预定的成本目标，并尽可能地降低成本费用的一系列管理活动。施工项目成本管理的目的，在于降低项目成本，提高经济效益。

### 7.1.2.2 施工成本管理分类

了解施工成本管理的分类情况，对于正确地组织和更有效地进行园林工程施工成本管理工作以及成本控制理论和方法的研究都具有重要的意义。

**(1)按成本管理要求划分类**

①绝对成本控制　是指企业为了降低成本、增加赢利，而对施工过程中所发生的一切成本支出按照成本目标的绝对金额进行控制。其原则是只准降低、不许超支，重在“节流”，确保企业能够达到预定的成本目标。

②相对成本控制　是指将成本同其他经济指标结合起来控制。即结合工程量、利润等经济指标进行控制，重在“开源”。

**(2)按成本管理层次划分类**

①成本集中控制　是指施工企业的领导部门直接控制整个企业的成本支出。其优点是机构简化、权力集中、决策迅速、控制效率高，一般适用于小型企业。

②成本分散控制　是指施工企业的成本支出交给企业内部各基层单位直接进行控制，企业成本管理部门只负责指导、汇总和检查。这种形式的优点是成本控制权下放，可以调动基层单位成本控制的积极性。它适用于管理层次多的大中型企业。

**(3)按成本管理对象划分类**

①人工成本控制　主要从职工人数、工时定额、工资基金等方面进行控制。

②材料成本控制　主要从材料价格和材料用量两方面进行控制。

③机械成本控制　控制施工机械的合理利用，提高利用率，严格执行维修和保养、保全制度。

④费用成本控制　主要控制间接费用，应根据计划所列费用项目逐项控制，只许节约，不得超支，更不得突破预算收入。

**(4)按成本发生时间划分类**

①事前控制　是指工程开工前对影响工程成本的经济活动所进行的事前规划、审核与监督，是成本控制的开端。包括成本预测、成本决策、制定成本计划、规定消耗定额、建立健全原始记录和计量手段以及经济责任制等内容。

②事中控制　是对于工程成本形成全过程的控制，也称过程控制，属于成本管理的第二阶段。在这一阶段，成本管理人员需要严格地按照费用计划和各项消耗定额，对一切施

工费用进行经常审核，把可能导致损失或浪费的苗头消灭在萌芽状态，而且随时运用成本核算信息进行分析研究，把偏离目标的差异及时反馈给责任单位和个人，以便采取有效措施纠正偏差，使成本控制在预定的目标之内。

③事后控制　是指在某项工程任务完成时(或某个报告期末)，对成本计划的执行情况进行检查分析。它是成本控制的第三阶段，目的在于通过对实际成本与标准(或定额)成本以及计划成本的偏差分析，查明差异的原因，确定经济责任的归属，借以考核责任部门和单位的业绩，对薄弱环节及可能发生的偏差，提出改进措施，并通过调整下一阶段的工程成本计划指标进行反馈控制，进一步降低成本。

# 7.2　园林工程施工成本管理任务与措施

## 7.2.1　园林工程施工成本管理任务

园林工程施工成本管理，就是在园林工程施工过程中运用必要的技术与管理手段对物化劳动和活劳动消耗进行严格组织和监督的一个系统过程。具体包括施工项目成本预测、成本决策、成本计划、成本控制、成本核算和成本分析与考核等主要环节。成本控制各环节的关系如图7-1所示。

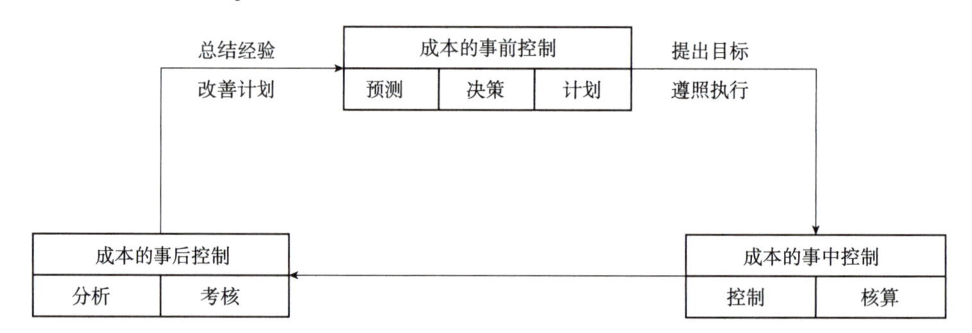


图7-1　成本控制各环节的关系

### 7.2.1.1　成本预测

对每一项工程，施工企业在投标时都会根据招标文件的要求，结合市场的行情、竞争对手的情况及企业自身的实力进行报价。该报价对企业的赢利情况做出了一个预测，预估出企业未来的获利情况。一旦中标，再编制详细的施工组织设计及施工预算，根据施工组织设计及施工预算编制项目的成本计划，对项目拟投入的成本进行测算。这个测算是按实际发生的原则对项目拟投入的人工、材料、机械及临时设施、管理费、其他费用作较为详细的分析。

成本预测是指通过取得的历史数字资料，采用经验总结、统计分析及数学模型的方法对成本进行判断和推测。项目施工成本预测可以为园林施工企业经营决策和编制成本计划等提供数据。

成本预测是成本控制的首要环节，是事前控制的环节之一，也是成本控制的关键。成本预测对提高成本计划的科学性、降低成本和提高经济效益具有重要的作用。加强成本控制，首先要抓成本预测。

**（1）成本预测的作用**

①成本预测是投标决策的依据　园林施工企业在选择投标项目过程中，往往需要根据项目是否赢利、利润大小等诸因素确定是否对工程投标。这样在投标决策时就要估计项目施工成本的情况，通过与施工图预算的比较，才能分析出项目是否赢利、利润大小等。

②成本预测是编制成本计划的基础　在编制成本计划之前，需要在搜集、整理和分析有关施工项目成本、市场行情和施工消耗等资料基础上，对施工项目进展过程中的物价变动等情况和施工项目成本做出符合实际的预测。这样才能保证施工项目成本计划不脱离实际，切实起到控制施工项目成本的作用。

③成本预测是成本管理的重要环节　成本预测是在分析项目施工进程中各种经济与技术要素对成本升降的影响基础上，推算其成本水平变化的趋势及其规律性，预测施工项目的实际成本。它是预测和分析的有机结合，是事后反馈与事前控制的结合。通过成本预测，有利于及时发现问题，找出施工项目成本管理中的薄弱环节，采取措施，控制成本。

**（2）成本预测的依据**

①施工企业的利润目标对企业降低工程成本的要求　企业根据经营决策提出经营利润目标后，便对企业降低成本提出了总目标。每个工程项目的成本降低率水平应等于或高于企业的总成本降低率水平，以保证降低成本总目标的实现。在此基础上才能确定施工项目的成本目标。

②工程项目的合同价格　即其销售价格，是所能取得的收入总额。成本目标就是合同价格与利润目标之差。这个利润目标决定了企业分配到该项目的降低成本目标。根据目标成本降低额，求出目标成本降低率，然后与企业的目标成本降低率进行比较，如果前者等于或大于后者，则目标成本降低额可行，否则应予调整。

③工程项目成本估算（概算或预算）　这是根据市场价格或定额价格（计划价格）对成本发生的社会平均水平做出估计。它既是合同价格的基础，又是成本决策的依据，是量入为出的标准。这是成本预测最主要的依据。

④施工企业同类施工项目的降低成本水平　该水平代表了企业的成本控制水平，是施工项目可能达到的成本水平，可用以与成本控制目标进行比较，从而做出成本目标决策。

**（3）成本预测的程序**

科学准确的预测必须遵循合理的预测程序。成本预测过程如图 7-2 所示。

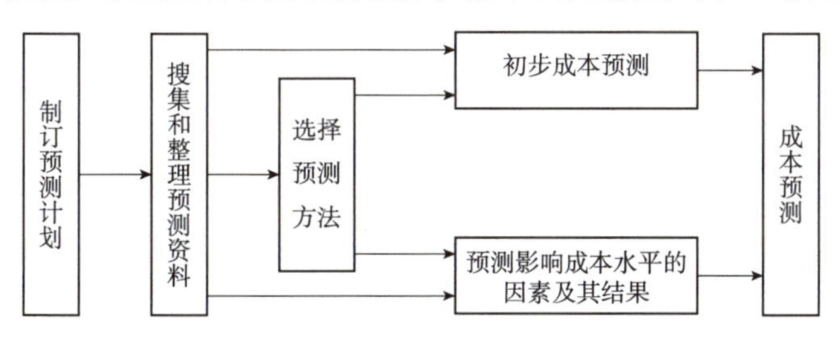


图 7-2　成本预测程序示意图

①制订预测计划　是预测工作顺利进行的保证。预测计划的内容主要包括：组织领导及工作布置，配合的部门，时间进度，搜集材料范围等。如果在预测过程中发现新情况和计划有缺陷，则可修订预测计划，以保证预测工作顺利进行，并获得较好的预测质量。

②搜集和整理预测资料　根据预测计划搜集预测资料是进行预测的重要条件。预测资料一般有纵向和横向两个方面的数据。纵向资料是施工单位各类材料的消耗及价格的历史数据，据以分析其发展趋势；横向资料是指同类施工项目的成本资料，据以分析所预测项目与同类项目的差异，并做出估计。

预测资料的真实与正确，决定了预测工作的质量，因此对搜集的资料进行细致的检查和整理很有必要。如各项指标的口径、单位、价格等是否一致；核算、汇集的时间资料是否完整，如果有残缺，应采用估算、换算、查阅等方法进行补充；资料是否有可比性或重复，要去伪存真，进行筛选，以保证预测资料的完整性、连续性和真实性。

③选择预测方法　预测方法一般分为定性与定量两类。

④初步成本预测　主要是根据定性预测的方法及一些横向成本资料的定量预测，对施工项目成本进行初步估计。这一步的结果往往比较粗糙，需要结合现在的成本水平进行修正，才能保证成本预测结果的质量。

⑤预测影响成本水平的因素　影响工程成本水平的因素主要有物价变化、劳动生产率、物料消耗指标、项目管理办公费用开支等。可根据近期内其他工程实施情况、本企业职工及当地分包企业情况、市场行情等，推测未来哪些因素会对本施工项目的成本水平产生影响，其结果如何。

⑥成本预测　根据初步的成本预测以及对成本水平变化因素的预测结果，确定该施工项目的成本情况，包括人工费、材料费、机械使用费和其他直接费等。

⑦分析预测误差　这一步需要在项目完成后进行。成本预测是对施工项目实施之前的成本预计和推断，这往往与实施过程中及其后的实际成本有出入，而产生预测误差。项目结束后应确认预测误差的大小，预测误差大小，反映预测的准确程度。如果误差较大，就应分析产生误差的原因，并积累经验。

**(4)成本预测的方法**

①定性预测方法　定性预测是根据已掌握的信息资料和直观材料，依靠具有丰富经验和分析能力的内行和专家，运用主观经验，对施工项目的材料消耗、市场行情及成本等，做出性质上和程度上的推断和估计，然后把各方面的意见进行综合，作为预测成本变化的主要依据。

定性预测偏重于对市场行情的发展方向和施工中各种影响施工项目成本因素的分析，能发挥专家经验和主观能动性，比较灵活，而且简便易行，可以较快地提出预测结果。但是在进行定性预测时，也要尽可能地搜集数据，运用数学方法，其结果通常也是从数量上作出测算。

定性预测方法主要有专家会议法和专家调查法(特尔菲法)、主观概率法、调查访问法等。

②定量预测方法　定量预测也称统计预测，它是根据已掌握的比较完备的历史统计数据，运用一定的数学方法进行科学的加工整理，借以揭示有关变量之间的规律性联系，用

于预测和推测未来发展变化情况的一类预测方法。这种方法的优点是偏重于数量方面的分析，重视预测对象的变化程度，能做出变化程度在数量上的准确描述，受主观因素的影响较少，可以利用现代化的计算方法来进行大量的计算工作和数据处理。其缺点是比较机械，不易灵活掌握，对信息资料质量要求较高。

#### 7.2.1.2　成本决策

成本决策是根据成本预测情况，经过认真分析做出决定，确定成本管理目标。成本决策是先提出几个成本目标方案，然后再从中选择理想的成本目标，做出决定。

成本决策时应对各个成本目标方案在比较分析之后，根据一定的标准，采取合理的方法进行筛选，做出成本最优化决策。决策过程中主要应把握两点：一是确定合理的优劣评价标准，包括成本标准和效益标准；二是选取适宜的抉择方法，包括定量方法和定性方法等。

#### 7.2.1.3　成本计划

成本计划是成本管理和成本会计的一项重要内容，是企业生产经营计划的重要组成部分。施工项目成本计划是在项目经理负责下，在成本预测的基础上进行的，它是以货币形式预先规定施工项目进行中的施工生产耗费的计划总水平。通过施工项目的成本计划可以确定对此项目总投资(或中标额)应实现的计划成本降低额与降低率，并且按成本管理层次、有关成本项目以及项目进展逐阶段地对成本计划加以分解，并制定各级成本实施方案。

施工成本计划是园林施工项目成本管理的一个重要环节，是实现降低施工项目成本任务的指导性文件。从某种意义上来说，编制施工项目成本计划也是施工项目成本预测的继续。对承包项目所编制的成本计划达不到目标成本要求时，就必须组织施工项目管理班子的有关人员重新研究、寻找降低成本的途径，再进行重新编制。从第一次所编的成本计划到第二次或第三次的成本计划直至最终定案，实际上意味着进行了一次次的成本预测。同时，编制成本计划的过程也是一次动员施工项目经理部全体职工，挖掘降低成本潜力的过程，也是检验施工技术质量管理、工期管理、物资消耗和劳动力消耗管理等效果的全过程。

成本计划是对施工耗费进行控制、分析和考核的重要依据，也是编制核算单位其他有关生产经营计划的基础。

**(1)施工项目成本计划的组成与成本计划表**

①施工项目成本计划的组成　施工项目的成本计划一般由施工项目降低直接成本计划和降低间接成本计划组成。

降低直接成本计划：主要反映工程成本的预算价值、计划降低额和计划降低率。该计划的内容一般包括总则、目标及核算原则、降低成本计划总表或总控制方案、对施工项目成本计划中计划支出数估算过程的说明和计划降低成本的来源分析等。

降低间接成本计划：主要反映施工现场管理费用的计划数、预算收入数及降低额。间接成本计划应根据工程项目的核算期，以项目总收入的管理费用为基础，制订各部门费用的收支计划，汇总后作为工程项目的管理费用的计划。各部门应按照节约开支、压缩费用的原则，制定“管理费用归口包干指标落实办法”，以保证该计划的实施。

②施工项目成本计划表　在编制了成本计划以后还需要通过各种成本计划表的形式将成本降低任务落实到整个项目的施工全过程，并且在项目实施过程中实现对成本的控制。成本计划表通常由成本计划任务表、技术组织措施表和降低成本计划表组成，间接成本计划可用施工现场管理费计划表来控制。

项目成本计划任务表(表7-1)：主要是反映园林工程项目预算成本、计划成本、计划成本降低额、计划成本降低率的文件。计划成本降低额能否实现主要取决于企业采取的技术组织措施。因此，计划成本降低额这一栏要根据技术组织措施表和降低成本计划表来填写。

**表7-1　项目成本计划任务表**

工程名称：　　　　　　　　　　　　　　　　　　　　单位：
项目经理：　　　　　　　　　　　　　　　　　　　　日期：

| 项　目 | 预算成本 | 计划成本 | 计划成本降低额 | 计划成本降低率 |
|---|---|---|---|---|
| 1. 直接费用 | | | | |
| 人工费 | | | | |
| 材料费 | | | | |
| 机械费 | | | | |
| 其他直接费 | | | | |
| 2. 间接费用 | | | | |
| 施工管理费 | | | | |
| 合　计 | | | | |

技术组织措施表(表7-2)：是预测项目计划期内施工工程成本各项直接费用计划降低额的依据，是提出各项节约措施和确定各项措施的经济效益的文件。由项目经理部有关人员分别就应采取的技术组织措施预测它的经济效益，最后汇总编制而成。编制技术组织措施表的目的，是为了在不断采用新工艺、新技术的基础上提高园林工程施工技术水平，改善施工工艺过程，推广工业化和机械化施工方法，以及通过采纳合理化建议达到降低成本的目的。

**表7-2　技术组织措施表**

工程名称：　　　　　　　　　　　　　　　　　　　　单位：
项目经理：　　　　　　　　　　　　　　　　　　　　日期：

| 项　目 | 措施内容 | 涉及对象 | | | 成本降低来源 | | 成本降低额 | | | | |
|---|---|---|---|---|---|---|---|---|---|---|---|
| | | 实物名称 | 单价 | 数量 | 预算收入 | 计划开支 | 人工费 | 材料费 | 机械费 | 其他直接费 | 合计 |
| | | | | | | | | | | | |

降低成本计划表(表7-3)：根据企业下达给该项目的降低成本任务和该项目经理部自己确定的降低成本指标而制订的项目成本降低计划，是编制园林成本计划任务表的重要依据。它是由项目经理部有关业务和技术人员编制的。其根据是项目的总包和分包的分工，项目中的各有关部门提供降低成本资料及技术组织措施计划。在编制降低成本计划表时还应参照企业内外以往同类项目成本计划的实际执行情况。

表 7-3　降低成本计划表

工程名称：　　　　　　　　　　　　　　　　　　　　　　　单位：

项目经理：　　　　　　　　　　　　　　　　　　　　　　　日期：

<table>
<tr><td rowspan="3">分项工程名称</td><td colspan="6">成本降低额</td></tr>
<tr><td rowspan="2">总　计</td><td colspan="4">直接成本</td><td rowspan="2">间接成本</td></tr>
<tr><td>人工费</td><td>材料费</td><td>机械费</td><td>其他直接费</td></tr>
<tr><td></td><td></td><td></td><td></td><td></td><td></td><td></td></tr>
</table>

间接费用计划表(表 7-4)：是指施工企业或项目经理部为组织和管理项目施工的费用计划表，具体确定施工现场管理费的预算收入、计划支出和计划降低额。

表 7-4　间接费用计划表

工程名称：　　　　　　　　　　　　　　　　　　　　　　　单位：

项目经理：　　　　　　　　　　　　　　　　　　　　　　　日期：

| 项　目 | 预算收入 | 计划支出 | 计划降低额 |
|---|---|---|---|
| 1. 工作人员工资 | | | |
| 2. 辅助工资 | | | |
| …… | | | |
| 合　计 | | | |

③施工项目成本计划的风险分析

施工项目成本计划的风险因素：在编制园林施工项目成本计划时，我们不可避免地会考虑一定的风险因素。因为，目前我国是以社会主义市场经济为经济体制改革的目标，市场调节成为配置社会资源的主要方式，通过价格杠杆和竞争机制，使有限的资源配置到效益好的方面和企业去，这就必将促进企业间的竞争、加大风险。

在成本计划编制中可能存在着以下几方面的因素导致成本支出加大，甚至形成亏损：技术上、工艺上的变更，造成施工方案的变化；气候带来的自然灾害，特别是对绿化材料、施工操作以及养护的影响；原材料价格变化、通货膨胀带来的连锁反应；交通、能源、环保方面的要求带来的变化；可能发生的工程索赔、反索赔事件；工资及福利方面的变化；国际、国内可能发生的战争、骚乱事件等。

对上述各种可能风险因素在成本计划中都应做不同程度的考虑，一旦发生能及时修正计划。

成本计划中降低施工项目成本的可能途径：在制订成本计划时，可以加强各项施工管理工作，从而通过提高施工组织水平、工程质量、劳动生产率、机械使用率，节约材料费用和施工管理费以及积极采用降低成本的新管理技术等方面来考虑降低施工项目成本。

**(2)施工项目成本计划编制**

园林施工项目的成本计划工作，是一项非常重要的工作，目的是选择技术上可行、经济上合理的最优降低成本方案。同时，通过成本计划把目标成本层层分解，落实到施工过程的每个环节，以调动全体职工的积极性，有效地进行成本控制。

①成本计划编制原则

从实际情况出发的原则：编制成本计划必须根据国家的方针政策，从企业的实际情况出发，充分挖掘企业内部潜力，使降低成本指标既积极可靠，又切实可行。

与其他计划结合的原则：编制成本计划，必须与施工项目的其他各项计划如施工方案、质量计划、安全措施计划、生产进度、财务计划、材料供应及耗费计划等密切结合，保持平衡。

采用先进的技术经济定额的原则：编制成本计划，必须以各种先进的技术经济定额为依据，并针对工程的具体特点，采取切实可行的技术组织措施作保证。只有这样，才能使编出的成本计划既具有科学根据，又有实现的可能；也只有这样，才能使编出的成本计划起到促进和激励的作用。

统一领导、分级管理的原则：编制成本计划，应实行统一领导、分级管理的原则，采取走群众路线的工作方法，应在项目经理的领导下，以财务和计划部门为中心，发动全体职工共同进行，总结降低成本的经验，找出降低成本的正确途径，使成本计划的制订和执行具有广泛的群众基础。

弹性原则：编制成本计划，应留有充分余地，保持计划的一定弹性。在计划期内，项目经理部的内部或外部的技术经济状况和供产销条件，很可能发生一些在编制计划时所未曾预料到的变化，尤其是材料供应、市场价格千变万化，给计划拟定带来很大困难。因而在编制计划时应充分考虑到这些情况，使计划保持一定的应变适应能力。

②成本计划编制依据　广泛搜集资料并进行归纳整理是编制成本计划的必要步骤。所需搜集的资料即编制成本计划的依据。这些资料主要包括：国家和上级部门有关编制成本计划的规定；有关承包合同及施工企业下达的成本降低额、降低率和其他有关技术经济指标；有关成本预测决策的资料；施工项目的施工图预算、施工预算；施工组织设计；施工项目使用的机械设备生产能力及其利用情况；施工项目的材料消耗、物资供应、劳动工资及劳动效率等计划资料；计划期内的物资消耗定额、劳动工时定额、费用定额等资料；以往同类项目成本计划的实际执行情况及有关技术经济指标完成情况的分析资料；同行业同类项目的成本、定额、技术经济指标资料及增产节约的经验和有效措施；本企业的历史先进水平和当时的先进经验及采取的措施等。

此外，还应深入分析当前情况和未来的发展趋势，了解影响成本升降的各种有利和不利因素，研究如何克服不利因素和降低成本的具体措施，为编制园林施工项目成本计划提供具体和可靠的成本资料。

③成本计划编制程序　编制成本计划的程序，因项目的规模大小、管理要求不同而不同。大中型园林项目一般采用分级编制的方式，即先由各部门提出部门成本计划，再由项目经理部汇总编制全项目的成本计划；小型项目一般采用集中编制方式，即由项目经理部先编制各部门成本计划，再汇总编制全项目的成本计划。无论采用哪种方式，其编制的基本程序如下：

- 施工项目管理部门(项目经理部)按成本承包目标确定成本控制目标和降低成本控制目标。
- 对成本控制目标和降低成本控制目标按分部分项工程进行分解，确定各分部分项工程的成本目标。

• 按分部分项工程的目标成本实行施工项目内部成本承包，确定各承包队的成本承包责任。

• 施工项目管理部门组织各承包队确定降低成本技术组织措施并计算其降低成本效果，编制降低成本计划，与施工项目管理部门降低成本计划进行对比，经过反复对降低成本措施进行修改而最终确定降低成本计划。

• 编制降低成本技术组织措施计划表、降低成本计划表和施工项目成本计划表。

④成本计划编制方法　成本目标通常以项目成本总降低额和降低率来定量地表示。常用的方法有以下几种：

定额估算法：在概预算编制力量较强、定额比较完备的情况下，特别是施工图预算与施工预算编制经验比较丰富的园林施工企业，工程项目的成本目标可由定额估算法产生，其计算方法见表7-5。

**表7-5　定额估算法**

| 编号 | 项　目 | 内　容 |
| --- | --- | --- |
| 1 | 总价格差 | 中标合同价-施工图预算（或施工图预算-施工预算） |
| 2 | 项目节约数 | 根据技术组织措施计划所确定的技术组织措施计划所带来的项目节约数 |
| 3 | 预算外项目费用 | 施工图预算未包容的项目，包括施工有关项目和管理费用项目，参照定额加以确定 |
| 4 | 实际支出与定额水平的差额 | 实际成本可能明显超出或低于定额的主要子项，按实际支出水平估算出其实际与定额水平之差 |
| 5 | 综合影响系数 | 根据不可预见因素、工期制约因素、市场价格因素、风险因素等试算得出影响系数 |
| 6 | 目标成本降低额 | [(1)+(2)-(3)±(4)]×[(1)+(5)] |
| 7 | 目标成本降低率 | 目标成本降低额÷项目的预算成本 |

成本习性法：是固定成本和变动成本在编制成本计划中的应用，主要按照成本习性，将成本分成固定成本和变动成本两类，以此作为计划成本。具体划分可采用费用分解法，例如，材料费与产量有直接联系，属于变动成本；在计时工资形式下，生产工人工资属于固定成本，因为不管生产任务完成与否，工资照发，与产量增减无直接联系；如果采用计件超额工资形式，其计件工资部分属于变动成本，奖金、效益工资和浮动工资部分，也应计入变动成本；其他直接费如水、电等费用以及现场发生的材料二次搬运费，多数与产量发生联系，属于变动成本。对于机械使用费、施工管理费等项目中的细类也要按实际情况进行分解。

在成本按习性划分为固定成本和变动成本后，可用下列公式计算：

施工项目目标成本=施工项目变动成本总额+施工项目固定成本总额

### 7.2.1.4　成本控制

园林施工项目成本控制是指在施工过程中，对影响施工项目成本的各种因素加强管理，并采取各种有效措施，将施工中实际发生的各种消耗和支出严格控制在成本计划范围内，随时检查并及时反馈，严格审查各项费用是否符合标准，计算实际成本和计划成本之间的差异并进行分析，消除施工中的损失浪费现象，发现和总结先进经验。通过成本控制，使之最终实现甚至超过预期的成本目标。

**(1)成本控制对象和基本内容**

①以施工项目成本形成过程作为控制对象　施工企业和项目经理部应对项目成本进行全面、全过程的控制，控制内容见表7-6。

表7-6　施工项目成本形成的过程控制

| 成本控制阶段 | 成本控制内容 |
|---|---|
| 工程投标阶段 | ①根据工程概况和招标文件，结合园林市场和竞争对手的情况进行成本预测，提出投标决策意见<br>②中标后根据项目的建设规模组建与之相适应的项目经理部，同时以标书为依据确定项目的成本目标，并下达给项目经理部 |
| 施工准备阶段 | ①根据设计图纸和有关技术资料，对施工方法、施工顺序、作业组织形式、机械设备选型、技术组织措施等进行认真的研究分析，并运用价值工程原理制定出科学先进、经济合理的施工方案<br>②根据企业下达的成本目标，以分部分项工程实物工程量为基础，结合劳动定额、材料消耗定额和技术组织措施的节约计划，在优化的施工方案的指导下，编制详细而具体的成本计划，并按照部门、施工队和班组的分工进行分解，作为部门、施工队和班组的责任成本落实下去，为今后的成本控制做好准备<br>③根据项目建设时间的长短和参加建设人数的多少，编制间接费用预算，并对上述预算进行详细分解，以项目经理部有关部门(或业务人员)责任成本的形式落实下去，为今后的成本控制和绩效考评提供依据 |
| 施工阶段 | ①加强施工任务单和限额领料单的管理。特别要做好每一个分部分项工程完成后的验收(包括实际工程量的验收和工作内容、工程质量、文明施工的验收)，以及实耗人工、实耗材料的数量核对，以保证施工任务单和限额领料单的结算资料绝对正确，为成本控制提供真实可靠的数据<br>②将施工任务单和限额领料单的结算资料与施工预算进行核对，计算分部分项工程的成本差异，分析差异产生的原因，并采取有效的纠偏措施<br>③做好月度成本原始资料的收集整理，正确计算月度成本，分析月度预算成本与实际成本的差异<br>④在月度成本核算的基础上，实行责任成本核算。也就是利用原有会计核算的资料，重新按责任部门或责任者归集成本费用，每月结算一次，并与责任成本进行对比，由责任部门或责任者分析成本差异和产生的原因，采取措施纠正差异，为全面实现成本控制创造条件<br>⑤经常检查对外经济合同的履约情况，为顺利施工提供物质保证。如遇拖期或质量不符合要求，应根据合同规定向对方索赔；对缺乏履约能力的单位，要采取断然措施，即中止合同，并另找可靠的合作单位，以免影响施工，造成经济损失<br>⑥定期检查各责任部门和责任者的成本控制情况，检查成本控制责、权、利的落实情况 |
| 竣工验收阶段 | ①精心安排，干净利落地完成工程竣工扫尾工作<br>②重视竣工验收工作，顺利交付使用。在验收以前，要准备好验收所需要的各种书面资料(包括竣工图)，送甲方备查。对验收中甲方提出的意见，应根据设计要求和合同内容认真处理，如果涉及费用，应请甲方签证，列入工程结算<br>③及时办理工程结算。一般来说，工程结算造价=原施工图预算±增减账。但在施工过程中，有些按实结算的经济业务，往往在工程结算时遗漏。因此，在办理工程结算以前，要求项目预算员和成本员进行一次认真全面的核对<br>④在工程保修期间，应由项目经理指定保修工作的责任者，并责成保修责任者根据实际情况提出保修计划(包括费用计划)，以此作为控制保修费用的依据 |

②以施工项目职能部门、作业队组作为成本控制对象　施工项目成本费用一般都发生在各个部门、作业队组。因此，应以部门、作业队组作为成本控制对象，接受项目经理和部门的指导、监督、检查和考评。

③以分部分项工程作为成本控制对象　每一施工项目都是由若干个分部分项工程组成的，为把施工项目成本控制落到实处，项目管理人员应以分部分项工程作为项目成本的控制对象。一般应根据项目的分部分项工程实物量，参照企业的施工定额，结合项目部资源条件以及该分部分项工程拟采取的技术组织措施编制施工预算，作为对分部分项工程成本进行控制的依据。

**（2）成本控制组织和成本管理责任制**

施工项目的成本控制，不仅仅是专业成本员的责任，所有的项目管理人员，特别是项目经理，都要按照自己的业务分工各负其责。一方面，是因为成本指标的重要性，它是诸多经济指标中的必要指标之一；另一方面，还在于成本指标的综合性和群众性，既要依靠各部门、各单位的共同努力，又要由各部门、各单位共享降低成本的成果。为了保证项目成本控制工作的顺利进行，需要把所有参加项目建设的人员组织起来，并按照各自的分工开展工作。

①施工项目成本控制组织　实行项目经理负责制，就是要求项目经理对项目建设的进度、质量、成本、安全和现场管理标准化等全面负责，特别要把成本控制放在首位，因为成本失控必然影响项目的经济效益，难以完成预期的成本目标，更无法向职工交代。

项目经理是成本管理责任的中心，项目经理部各部门、施工队、施工班组依次作为次级成本控制单位，构成施工项目成本控制体系。

②建立项目成本管理责任制　项目管理人员的成本责任，不同于工作责任。有时工作责任已经完成，甚至还完成得相当出色，但成本责任却没有完成。例如，项目工程师贯彻工程技术规范认真负责，对保证工程质量起了积极的作用，但往往强调了质量，忽视了节约，影响了成本。因此，应该在原有职责分工的基础上，进一步明确成本管理责任，使每一个项目管理人员，包括项目经理、工程技术人员、合同预算员、材料员、机械员、行政和财务成本人员等都有这样的认识：在完成工作责任的同时还要为降低成本精打细算，为节约成本开支严格把关。

**（3）成本控制方法**

成本控制的方法很多，针对具体的工程要采取与之相适应的控制手段和控制方法。常用的成本控制方法如下：

①以施工图预算控制成本支出　在施工项目的成本控制中，按施工图预算实行“以收定支”（又叫“量入为出”），是最有效的方法之一。

人工费的控制：假定预算定额规定的人工费单价为23元，合同规定人工费补贴为10元/工日，两者相加，人工费的预算收入为33元/工日。在这种情况下，项目经理部与施工队签订劳务合同时，应该将人工费单价定在30元以下（辅工还可再低一些），其余部分考虑用于定额外人工费和关键工序的奖励费。如此安排，人工费就不会超支，而且留有余地，以备关键工序的不时之需。

材料费的控制：在实行按“量价分离”方法计算工程造价的条件下，水泥、钢材、木材

“三材”的价格随行就市，实行高进高出；地方材料的预算价格=基准价×(1+材差系数)。在对材料成本进行控制的过程中，首先要以上述预算价格来控制地方材料的采购成本；至于材料消耗数量的控制，则应通过“限额领料单”落实。植物等材料用量的控制，还可以通过改进施工及种植技术，推广使用降低植物损耗的各种新技术、新工艺、新材料，同时在对工程进行功能分析、对植物进行习性分析的基础上，设法提高植物的成活率等措施降低植物材料成本。

施工机械使用费的控制：施工图预算中的机械使用费=工程量×定额台班单价。由于项目施工的特殊性，实际的机械利用率不可能达到预算定额的取定水平，再加上预算定额所设定的施工机械原值和折旧率又有较大的滞后性，因而使施工图预算的机械使用费往往小于实际发生的机械使用费，形成机械使用费超支。因此，有些施工项目在取得甲方的理解后，于工程合同中明确规定一定数额的机械费补贴。在这种情况下，就可以施工图预算的机械使用费和增加的机械费补贴来控制机械费支出。

钢管脚手、钢模板、大树移植包装箱板等周转设备使用费的控制：施工图预算中的周转设备使用费=耗用数×市场价格，而实际发生的周转设备使用费=使用数×企业内部的租赁单价或摊销率。由于两者的计量基础和计价方法各不相同，只能以周转设备预算收费的总量来控制实际发生的周转设备使用费的总量。

构件加工费和分包工程费的控制：在市场经济体制下，门窗、座椅、混凝土构件、金属构件和石材的加工，以及铺装、喷泉喷灌、建筑、小品、假山和其他专项工程的分包，都要通过经济合同来明确双方的权利和义务。在签订这些经济合同的时候，特别要坚持“以施工图预算控制合同金额”的原则，绝不允许分包合同金额超过相应的施工图预算。

②以施工预算控制人力资源和物质资源的消耗　资源消耗数量的货币表现就是成本费用。因此，资源消耗的减少，就等于成本费用的节约；控制了资源消耗，也等于是控制了成本费用。

- 项目开工以前，应根据设计图纸计算工程量，并按照企业定额或上级统一规定的施工预算定额编制整个工程项目的施工预算，作为指导和管理施工的依据。如果是边设计边施工的项目，则编制分阶段的施工预算。

- 对生产班组的任务安排，必须签发施工任务单和限额领料单，并向生产班组进行技术交底。施工任务单和限额领料单的内容，应与施工预算完全相符，不允许篡改施工预算，也不允许有定额不用而另行估工。

- 在施工任务单和限额领料单的执行过程中，要求生产班组根据实际完成的工程量和实耗人工、实耗材料做好原始记录，作为施工任务单和限额领料单结算的依据。

- 任务完成后，根据回收的施工任务单和限额领料单进行结算，并按照结算内容支付报酬(包括奖金)。

此外，施工项目成本控制的方法还有建立资源消耗台账，实行资源消耗的中间控制；加强质量管理，控制质量成本；坚持现场管理标准化，堵塞浪费漏洞；定期开展“三同步”检查(产值统计核算、人力物质消耗业务核算和成本会计核算)，防止项目成本盈亏异常；成本与进度同步，跟踪控制分部分项工程成本；成本分析表法等。

### 7.2.1.5 成本核算

施工项目成本核算是指园林工程项目施工过程中所发生的各种费用和形成施工项目成本的核算。它包括两个基本环节：一是按照规定的成本开支范围对施工费用进行归集，计算出施工费用的实际发生额；二是根据成本核算对象，采用适当的方法，计算出该施工项目的总成本和单位成本。

**(1)成本核算的意义**

项目成本核算是园林施工企业成本管理的一个极其重要的环节。认真做好成本核算工作对于加强成本管理、促进生产节约有着重要意义。

通过成本核算，可以检查预算成本的执行情况；可以及时反映施工过程中各种资源、费用的耗用情况；便于落实经济责任制、提高成本管理水平；可以为各种不同类型的园林工程积累经济技术资料，为修订预算定额、施工定额及工程量清单报价提供依据等。

**(2)成本核算的原则**

为了发挥施工项目成本管理职能，提高施工项目管理水平，施工项目成本核算必须讲求质量，才能提供对决策有用的成本信息。要提高成本核算质量，除了建立合理、可行的施工项目成本管理系统外，很重要的一条，就是遵循成本核算的原则。

①确认原则　是指对各项经济业务中发生的成本，都必须按一定的标准和范围加以认定和记录。只要是为了经营目的所发生的或预期要发生的，并要求得以补偿的一切支出，都应作为成本来加以确认。如确认是否属于成本，是否属于特定核算对象的成本(如临时设施先计算搭建成本，使用后计算摊销费)以及是否属于核算当期成本等。

②分期核算原则　企业(项目)为了明确一定时期的施工项目成本，就必须将施工生产活动划分若干时期，并分期计算各期项目成本。

③一致性原则　是指企业(项目)成本核算所采用的方法应前后一致、口径统一、前后连贯、相互可比。

④实际成本核算原则　即必须根据计算期内实际产量(已完工程量)以及实际消耗和实际价格计算实际成本。

⑤及时性原则　是指企业(项目)成本的核算、结转和成本信息的提供应当在要求时期内完成。

⑥配比原则　是指营业收入与其相对应的成本、费用应当相互配合。为取得本期收入而发生的成本和费用，应与本期实现的收入在同一时期内确认入账，不得脱节、提前或延后，以便正确计算和考核项目经营成果。

⑦谨慎原则　是指在市场经济条件下，在成本、会计核算中应当对企业(项目)可能发生的损失和费用，做出合理预计，以增强抵御风险的能力。

⑧划分收益性支出与资本性支出原则　划分收益性支出与资本性支出是指成本会计核算应当严格区分收益性支出与资本性支出的界限，以正确地计算当期损益。所谓收益性支出是指该项支出发生是为了取得本期收益，即仅仅与本期收益的取得有关，如支付工资、水电费支出等。所谓资本性支出是指不仅为取得本期收益而发生的支出，同时该项支出的

发生有助于以后合计期间的收益，如购建固定资产支出。

⑨重要性原则　是指对于成本有重大影响的业务内容，应作为核算的重点，力求精确，而对于那些不太重要的琐碎的经济业务内容，可以相对从简处理，不要事无巨细，均做详细核算。

⑩明晰性原则　是指项目成本记录必须直观、清晰、简明、可控、便于理解和利用。使项目经理和项目管理人员了解成本信息的内涵，弄懂成本信息的内容，便于信息利用，有效地控制项目的成本费用。

**(3)成本核算的要求**

为了达到园林施工项目成本管理和核算目的，正确及时地核算施工项目成本，提供对决策有用的成本信息，提高施工项目成本管理水平，在施工项目成本核算中要遵守以下基本要求：

①划清成本、费用支出和非成本、费用支出界限　这是指划清不同性质的支出，即划清资本性支出和收益性支出与其他支出，营业支出与营业外支出的界限。这个界限就是成本开支范围的界限。企业为取得本期收益而在本期内发生的各项支出，根据配比原则，应全部作为本期的成本或费用。只有这样才能保证在一定时期内不会虚增或少记成本或费用。至于企业的营业外支出，是与企业施工生产经营无关的支出，所以不能构成工程成本。

②正确划分各种成本、费用界限　包括划清施工项目工程成本和期间费用的界限、划清本期工程成本与下期工程成本的界限、划清不同成本核算对象之间的成本界限、划清未完工程成本与已完工程成本的界限等。

③加强成本核算基础工作　包括建立各种财产物资的收发、领退、转移、报废、清查、盘点、索赔制度；建立、健全与成本核算有关的各项原始记录和工程量统计制度；制订或修订工时、材料、费用等各项内部消耗定额以及材料、结构件、作业、劳务的内部结算指导价；完善各种计量检测设施，严格计量检验制度，使项目成本核算具有可靠的基础。

**(4)成本核算的对象**

成本核算对象是指在计算园林工程成本中，确定归集和分配生产费用的具体对象，即生产费用承担的客体。成本计算对象的确定，是设立工程成本明细分类账户，归集和分配生产费用以及正确计算工程成本的前提。

施工项目成本一般应以每一独立编制施工图预算的单位工程为成本核算对象，但也可以按照承包工程项目的规模、工期、工程类型、施工组织和施工现场等情况，结合成本管理要求，灵活划分成本核算对象。成本核算对象确定后，各种经济、技术资料的归集必须与此统一，一般不要中途变更，以免造成项目成本核算不实，结算漏账和经济责任不清的弊端。这样划分成本核算对象，是为了细化项目成本核算和考核项目经济效益，丝毫没有削弱项目经理部作为工程承包合同事实上的履约主体和对工程最终产品以及建设单位负责的管理实体的地位。

**(5)成本核算的程序与方法**

成本核算的程序与方法应当结合园林工程特点和施工项目生产实际，对人工费、材料费、机械使用费、其他直接费和间接费用按照《企业会计制度》《施工企业会计核算办法》及施工企业相关的核算制度的规定进行。

### 7.2.1.6　成本分析与考核

**(1)成本分析**

园林施工项目的成本分析，就是根据统计核算、业务核算和会计核算提供的资料，对项目成本的形成过程和影响成本升降的因素进行分析，以寻求进一步降低成本的途径(包括项目成本中有利偏差的挖潜和不利偏差的纠正)；同时，通过成本分析，可从账簿、报表反映的成本现象看清成本的实质，从而增强项目成本的透明度和可控性，为加强成本控制、实现项目成本目标创造条件。

施工项目成本分析，应该随着项目施工的进展，动态地、多形式地开展，而且要与生产诸要素的经营管理相结合。这是因为成本分析必须为生产经营服务。即通过成本分析，及时发现矛盾和解决矛盾，从而改善生产经营、降低成本。由此可见，施工项目成本分析，也是降低成本、提高项目经济效益的重要手段之一。

①成本分析原则

实事求是：成本分析一定要有充分的事实依据，应用“一分为二”的辨证方法，对事物进行实事求是的评价，并要尽可能地做到措辞恰当，能为绝大多数人所接受。

用数据说话：成本分析要充分利用统计核算、业务核算、会计核算和有关辅助记录(台账)的数据进行定量分析，尽量避免抽象的定性分析。因为定量分析对事物的评价更为精确，更令人信服。

注重时效：成本分析及时，发现问题及时，解决问题及时。否则，就有可能贻误解决问题的最好时机，甚至造成问题成堆，积重难返，发生难以挽回的损失。

为生产经营服务：成本分析不仅要揭露矛盾，而且要分析矛盾产生的原因，并为解决矛盾献计献策，提出积极有效的解决矛盾的合理化建议。这样的成本分析，必然会深得人心，从而受到项目经理和有关项目管理人员的配合和支持，使施工项目的成本分析更有实效。

②成本分析的内容　从成本分析应为生产经营服务的角度出发，施工项目成本分析的内容应与成本核算对象的划分相一致。如果一个施工项目包括若干个单位工程，并以单位工程为成本核算对象，就应对单位工程进行成本分析；与此同时，还要在单位工程成本分析的基础上，进行施工项目的成本分析。施工项目成本分析的内容见表 7-7。

**表 7-7　施工项目成本分析内容**

| 随着项目施工的进展进行的成本分析 | 按成本项目进行的成本分析 | 针对特定问题和与成本有关事项的分析 |
|---|---|---|
| 分部分项工程成本分析<br>月(季)度成本分析<br>年度成本分析<br>竣工成本分析 | 人工费分析<br>材料费分析<br>机械使用费分析<br>其他直接费分析<br>间接成本分析 | 成本盈亏异常分析<br>工期—成本分析<br>资金—成本分析<br>技术组织措施节约效果分析<br>其他有利因素和不利因素对成本影响的分析 |

③成本分析的方法　由于园林施工项目成本涉及的范围很广，需要分析的内容也很多，应该在不同的情况下采取不同的分析方法。

比较法：又称指标对比分析法。就是通过技术经济指标的对比，检查计划的完成情况，分析产生差异的原因，进而挖掘内部潜力的方法。这种方法具有通俗易懂、简单易行、便于掌握的特点，因而得到了广泛的应用，但在应用时必须注意各技术经济指标的可比性和资料真实性。

比较法的应用形式一般有实际指标与计划指标对比、本期实际指标与上期实际指标对比、实际指标与本行业先进水平对比等(表7-8)。

表7-8 实际指标与计划指标、上期指标和先进水平的对比表

| 项目＼指标 | 本年(月)度计划数 | 上年(月)度实际数 | 行业先进水平 | 本年(月)度实际数 | 差异数(+、-) | | |
|---|---|---|---|---|---|---|---|
| | | | | | 与计划比 | 与上年(月)比 | 与先进比 |
| 材料节约额 | | | | | | | |
| 人工节约额 | | | | | | | |
| 机械节约额 | | | | | | | |
| 其他直接费节约额 | | | | | | | |
| 间接费节约额 | | | | | | | |

因素分析法：又称连锁置换法或连环替代法。这种方法可用来分析各种因素对成本形成的影响程度。在进行分析时，首先要假定众多因素中的一个因素发生了变化，而其他因素不变，然后逐个替换，并分别比较其计算结果，以确定各个因素的变化对成本的影响程度。在应用因素分析法时，各个因素的排列顺序应该固定不变，否则，就会得出不同的计算结果，也会产生不同的结论。如某工程材料成本情况(表7-9)。

表7-9 材料成本情况表

| 项　目 | 计　划 | 实　际 | 差　异 | 差异率(%) |
|---|---|---|---|---|
| 工程量($m^3$) | 100 | 110 | +10 | +10.0 |
| 单位材料耗量(kg) | 320 | 310 | -10 | -3.1 |
| 材料单价(元/kg) | 0.40 | 0.42 | +0.02 | +5.0 |
| 材料成本(元) | 12 800 | 14 322 | 1522 | +11.9 |

用因素分析法分析各因素的影响时，应注意分析的顺序：先绝对量指标，后相对量指标；先实物量指标，后货币量指标。分析结果见表7-10。

表7-10 材料成本影响因素分析法

| 计算顺序 | 替换因素 | 影响成本的变动因素 | | | 成本(元) | 与前一次的差异(%) | 差异原因 |
|---|---|---|---|---|---|---|---|
| | | 工程量($m^3$) | 单位材料耗量(kg) | 单价(元) | | | |
| ①替换基数 | | 100 | 320 | 0.40 | 12 800 | | |
| ②一次替换 | 工程量 | 110 | 320 | 0.40 | 14 080 | 1280 | 工程量增加 |
| ③二次替换 | 单耗量 | 110 | 310 | 0.40 | 13 640 | -440 | 单耗量节约 |
| ④三次替换 | 单　价 | 110 | 310 | 0.42 | 14 322 | 682 | 单价提高 |
| 合　计 | | | | | | | |

此外，还有差额计算法和比率法等。

**(2)成本考核**

施工项目成本考核是指项目经理部在园林施工过程中和施工项目竣工时对工程预算成本、计划成本及有关指标的完成情况所进行的考核、评比。

①成本考核意义 施工项目成本考核的目的，在于贯彻落实责权利相结合的原则，促进成本管理工作的健康发展，更好地完成园林施工项目的成本目标；通过成本考核可以对成本管理责任者加强督促，调动成本管理的积极性；成本考核是施工项目成本管理系统的最后一个环节，如果对成本考核工作抓得不紧，或者不按正常的工作要求进行考核，前面的成本预测、成本控制、成本核算、成本分析都将得不到及时正确的评价，这不仅会挫伤有关人员的积极性，而且会给今后的成本管理带来不可估量的损失。

②成本考核要求

- 以国家的方针政策、法规、成本管理制度和成本计划为依据；
- 以真实可靠的施工项目成本核算资料为考核基础；
- 以降低成本、提高经济效益为考核目标；
- 各级成本考核应与进度、质量、安全等指标的完成情况相联系；
- 成本考核的结果应形成文件，为奖罚责任人提供依据。

③成本考核内容

企业对项目经理成本考核的内容：成本计划的编制和落实情况；项目成本目标和阶段成本目标的完成情况；成本管理责任制的落实情况；各部门、各施工队和班组责任成本的检查和考核情况。

经理对施工项目成本考核的内容：各部门在成本管理工作中应履行的职责与义务的落实情况；施工班组、作业队责任成本的完成情况等。

## 7.2.2 园林工程施工成本管理措施

### 7.2.2.1 施工成本管理原则

**(1)成本最低化原则**

施工项目成本控制的根本目的，在于通过成本管理的各种手段，不断降低施工项目成本，以达到可能实现的最低目标成本要求。在实行成本最低化原则时，应注意降低成本的可能性和合理的成本最低额。

**(2)全面管理原则**

全面成本管理是全企业、全员和全过程的管理，又称“三全”管理。项目成本的全员控制有一个系统的实质性内容，包括各部门、各单位的责任网络和班组经济核算等，应防止成本控制“人人有责，人人不管”。项目成本的全过程控制要求成本控制工作要随着项目施工进展的各个阶段连续进行，既不能疏漏，又不能时紧时松，应使施工项目成本自始至终置于有效的控制之下。

**(3)动态管理原则**

施工项目是一次性的，成本管理应强调项目的中间管理，即动态管理。因为施工准备阶段的成本管理只是根据施工组织设计的具体内容确定成本目标、编制成本计划、制订成本管理的方案，为今后的成本管理做好准备。而竣工阶段的成本管理，由于成本盈亏已基本定局，即使发生了偏差，也已来不及纠正。

**(4)目标管理原则**

目标管理的内容包括：目标的设定和分解；目标的责任到位和执行；检查目标的执行结果；评价目标和修正目标；形成目标管理的计划、实施、检查、处理循环，即 PDCA 循环。

**(5)责、权、利相结合的原则**

在施工过程中，项目经理部各部门、各班组在肩负成本控制责任的同时，享有成本控制的权利，同时项目经理要对各部门、各班组在成本控制中的业绩进行定期的检查和考评，实行有奖有罚。

### 7.2.2.2 施工成本控制措施

降低施工项目成本的途径，应该是既开源又节流，或者说既增收又节支。控制项目成本的措施归纳起来有三个方面。

**(1)组织措施**

施工企业或项目经理部各部门是项目成本管理的主要责任人，要各负其责，加强管理，认真落实成本目标责任制，采取有效措施，精心组织，为增收节支尽责尽职。

**(2)技术措施**

首先，制订先进的、经济合理的施工方案，以达到缩短工期、提高质量、降低成本的目的，正确选择施工方案是降低成本的关键所在；其次，在施工过程中努力寻求各种降低消耗、提高工效的新工艺、新技术、新材料等降低成本的技术措施；最后，要严把质量关，杜绝返工现象，节省费用开支，采取技术措施减少材料损耗、苗木损耗，提高材料利用率和苗木成活率。

**(3)经济措施**

①人工费控制管理　主要是改善劳动组织，减少窝工浪费；实行合理的奖惩制度；加强技术教育和培训工作；加强劳动纪律，压缩非生产用工和辅助用工，严格控制非生产人员比例。

②材料费控制管理　主要是改进材料的采购、运输、收发、保管等方面的工作，减少各个环节的损耗，节约采购费用；合理堆置现场材料，避免和减少二次搬运；严格材料进场验收和限额领料制度；制定并贯彻节约材料的技术措施，合理使用材料、余料保管与回收，综合利用一切资源。

③机械费控制管理　主要是正确选配和合理利用机械设备，搞好机械设备的保养修理，提高机械的完好率、利用率和使用效率，从而加快施工进度、增加产量、降低机械使用费。

④间接费及其他直接费控制　主要是精减管理机构，合理确定管理幅度与管理层次，节约施工管理费等。

项目成本控制的组织措施、技术措施、经济措施，三者是融为一体、相互作用的。项目经理部是项目成本控制中心，要以投标报价为依据，制定项目成本控制目标，各部门和各班组通力合作，形成以市场投标报价为基础的施工方案、物资采购、劳动力配备、经济优化的项目成本控制体系。

## 7.3　园林工程施工成本计划

### 7.3.1　园林工程施工成本计划类型

对于一个施工项目而言，其成本计划是一个不断深化的过程。在这一过程的不同阶段形成深度和作用不同的成本计划，按其作用可分为三类。

**(1)竞争性成本计划**

竞争性成本计划即工程项目投标及签订合同阶段的估算成本计划。这类成本计划以招标文件中的合同条件、投标者须知、技术规程、设计图纸或工程量清单等为依据，以有关价格条件说明为基础，结合调研和现场考察获得的情况，根据本企业的工料消耗标准、水平、价格资料和费用指标，对本企业完成招标工程所需要支出的全部费用的估算。在投标报价过程中，虽然也着力考虑降低成本的途径和措施，但总体上较为粗略。

**(2)指导性成本计划**

指导性成本计划即选派项目经理阶段的预算成本计划，是项目经理的责任成本目标。它以合同标书为依据，是按照企业的预算定额标准制定的设计预算成本计划，且一般情况下只是确定责任总成本指标。

**(3)实施性成本计划**

实施性成本计划即项目施工准备阶段的施工预算成本计划，它是以项目实施方案为依据，落实项目经理责任目标为出发点，采用企业的施工定额通过施工预算的编制而形成的实施性施工成本计划。

施工预算不同于施工图预算。在编制实施性计划成本时要进行施工预算和施工图预算的对比分析，通过“两算”对比，分析节约和超支的原因，以便提出解决问题的措施，防止工程成本的亏损，为降低工程成本提供依据。“两算”对比的方法有实物对比法和金额对比法。

“两算”对比的内容包括：人工量及人工费的对比分析；材料消耗量及材料费的对比分析；施工机械费的对比分析；周转材料使用费的对比分析。

以上三种成本计划的关系是：竞争性成本计划带有成本战略的性质，是项目投标阶段商务标书的基础，而有竞争力的商务标书又是以其先进合理的技术标书为支撑。因此，它奠定了施工成本的基本框架和水平。指导性成本计划和实施性成本计划，都是战略性成本计划的进一步展开和深化，是对战略性成本计划的战术安排。

**(4)施工预算**

施工预算是指主要以园林施工图中的工程实物量，套以施工工料消耗定额，计算工料消耗量，并进行工料汇总，然后统一以货币形式反映其施工生产耗费水平。以施工工料消耗定额所计算施工生产耗费水平，基本是一个不变的常数。一个园林施工项目要实现较高的经济效益，即提高降低成本水平，就必须在这个常数基础上采取技术节约措施，以降低消耗定额的单位消耗量和降低价格等措施，来达到成本计划的目标成本水平。因此，采用施工预算法编制成本计划时，必须考虑结合技术节约措施计划，以进一步降低施工生产耗费水平。用公式表示为：

目标成本=施工预算-技术节约措施计划节约额

### 7.3.2 园林工程施工成本计划编制依据

施工成本计划是施工项目成本控制的一个重要环节，是实现降低施工成本任务的指导性文件。如果针对施工项目所编制的成本计划达不到目标成本要求时，就必须组织施工项目管理班子的有关人员重新研究、寻找降低成本的途径，重新进行编制。同时，编制成本计划的过程也是动员全体施工项目管理人员的过程，是挖掘降低成本潜力的过程，是检验施工技术质量管理、工期管理、物资消耗和劳动力消耗管理等是否落实的过程。

成本计划的编制依据包括：

①投标报价文件；

②企业定额、施工预算；

③施工组织设计或施工方案；

④人工、材料、机械台班的市场价；

⑤企业颁布的材料指导价、企业内部机械台班价格、劳动力内部挂牌价格；

⑥周转材料、设备等内部租赁价格、摊销损耗标准；

⑦已签订的工程合同、分包合同(或者估价书)；

⑧结构件外加工计划和合同；

⑨企业有关财务方面的制度和财务历史资料；

⑩施工成本预测资料；

⑪拟采取的降低施工成本的措施；

⑫其他相关资料。

### 7.3.3 园林工程施工成本计划编制方法

施工成本计划的编制方式有以下三种：

**(1)按施工成本组成编制**

建筑安装工程费用项目由分部分项工程费、措施项目费、其他项目费、规费和税金组成。

施工成本可以按成本构成分解为人工费、材料费、施工机械使用费、措施项目费和企业管理费等。

**(2)按施工项目组成编制**

大中型工程项目通常是由若干单项工程构成的，每个单项工程又包含若干单位工程，每个单位工程下面又包含了若干分部分项工程。因此，首先把项目总施工成本分解到单项工程和单位工程中，再进一步分解到分部工程和分项工程中。接下来就要具体地分配成本，编制分项工程的成本支出计划，从而得到详细的成本计划表。

在编制成本支出计划时，要从项目总体考虑总的预备费，也要在主要的分项工程中安排适当的不可预见费，避免在具体编制成本计划时，由于某项内容工程量计算有较大出入，使原来的成本预算失实。

**(3)按施工进度编制**

编制按工程进度的施工成本计划，通常可利用控制项目进度的网络图进一步扩充而得。即在建立网络图时，一方面确定完成各项工作所需花费的时间；另一方面确定完成这一工作的合适的施工成本支出计划。在实践中，将工程项目分解为既能方便地表示时间，又能方便地表示施工成本支出计划的工作是不容易的。通常如果项目分解程度对时间控制合适，则对施工成本支出计划可能分解过细，以至于不可能对每项工作确定其施工成本支出计划。反之亦然，如果项目分解程度对施工成本支出计划分解合适，则有可能对时间的分解过粗。因此，在编制网络计划时，应在充分考虑进度控制对项目划分要求的同时，还要考虑确定施工成本支出计划对项目划分的要求，做到二者兼顾。对施工成本目标按时间进行分解，在网络计划基础上，可获得项目进度计划的横道图，并在此基础上编制成本计划。其表示方式有两种：一种是在时标网络图上按月编制的成本计划；另一种是利用时间—成本累积曲线(S形曲线)表示的成本计划。

以上三种编制施工成本计划的方式并不是相互独立的。在实践中，往往是将这几种方式结合起来使用，从而可以取得扬长避短的效果。例如，将按项目分解总施工成本计划与按施工成本构成分解总施工成本计划两种方式相结合，横向按施工成本构成分解，纵向按项目分解，或相反。这种分解方式有助于检查各分部分项工程施工成本构成是否完整，有无重复计算或漏算；同时还有助于检查各项具体的施工成本支出的对象是否明确或落实，并且可以从数字上校核分解的结果有无错误。或者还可将按子项目分解总施工成本计划与按时间分解总施工成本计划结合起来，一般纵向按子项目分解，横向按时间分解。

## 7.4　园林工程施工成本控制

### 7.4.1　园林工程施工成本控制依据

园林工程项目的施工成本控制一般而言要从工程施工合同、成本计划、施工进度报告以及工程变更这四个主要的方面入手：

**(1)施工合同**

工程施工合同是甲乙双方对工程建设过程中明确签署的双方的权利和义务。而建设项目的施工成本控制要以工程施工合同为蓝本，在满足甲方要求的前提下，对于合同中所涉及的工程施工工期、造价、施工质量以及安全文明施工等各个方面进行有效的管控。使得施工过程中成本的管理有章可循，有的放矢，并不是一味地追求降低成本，而是在甲乙双方签订的合同范围内，合情合理地根据合同条款对于现场人员、材料、机械设备等各方面的相关费用支出进行有效的控制。

**(2)成本计划**

施工成本计划是根据施工项目的具体情况而制订的施工成本控制计划，该计划既包括预计的成本控制目标，又包括实现该目标的规划措施，它对施工的成本控制具有指导意义。

**(3)施工进度报告**

施工成本控制要求相关人员及时掌握施工过程中每个环节的具体情况，而施工进度报告则提供了施工各阶段的工程完成情况和各环节的资金支出情况，这些重要的信息对于成本控制具有重要的作用，因此成本的控制要以施工进度报告为重要依据。

**(4)工程变更**

施工过程具有较强的不确定因素，在施工过程中会受到不同情况的影响，经常会发生工程变更，一般情况下工程变更包括设计变更、工程进度变更、施工条件变更、施工环节变更等，一旦出现变更，就会对成本的控制造成影响，因此，成本控制者需要及时掌握工程变更情况，保证成本控制的及时性和有效性。

### 7.4.2 园林工程施工成本控制步骤

园林工程施工成本控制的步骤如下：

**(1)比较**

按照某种确定的方式将施工成本的计划值和实际值逐项进行比较，以发现施工成本是否已超支。

**(2)分析**

在比较的基础上，对比较的结果进行分析，以确定偏差的严重性及偏差产生的原因。这一步是施工成本控制工作的核心，其主要目的在于找出产生偏差的原因，从而采用有针对性的措施，避免或减少相同原因的偏差再次发生或减少由此造成的损失。

**(3)预测**

根据项目实施情况估算整个项目完成时的施工成本。预测的目的在于为决策提供支持。

**(4)纠偏**

当工程项目的实际施工成本出现了偏差，应当根据工程的具体情况、偏差分析和预测的结果，采用适当的措施，以达到使其施工成本偏差尽可能小的目的。纠偏是施工成本控制中最具实质性的一步。只有通过纠偏，才能最终达到有效控制施工成本的目的。

**(5)检查**

检查是指对工程的进展进行跟踪和检查，及时了解工程进展状况以及纠偏措施的执行情况和效果，为今后的工作积累经验。

### 7.4.3 施工成本管理行为控制程序和施工成本指标控制程序

管理行为控制程序是对成本全过程控制的基础，而指标控制程序则是成本进行过程控制的重点。这两个程序在实施过程中，是相互交叉、相互制约又相互联系的，要做到两者相结合。

**(1)施工成本管理行为控制程序**

管理行为控制的目的是确保每个岗位人员在成本管理过程中的管理行为符合事先确定的程序和方法的要求。从这个意义上讲，首先要清楚企业建立的成本管理体系是否能对成本形成的过程进行有效的控制，其次要考察体系是否处在有效的运行状态。管理行为控制程序就是为规范项目施工成本的管理行为而制定的约束和激励机制，内容如下：

①建立项目施工成本管理体系的评审组织和评审程序　成本管理体系的建立不同于质量管理体系，质量管理体系反映的是企业的质量保证能力，由社会有关组织进行评审和认证；成本管理体系的建立是企业自身生存发展的需要，没有社会组织来评审和认证。因此，企业必须建立项目施工成本管理体系的评审组织和评审程序，定期进行评审和总结，持续改进。

②建立项目施工成本管理体系运行的评审组织和评审程序　项目施工成本管理体系的运行有一个逐步推行的渐进过程。一个企业的各分公司、项目经理部的运行质量往往是不平衡的。因此，必须建立专门的常设组织，依照程序定期地进行检查和评审。发现问题，总结经验，以保证成本管理体系的保持和持续改进。

③目标考核，定期检查　管理程序文件应明确每个岗位人员在成本管理中的职责，确定每个岗位人员的管理行为，如应提供的报表、提供报表的时间和原始数据的质量要求等。要把每个岗位人员是否按要求去履行职责作为一个目标来考核。为了方便检查，应将考核指标具体化，并设专人定期或不定期地检查。应根据检查的内容编制相应的检查表，由项目经理或其委托人检查后填写检查表。检查表要由专人负责整理归档。

④制定对策，纠正偏差　对管理工作进行检查的目的是保证管理工作按预定的程序和标准进行，从而保证项目施工成本管理能够达到预期的目的。因此，对检查中发现的问题，要及时进行分析，然后根据不同的情况，及时采取对策。

**（2）施工成本指标控制程序**

能否达到预期的成本目标，是施工成本控制是否成功的关键。对各岗位人员的成本管理行为进行控制，就是为了保证成本目标的实现。施工项目成本指标控制程序如下：

①确定施工项目成本目标及月度成本目标　在工程开工之初，项目经理部应根据公司与项目签订的《项目承包合同》确定项目的成本管理目标，并根据工程进度计划确定月度成本计划目标。

②收集成本数据，监测成本形成过程　过程控制的目的就在于不断纠正成本形成过程中的偏差，保证成本项目的发生是在预定范围之内。因此，在施工过程中要定期收集反映施工成本支出情况的数据，并将实际发生情况与目标计划进行对比，从而保证有效控制成本的整个形成过程。

③分析偏差原因，制定对策　施工过程是一个多工种、多方位立体交叉作业的复杂活动，成本的发生和形成是很难按预定的目标进行的，因此，需要对产生的偏差及时分析原因，分清是客观因素（如市场调价）还是人为因素（如管理行为失控），及时制定对策并予以纠正。

④用成本指标考核管理行为，用管理行为保证成本指标　管理行为的控制程序和成本指标的控制程序是对项目施工成本进行过程控制的主要内容，这两个程序在实施过程中，是相互交叉、相互制约又相互联系的。只有把成本指标的控制程序和管理行为的控制程序相结合，才能保证成本管理工作有序地、富有成效地进行。

### 7.4.4 园林工程施工成本控制方法

#### 7.4.4.1 施工成本过程控制方法

施工阶段是控制建设工程项目成本发生的主要阶段，它通过确定成本目标并按计划成本进行施工资源配置，对施工现场发生的各种成本费用进行有效控制。其具体的控制内容和方法如下：

**(1)人工费的控制**

人工费的控制实行“量价分离”的方法，将作业用工及零星用工按定额工日的一定比例综合确定用工数量与单价，通过劳务合同进行控制。

**(2)材料费的控制**

材料费的控制同样按照“量价分离”原则，控制材料用量和材料价格。

①材料用量的控制　在保证符合设计要求和质量标准的前提下，合理使用材料，通过定额管理、计费管理等手段有效控制材料物资的消耗，具体方法如下：

定额控制：对于有消耗定额的材料，以消耗定额为依据，实行限额发料制度。在规定限额内分期分批领用，超过限额领用的材料，必须先查明原因，经过一定审批手续方可领料。

指标控制：对于没有消耗定额的材料，则实行计划管理和按指标控制的办法。根据以往项目的实际耗用情况，结合具体施工项目的内容和要求，制定领用材料指标，据以控制发料。超过指标的材料，必须经过一定的审批手续方可领用。

计量控制：准确做好材料物资的收发计量检查和投料计量检查。

包干控制：在材料使用过程中，对部分小型及零星材料(如钢钉、钢丝等)根据工程量计算出所需材料量，将其折算成费用，由作业者包干控制。

②材料价格的控制　材料价格主要由材料采购部门控制。由于材料价格是由买价、运杂费、运输中的合理损耗等所组成，因此控制材料价格，主要是通过掌握市场信息、应用招标和询价等方式控制材料、设备的采购价格。

施工项目的材料物资，包括构成工程实体的主要材料和结构件以及有助于工程实体形成的周转使用材料和低值易耗品。从价值角度看，材料物资的价值，约占建筑安装工程造价的60%以上，其重要程度不言而喻。由于材料物资的供应渠道和管理方式各不相同，所以控制的内容和所采取的控制方法也会有所不同。

③施工机械使用费的控制　合理选择施工机械设备，合理使用施工机械设备，对成本控制具有十分重要的意义，尤其是高层建筑施工。据某些工程实例统计，高层建筑地面以上部分的总费用中，垂直运输机械费用占6%~10%。由于不同的起重运输机械具有不同的用途和特点，因此在选择起重运输机械时，首先应根据工程特点和施工条件确定采取何种起重运输机械的组合方式。在确定采用何种组合方式时，首先应满足施工需要，同时还要考虑到费用的高低和综合经济效益。

施工机械使用费主要由台班数和台班单价两方面决定，为有效控制施工机械使用费支出，主要从以下几个方面进行控制：

- 合理安排施工生产，加强设备租赁计划管理，减少安排不当引起的设备闲置；
- 加强机械设备的调度工作，尽量避免窝工，提高现场设备利用率；
- 加强现场设备的维修保养，避免因不正当使用造成机械设备的停置；
- 做好机上人员与辅助生产人员的协调与配合，提高施工机械台班产能。

④施工分包费用的控制　分包工程价格的高低，必然对项目经理部的施工项目成本产生一定的影响。因此，施工项目成本控制的重要工作之一是对分包价格的控制。项目经理部应在确定施工方案的初期就要确定需要分包的工程范围。决定分包范围的因素主要是施工项目的专业性和项目规模。对分包费用的控制，主要是做好分包工程的询价、订立平等互利的分包合同、建立稳定的分包关系网络、加强施工验收和分包结算等工作。

### 7.4.4.2　赢得值(挣值)法

赢得值法(earned value management，EVM)是一种能全面衡量工程进度、成本状况的整体方法，其基本要素是用货币量代替工程量来测量工程的进度，它不以投入资金的多少来反映工程的进展，而是以资金已经转化为工程成果的量来衡量，是一种完整和有效的工程项目监控指标和方法。

赢得值法作为一项先进的项目管理技术，最初是美国国防部于 1967 年首次确立的。国际上先进的工程公司已普遍采用赢得值法进行工程项目的费用、进度综合分析控制。

挣值原理可以用一幅由三条曲线组成的图形来说明，如图 7-3 所示。

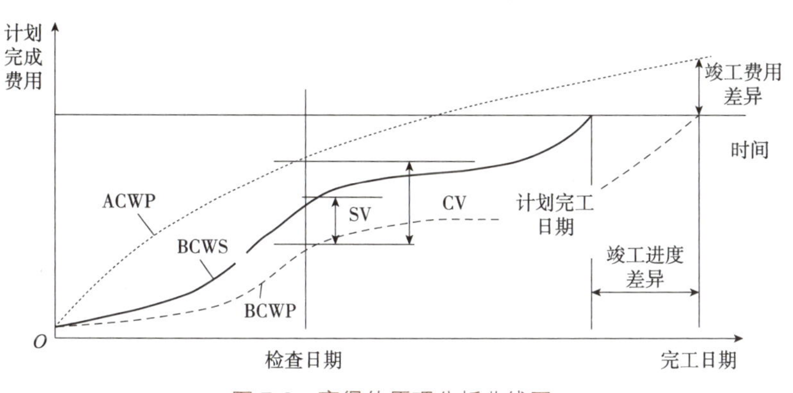


图 7-3　赢得值原理分析曲线图

图 7-3 中的横坐标是项目实施的日历时间，纵坐标是项目实施过程中消耗的资源。

**(1)赢得值法的三个基本参数**

①已完工作预算费用(budgeted cost for work performed，BCWP)　又称赢得值(earned value，EV)，是指在某一时间已经完成的工作(或部分工作)，以批准认可的预算为标准所需要的资金总额。由于业主正是根据这个值为承包人完成的工作量支付相应的费用，也就是承包人获得(挣得)的金额，故称为赢得值或挣值。

$$已完工作预算费用=已完成工作量\times预算单价$$

②计划工作预算费用(budgeted cost for work scheduled，BCWS)　又称计划费用(plan value，PV)，即根据进度计划，在某一时刻应该完成的工作，以预算为标准所需要的资金

总额。一般来说，除非合同有变更，BCWS 在工程实施过程中应保持不变。

计划工作预算费用=计划工作量×预算单价

③已完工作实际费用(actual cost for work performed，ACWP) 又称实际成本(actual cost，AC)，即到某一时刻为止，已完成的工作所实际花费的总金额。

已完工作实际费用=已完成工作量×实际单价

**(2)赢得值法的四个评价指标**

①费用偏差(cost variance，CV)

费用偏差=已完工作预算费用-已完工作实际费用

$$CV=BCWP-ACWP \text{ 或 } CV=EV-AC$$

当费用偏差为负值时，表示项目运行超出预算费用；反之，则表示实际费用没有超出预算费用。

②进度偏差(schedule variance，SV)

进度偏差=已完工作预算费用-计划工作预算费用

$$SV=BCWP-BCWS \text{ 或 } SV=EV-PV$$

当进度偏差为负值时，表示进度延误，即实际进度落后于计划进度；当进度偏差为正值时，表示进度提前，即实际进度快于计划进度。

③费用绩效指数(CPI)

费用绩效指数=已完工作预算费/已完工作实际费用

$$CPI=BCWP/ACWP \text{ 或 } CPI=EV/AC$$

当费用绩效指数<1 时，表示超支，即实际费用高于预算费用；当费用绩效指数>1 时，表示节支，即实际费用低于预算费用。

④进度绩效指数(SPI)

进度绩效指数=已完工作预算费用/计划工作预算费用

$$SPI=BCWP/BCWS \text{ 或 } SPI=EV/PV$$

当进度绩效指数<1 时，表示进度延误，即实际进度比计划进度落后；当进度绩效指数>1 时，表示进度提前，即实际进度比计划进度快。

费用(进度)偏差反映的是绝对偏差，结果很直观，有助于费用管理人员了解项目费用出现偏差的绝对数额，并以此采取一定措施，制定或调整费用支出计划和资金筹措计划。但是，绝对偏差有其不容忽视的局限性。如同样是 20 万元的费用偏差，对于总费用 1000 万元的项目和总费用 1 亿元的项目而言，其严重性显然是不同的。因此，费用(进度)偏差仅适合于对同一项目做偏差分析。费用(进度)绩效指数反映的是相对偏差，它不受项目层次的限制，也不受项目实施时间的限制，因而在同一项目和不同项目比较中均可应用。

赢得值法是对项目费用和进度的综合控制，可以克服过去费用与进度分开控制的缺陷，即当发现费用超支时，很难立即知道是由于费用超出预算还是由于进度提前；相反，当发现费用低于预算时，也很难立即知道是由于费用节省还是由于进度拖延。而采用赢得值法就可以定性、定量地判断进度和费用的执行效果。

**(3)偏差原因分析及纠偏措施**

①偏差原因分析 在实际执行过程中，最理想的状态是已完工作实际费用(ACWP)、计划工作预算费用(BCWS)、已完工作预算费用(BCWP)三条曲线靠得很近、平稳上升，表示项目按预定计划目标进行。如果三条曲线离散度不断增加，则可能出现较大的投资偏差。

偏差分析的一个重要目的就是要找出引起偏差的原因，从而采取有针对性的措施，减少或避免相同问题的再次发生。在进行偏差原因分析时，首先应当将已经导致和可能导致偏差的各种原因逐一列举出来。导致不同工程项目产生费用偏差的原因具有一定共性，因而可以通过对已建项目的费用偏差原因进行归纳、总结，为该项目采取预防措施提供依据。

②纠偏措施 当工程项目的实际施工成本出现了偏差，应当根据工程的具体情况、偏差分析和预测的结果，采取适当的措施，以期达到使施工成本偏差尽可能小的目的。纠偏是施工成本控制中最具实质性的一步。只有通过纠偏，才能最终达到有效控制工程成本的目的。

对偏差原因进行分析的目的是有针对性地采取纠偏措施，从而实现成本的动态控制和主动控制。纠偏首先要确定纠偏的主要对象，偏差原因有些是无法避免和控制的，如客观原因，应尽可能对其中少数原因做到防患于未然，力求减少该原因所产生的经济损失。在确定了纠偏的主要对象之后，就需要采取有针对性的纠偏措施。纠偏可采取组织措施、经济措施、技术措施和合同措施等。

# 7.5 园林工程施工成本分析

## 7.5.1 园林工程施工成本分析依据

施工成本分析，就是根据会计核算、业务核算和统计核算提供的资料，对施工成本的形成过程和影响成本升降的因素进行分析，以寻求进一步降低成本的途径；同时，通过施工成本分析，可从账簿、报表反映的成本现象看清成本的实质，从而增强项目成本的透明度和可控性，为加强成本控制、实现项目成本目标创造条件。

**(1)会计核算**

会计核算主要是价值核算。会计是对一定单位的经济业务进行计量、记录、分析和检查，做出预测，参与决策，实行监督，旨在实现最优经济效益的一种管理活动。它通过设置账户、复式记账、填制和审核凭证、登记账簿、成本计算、财产清查和编制会计报表等一系列有组织、有系统的方法，来记录企业的一切生产经营活动，然后据以提出一些用货币来反映的有关各种综合性经济指标的数据。资产、负债、所有者权益、收入、费用、利润这六要素指标，主要是通过会计来核算。由于会计记录具有连续性、系统性、综合性等特点，所以它是施工成本分析的重要依据。

**(2)业务核算**

业务核算是各业务部门根据业务工作的需要而建立的核算制度，它包括原始记录和计算登记表，如单位工程及分部分项工程进度登记，质量登记，工效、定额计算登记，物资消耗定额记录，测试记录等。业务核算的范围比会计、统计核算要广，会计和统计核算一般是对已经发生的经济活动进行核算，而业务核算，不但可以对已经发生的，而且可以对尚未发生或正在发生的经济活动进行核算，看其是否可以做，是否有经济效果。它的特点是，对个别的经济业务进行单项核算。例如各种技术措施、新工艺等项目，可以核算已经完成的项目是否达到原定的目标、取得预期的效果，也可以对准备采取措施的项目进行核算和审查，看是否有效果，值不值得采纳，随时都可以进行。业务核算的目的，在于迅速取得资料，在经济活动中及时采取措施进行调整。

**(3)统计核算**

统计核算是利用会计核算资料和业务核算资料，把企业生产经营活动客观现状的大量数据，按统计方法加以系统整理，表明其规律性。它的计量尺度比会计宽，可以用货币计算，也可以用实物或劳动量计量。它通过全面调查和抽样调查等特有的方法，不仅能提供绝对数指标，还能提供相对数和平均数指标，可以计算当前的实际水平，确定变动速度，预测发展的趋势。

## 7.5.2　园林工程施工成本分析方法

### 7.5.2.1　施工成本分析基本方法

由于工程成本项目涉及的范围很广，需要分析的内容很多，应该在不同的情况下采取不同的分析方法。

**(1)比较法**

比较法又称指标对比分析法，是通过技术经济指标的对比，检查目标的完成情况，分析产生差异的原因，进而挖掘内部潜力的方法。这种方法具有通俗易懂、简单易行、便于掌握的特点，因而得到广泛的应用，但在应用时必须注意各项技术经济指标的可比性。比较法的应用形式有：实际指标与目标指标对比；本期实际指标与上期实际指标对比；与本行业平均水平、先进水平对比。

**(2)因素分析法**

因素分析法又称连锁置换法或连环替代法。可用这种方法分析各种因素对成本形成的影响程度。在进行分析时，首先要假定众多因素中的一个因素发生了变化，而其他因素则不变，然后逐个替换，并分别比较其计算结果，以确定各个因素变化对成本的影响程度。

**(3)差额计算法**

差额计算法是因素分析法的一种简化形式，是利用各个因素的目标值与实际值的差额计算，分析各个因素对成本的影响程度。

**(4)比率法**

比率法是用两个以上指标的比例进行分析的方法。常用的比率法有相关比率、构成比率和动态比率三种。

#### 7.5.2.2 综合成本分析方法

所谓综合成本，是指涉及多种生产要素，并受多种因素影响的成本费用，如分部分项工程成本、月(季)度成本、年度成本等。由于这些成本都是随着项目施工的进展而逐步形成的，与生产经营有着密切的关系。因此，做好上述成本的分析工作，无疑将促进项目的生产经营管理，提高项目的经济效益。

**(1)分部分项工程成本分析**

分部分项工程成本分析是施工项目成本分析的基础。分部分项工程成本分析的对象为已完成的分部分项工程。分析的方法是：进行预算成本、目标成本和实际成本的“三算”对比，分别计算实际偏差和目标偏差，分析偏差产生的原因，为今后的分部分项工程成本寻求节约途径。

分部分项工程成本分析的资料来源是：预算成本来自投标报价成本，目标成本来自施工预算，实际成本来自施工任务单的实际工程量、实耗人工和限额领料单的实耗材料。由于施工项目包括很多分部分项工程，不可能也没有必要对每一个分部分项工程都进行成本分析，特别是一些工程量小、成本费用微不足道的零星工程。但是，对于那些主要分部分项工程则必须进行成本分析，而且要做到从开工到竣工进行系统的成本分析。这是一项很有意义的工作，因为通过主要分部分项工程成本的系统分析，可以基本上了解项目成本形成的全过程，为竣工成本分析和今后的项目成本管理提供一份宝贵的参考资料。

**(2)月(季)度成本分析**

月(季)度成本分析是施工项目定期的、经常性的中间成本分析。对于具有一次性特点的施工项目来说，有着特别重要的意义。因为通过月(季)度成本分析，可以及时发现问题，以便按照成本目标指定的方向进行监督和控制，保证项目成本目标的实现。月(季)度成本分析的依据是当月(季)的成本报表。分析的方法，通常有以下几个方面：

①通过实际成本与预算成本的对比，分析当月(季)的成本降低水平；通过累计实际成本与累计预算成本的对比，分析累计的成本降低水平，预测实现项目成本目标的前景。

②通过实际成本与目标成本的对比，分析目标成本的落实情况，以及目标管理中的问题和不足，进而采取措施，加强成本管理，保证成本目标的落实。

③通过对各成本项目的成本分析，可以了解成本总量的构成比例和成本管理的薄弱环节。例如，在成本分析中，发现人工费、机械费和间接费等项目大幅度超支，就应该对这些费用的收支配比关系进行认真研究，并采取对应的增收节支措施，防止今后再超支。如果是属于规定的“政策性”亏损，则应从控制支出着手，把超支额压缩到最低限度。

④通过主要技术经济指标的实际与目标对比，分析产量、工期、质量、“三材”节约率、机械利用率等对成本的影响。

⑤通过对技术组织措施执行效果的分析，寻求更加有效的节约途径。

⑥分析其他有利条件和不利条件对成本的影响。

**(3)年度成本分析**

企业成本要求一年结算一次，不得将本年成本转入下一年度。而项目成本则以项目的寿命周期为结算期，要求从开工到竣工到保修期结束连续计算，最后结算出成本总量及其盈亏。由于项目的施工周期一般较长，除进行月(季)度成本核算和分析外，还要进行年度成本的核算和分析。这不仅是为了满足企业汇编年度成本报表的需要，同时也是项目成本管理的需要。因为通过年度成本的综合分析，可以总结一年来成本管理的成绩和不足，为今后的成本管理提供经验和教训，从而可对项目成本进行更有效的管理。

年度成本分析的依据是年度成本报表。年度成本分析的内容，除了月(季)度成本分析的六个方面以外，重点是针对下一年度的施工进展情况规划切实可行的成本管理措施，以保证施工项目成本目标的实现。

**(4)竣工成本的综合分析**

凡是有多个单位工程而且是单独进行成本核算(即成本核算对象)的施工项目，其竣工成本分析应以各单位工程竣工成本分析资料为基础，再加上项目经理部的经营效益(如资金调度、对外分包等所产生的效益)进行综合分析。如果施工项目只有一个成本核算对象(单位工程)，就以该成本核算对象的竣工成本资料作为成本分析的依据。

单位工程竣工成本分析，应包括三方面内容：

①竣工成本分析；

②主要资源节超对比分析；

③技术节约措施及经济效果分析。

通过以上分析，可以全面了解单位工程的成本构成和降低成本的来源，对今后同类工程的成本管理很有参考价值。

# 7.6 工程量清单计价模式下施工成本管理

## 7.6.1 工程量清单计价模式

### 7.6.1.1 工程量清单

**(1)工程量**

工程量是以规定的物理计量单位或自然计量单位所表示的各个具体分项工程或配件的数量。

物理计量单位是指法定计量单位，如长度单位米、面积单位平方米、体积单位立方米、质量单位千克等。自然计量单位，通常是以物体的自然状态表示的计量单位，如套、组、台、件及个等。

**(2)工程量清单**

工程量清单是载明建设工程分部分项工程项目、措施项目、其他项目的名称和相应数量以及规费、税金等内容的明细清单。

**(3)工程量清单的内容**

工程量清单由分部分项工程量清单、措施项目清单、其他项目清单、规费项目清单、税金项目清单组成。其中，分部分项工程量清单内容包括项目编码、项目名称、项目特征、计量单位和工程量。

#### 7.6.1.2 工程量清单计价

**(1)工程量清单计价的概念**

工程量清单计价是指投标人完成由招标人提供的工程量清单所需要的全部费用，包括分部分项工程费用、措施项目费用、其他项目费用、利润、规费以及税金。

**(2)工程量清单计价的流程**

第一阶段，招标单位在统一的工程量计算规则基础上制定工程量清单项目，并根据具体工程的施工图纸统一计算出各个清单项目的工程量；第二阶段，投标单位根据各种渠道获得的工程造价信息及经验数据，结合清单工程量计算出工程造价。

**(3)清单工程量和定额工程量的区别**

清单工程量和定额工程量在造价中有本质的区别：清单工程量是形成工程实体的净工程量；定额工程量是施工工程量，受施工方法、环境、地质等因素影响较大。

**(4)工程量清单计价的作用**

①为投资者提供公平的竞争条件；

②满足市场经济条件下的竞争需求；

③有利于提高计价效益，能真正实现快速报价；

④有利于工程款的拨付及竣工结算；

⑤有利于业主对工程的控制。

### 7.6.2 工程量清单计价模式下施工成本控制要素及措施

工程量清单计价模式是一种国际通用的计价模式，以"不低于成本价的合理低价"为最优报价。随着我国工程量清单计价方式的推广，工程量清单计价对工程造价的构成和改进起到了重要的指导作用，在一定程度上对施工单位的成本控制和管理水平的提高起到了积极的促进作用，有助于发挥企业的竞争能力。

工程量清单计价模式下，施工成本控制要素及措施如下：

**(1)提高造价人员素质**

造价人员除了应对本专业的知识进行及时更新和提高外，还应结合工作广泛了解和掌握有关的工程、技术和经济方面的知识和技能。

**(2)认真研究招标文件，深刻理解招标文件中的各项条款**

招标文件是编制投标报价的指导性文件，制作投标报价方案时必须全面学习，认真研究招标文件中各项条款，熟悉清单计价规范中每个项目所包含的项目特征、计量规则、工程内容，避免因未正确理解招标文件的某项条款而使投标报价偏离，或者中标后给本企业造成不必要的经济损失。

**(3)优化施工方案，从技术措施上降低成本**

应对拟建项目的成本、利润进行分析，根据工程特点、现场施工环境统筹考虑，选择技术先进可靠、工艺合理的施工方案，为施工成本控制打好基础。

**(4)建立和完善企业定额**

企业应根据自身的生产力水平，结合企业实际情况，编制符合本企业实际情况的定额，反映企业施工生产的技术水平和管理水平。企业在确定投标报价时，首先依据企业定额，计算出施工企业拟完成投标工程所需的计划成本；在掌握工程成本的基础上，再根据所处的环境条件和风险源，预计在该工程上拟获得的利润，并预估工程风险费用和其他应该考虑的因素；最后，确定报价。

**(5)建立材料价格信息系统。**

首先，施工企业应有一批信誉好、稳定的材料供应商；其次，在建材市场中询价，掌握真实的材料市场价格；最后，应及时掌握政府及有关管理部门发布的材料价格信息，建立相应的信息网，采用信息综合判断的方法，做出正确的决策。

**(6)施工过程中对已完工程量进行精确的计量和统计**

合同范围内的已完工程量是价款支付的主要依据，应当及时测量、统计和记录。对于发生的各种工程量变更，要及时签证处理，才能更好地维护施工企业权益，避免经济损失。

总之，工程量清单计价模式下的成本控制，不仅应当严格编制单价、做好投标报价，还应当针对施工企业的各项成本控制要素进行优化，同时在施工过程中还要对已完工程量做到精确的计量、统计并及时做好变更签证工作等，从而实现最大限度的降低成本，给施工企业带来最大的经济效益。

**实践教学**

## 实训7-1 园林工程项目目标成本编制

### 一、实训目的

通过园林工程项目目标成本编制的实训，使学生掌握园林工程项目施工过程中成本控制的主要内容、方法和过程，为企业在项目中用最小的成本获得最大利润打下基础。

### 二、材料及用具

施工图纸、施工方案、综合单价、三角板、铅笔、橡皮擦、计算器及图纸。

### 三、方法及步骤

(1)技术准备，包括综合单价、合同、需方的资金投入、质量要求、验收标准、施工图纸、施工方案、项目工程量。

(2)编制园林工程项目目标成本。

(3)评审，包括目标成本编制是否合理、有无漏项、是否符合市场规律。

### 四、实训要求及注意事项

(1)认真学习目标成本编制原则。

(2)注意搜集编制依据，包括适用的法律、法规、规程、标准、规范、工程合同、施工现场条件、模拟公司的决策和现有资源等。

(3)了解工程概况，包括工程地点、建设规模、工程结构特点等。

(4)了解工程项目组成、项目拟定的施工方案、项目工程量、项目投资目标等内容。

## 五、考核评估

| 序号 | 考核项目 | 考核标准 | | | | 等级分值 | | | |
|---|---|---|---|---|---|---|---|---|---|
| | | A | B | C | D | A | B | C | D |
| 1 | 成本概算的全面性：对施工方案、施工工艺全面的解读，对所有涉及的工程项目进行成本概算编制，能很好地起到指导和控制项目成本的作用 | 好 | 较好 | 一般 | 较差 | 30 | 24 | 18 | 12 |
| 2 | 综合单价的灵活运用性：选择正确的综合单价，结合市场灵活运用 | 好 | 较好 | 一般 | 较差 | 30 | 24 | 18 | 12 |
| 3 | 项目工程量技术的准确性：认真识别图纸与设计概算，套用正确的工程量 | 好 | 较好 | 一般 | 较差 | 30 | 24 | 18 | 12 |
| 4 | 文字组织的条理性：句子结构简洁，文字无纰漏，无错别字，行文条理清晰，编排主次分明，阅读方便 | 好 | 较好 | 一般 | 较差 | 5 | 4 | 3 | 2 |
| 5 | 实训态度：积极主动，完成及时 | 好 | 较好 | 一般 | 较差 | 5 | 4 | 3 | 2 |
| 合计 | | | | | | | | | |

## 自主学习资源库

1. 建设工程施工管理. 丁士昭，等. 中国建筑工业出版社，2015.
2. 成本管理研究. 万寿义. 东北财经大学出版社，2007.

## 自测题

1. 什么是成本管理？成本管理有哪些分类方法？
2. 说明你对成本管理的原则和措施的理解。
3. 成本预测的程序是怎样的？
4. 怎样编制园林施工项目成本计划？
5. 成本控制的方法有哪些？
6. 成本核算的具体要求是什么？
7. 赢得值法中的三个基本参数和四个评价指标及其含义各是什么？

# 单元 8 园林工程职业健康安全与环境管理

## 学习目标

【知识目标】

(1) 了解职业健康安全管理体系及环境管理体系的基本内涵。

(2) 掌握园林工程施工现场管理的主要内容。

(3) 掌握园林工程生产安全事故应急预案的编制方法。

(4) 掌握园林工程生产安全事故的处理方法。

【技能目标】

(1) 能够运用园林工程施工现场文明施工与现场管理、园林工程安全生产管理的基本方法进行园林工程施工现场管理与安全生产管理。

(2) 能够编制园林工程生产安全事故应急预案。

【素质目标】

(1) 培养学生热爱自然、崇尚自然的情怀。

(2) 培养学生在工作、生活中的安全意识，强化职业责任感。

(3) 培养学生独立分析、解决问题的能力以及团队协作能力与协同合作精神。

## 8.1 园林工程职业健康安全与环境管理体系

### 8.1.1 职业健康安全与环境管理体系概述

#### 8.1.1.1 职业健康安全管理体系标准

职业健康安全管理体系是企业总体管理体系的一部分。作为我国推荐性标准的职业健康安全管理体系标准，目前被企业普遍采用，用以建立职业健康安全管理体系。

2011 年 12 月 30 日，我国颁布了新的《职业健康安全管理体系》(GB/T 2008) 系列国家标准体系，并于 2012 年 2 月 1 日正式实施，其结构如下：

①《职业健康安全管理体系 要求》(GB/T 2008—2011)；

②《职业健康安全管理体系 实施指南》GB/T 2008—2011)。

根据《职业健康安全管理体系 要求》(GB/T 2008—2011) 的定义，职业健康安全是指影响或可能影响工作场所内的员工或其他工作人员(包括临时工和承包方员工)、访问者或任何其他人员的健康安全的条件和因素。

管理体系中的职业健康安全方针体现了企业实现风险控制的总体职业健康安全目标。

危险源识别、风险评价和风险控制策划，是企业通过职业健康安全管理体系的运行，实行事故控制的开端。

#### 8.1.1.2　环境管理体系标准

随着全球经济的发展，人类赖以生存的环境不断恶化。20 世纪 80 年代，联合国组建了世界环境与发展委员会，提出了“可持续发展”的观点。2005 年 5 月 10 日我国颁布了新的《环境管理体系》(GB/T 24000)，并于 2005 年 5 月 15 日实施，其主要包括：《环境管理体系 要求及使用指南》(GB/T 24001—2004)；《环境管理体系原则、体系和支持技术通用指南》(GB/T 24004—2004)。

在《环境管理体系原则、体系和支持技术通用指南》(GB/T 24004—2004)中，环境是指“组织运行活动的外部存在，包括空气、水、土地、自然资源、植物、动物、人，以及它(他)们之间的相互关系”。这个定义是以组织运行活动为主体，其外部存在主要是指人类认识到的、直接或间接影响人类生存的各种自然因素及其相互关系。

#### 8.1.1.3　职业健康安全与环境管理的目的

**(1)职业健康安全管理的目的**

职业健康安全管理的目的是在生产活动中，通过职业健康安全生产的管理活动，对影响生产的具体因素的状态进行控制，使生产因素中的不安全行为和状态减少或消除，避免事故的发生，以保证在生产活动中人员的健康和安全。

对于工程建设项目，职业健康安全管理的目的是防止和减少生产安全事故、保护生产者的健康与安全、保障人民群众的生命和财产免受损失；控制影响工作场所内施工人员、临时工作人员、合同方人员、访问者和其他有关部门人员健康和安全的条件和因素；考虑和避免因管理不当对员工健康和安全造成的危害。

**(2)环境管理的目的**

环境保护是我国的一项基本国策。环境管理的目的是保护生态环境，使社会的经济发展与人类的生存环境相协调。

对于工程建设项目，施工环境管理主要是指保护和改善施工现场的环境。企业应当遵照国家和地方的相关法律法规以及行业和企业自身要求，采取措施控制施工现场的各种粉尘、固体废弃物、噪声等对环境的污染和危害，并且要注意对资源的节约和避免资源的浪费。

#### 8.1.1.4　职业健康安全与环境管理体系的比较

根据《职业健康安全与环境管理体系要求》(GB/T 2008—2011)和《环境管理体系 要求及使用指南》(GB/T 24001—2004)，职业健康安全管理和环境管理都是组织管理体系的一部分，其管理的主体是组织，管理的对象是一个组织的活动、产品或服务中能与职业健康安全发生相互作用的不健康、不安全的条件和因素，以及能与环境发生相互作用的要素。两个管理体系所需要满足的对象和管理侧重点有所不同，但管理原理基本相同。

**(1)职业健康安全和环境管理体系的相同点**

①管理目标基本一致　两个管理体系均为组织管理体系的组成部分，管理目标一致。

分别从职业健康安全和环境方面，改进管理绩效；增强顾客和相关方面的满意程度；减小风险，降低成本；提高组织的信誉和形象。

②管理原理基本相同　职业健康安全和环境管理体系均强调了预防为主、系统管理、持续改进和PDCA循环原理；都强调了为制定、实施、实现、评审和保持相应的方针所需要的组织活动、策划活动、职责、程序、过程和资源。

③不规定具体绩效标准　两个管理体系都不规定具体的绩效标准，它们只是组织实现目标的基础、条件和组织保证。

**(2)职业健康安全和环境管理体系的不同点**

①需要满足的对象不同　建立职业健康安全体系的目的是“消除或尽可能降低可能暴露于组织活动相关的职业健康安全危险源中的员工和其他相关方所面临的风险”，即主要目标是使员工和相关方对职业健康安全条件满意。建立环境管理体系的目的是针对“众多相关方和社会对环境保护的不断增长的需要”，即主要目标是使公众和社会对环境保护满意。

②管理的侧重点有所不同　职业健康安全管理体系通过对危险源的辨识，评价风险、控制风险、改进职业健康安全绩效，满足员工和相关方的要求。环境管理体系通过对环境产生不利影响因素的分析，进行环境管理，满足相关法律法规的要求。

## 8.1.2　园林工程职业健康安全与环境管理特点和要求

### 8.1.2.1　园林工程职业健康安全与环境管理特点

园林工程职业健康安全管理就是对项目实施中人的不安全行为、物的不安全状态和作业环境的不安全因素的具体管理，其中心问题是保护项目实施过程中人的安全与健康，保证项目顺利进行。

园林工程施工现场环境管理就是在施工中运用计划、组织、协调、控制、监督等手段，为达到预期环境目标而进行的一项综合性活动。

园林工程的职业健康安全管理和环境管理是工程项目管理中不可或缺的重要组成部分，它贯穿于施工的全过程。园林工程项目的施工，虽然高空作业的情况不多，但由于施工现场情况多变，又是多工种的立体交叉作业，加上劳动条件差，安全事故发生频率仍较高，必须加强施工中的安全管理，切实保护员工的安全与健康，同时保护机械设备、物资等不受损害。值得注意的是，园林工程职业健康安全与环境管理，不仅是管理的职责，也是调动员工生产积极性，确保施工项目进度、成本、质量目标实现的基础，是园林建设项目施工高效低耗的必要条件。

**(1)复杂性**

园林工程项目建设，一方面涉及大量的露天作业，受到气候条件、工程地质和水文地质、地理条件和地域资源等不可控因素的影响；另一方面受工程规模、复杂程度、技术难度、作业环境和空间有限等复杂多变因素的影响，导致施工现场的职业健康安全与环境管理比较复杂。

**(2)多变性**

一方面，园林工程项目建设现场材料、设备和工具的流动性大；另一方面，由于技术进步，施工项目不断引入新材料、新设备和新工艺等变化因素，以及施工作业人员文化素质低，并处在动态调整的不稳定状态中，加大了园林施工现场的职业健康安全与环境管理难度。

**(3)协调性**

园林工程项目建设涉及的单位多、专业多、材料多、工种多，是多工种的立体交叉作业，要求施工方做到各专业之间、单位之间互相配合，要注意施工过程中的材料交接、专业接口部分对职业健康安全与环境管理的协调性。

**(4)持续性**

园林工程项目建设一般具有建设周期长的特点，从前期的决策、设计、施工直至竣工投产，诸多环节，工序环环相扣。前一道工序的隐患，可能在后续的工序中暴露，酿成安全事故。

**(5)经济性**

一方面，由于园林工程建设项目生产周期长，消耗的人力、物力和财力大，必然使施工单位考虑降低工程成本的因素多，从而一定程度影响了职业健康安全与环境管理的费用支出，导致施工现场的健康安全问题和环境污染现象时有发生；另一方面，由于园林产品的社会性与多样性决定了管理者必须对职业健康安全与环境管理的经济性做出评估。

**(6)环境性**

园林工程建设项目的生产手工作业多，机械化水平较低，劳动条件差，工作强度大，从而对施工现场的职业健康安全影响较大。

上述特点将导致园林工程施工中的潜在不安全因素和人的不安全因素较多，使园林企业的经营管理，特别是施工现场的职业健康安全与环境管理比其他企业的管理更为复杂。

### 8.1.2.2 园林工程职业健康安全与环境管理要求

**(1)园林工程职业健康安全管理的基本要求**

根据《建设工程安全生产管理条例》和《职业健康安全管理体系 要求及使用指南》(GB/T 45001—2020)，建设工程施工对职业健康安全管理的基本要求如下：

①坚持安全第一、预防为主和防治结合的方针，建立职业健康安全管理体系并持续改进职业健康安全管理工作。

②施工企业在其经营的生产活动中必须对本企业的安全生产负全面责任。企业的法定代表人是安全生产的第一负责人，项目经理是施工项目生产的主要负责人。施工企业应当具备安全生产的资质条件，取得安全生产许可证。施工企业应设立安全生产管理机构，配备合格的专职安全生产管理人员，并提供必要的资源；施工企业要建立健全职业健康安全体系以及有关的安全生产责任制和各项安全生产规章制度。施工企业针对每一个项目要编制切合实际的安全生产计划，制订职业健康安全保障措施；实施安全教育培训制度，不断提高员工的安全意识和安全生产素质；项目负责人和专职安全生产管理人员应持证上岗。

③在工程设计阶段，设计单位应按照有关建设工程法律法规的规定和强制性标准的要求，进行安全保护设施的设计；对涉及施工安全的重点部分和环节在设计文件中应进行注明，并对防范生产安全事故提出指导意见，防止因设计考虑不周而导致生产安全事故的发生；对于采用新结构、新材料、新工艺的建设工程和特殊结构的建设工程，设计文件中应

提出保障施工作业人员安全和预防生产安全事故的措施和建议。

④在工程施工阶段，施工企业应根据风险预防要求和项目的特点，制订职业健康安全生产技术措施计划；在进行施工平面图设计和安排施工计划时，应充分考虑安全、防火、防爆和职业健康等因素；施工企业应制定安全生产应急救援预案，建立相关组织，完善应急准备措施；发生事故时，应按国家有关规定，向有关部门报告；处理事故时，应防止二次伤害。

建设工程实行总承包的，由总承包单位对施工现场的安全生产负总责并自行完成工程主体结构的施工。分包单位应当接受总承包单位的安全生产管理，分包合同中应当明确各自的安全生产方面的权利、义务。分包单位不服从管理导致生产安全事故的，由分包单位承担主要责任，总承包和分包单位对分包工程的安全生产承担连带责任。

⑤应明确和落实工程安全环保设施费用、安全施工和环境保护措施费等各项费用。

⑥施工企业应按有关规定必须为从事危险作业的人员在现场工作期间办理意外伤害保险。

⑦现场应将生产区与生活、办公区分离，配备紧急处理医疗设施，使现场的生活设施符合卫生防疫要求，采取防暑、降温、保温、消毒、防毒等措施。

⑧工程施工职业健康安全管理应遵循下列程序：

A. 识别并评价危险源及风险；

B. 确定职业健康安全目标；

C. 编制并实施项目职业健康安全技术措施计划；

D. 职业健康安全技术措施计划实施结果验证；

E. 持续改进相关措施和绩效。

**(2)园林工程施工环境管理的基本要求**

根据《中华人民共和国环境保护法》和《中华人民共和国环境影响评价法》等有关规定，建设工程对施工环境管理的基本要求如下：

①涉及依法划定的自然保护区、风景名胜区、生活饮用水水源保护区及其他需要特别保护的区域时，工程施工应符合国家有关法律法规及该区域内建设工程项目环境管理的规定。

②建设工程应当采用节能、节水等有利于环境与资源保护的建筑设计方案、建筑材料、建筑构配件及设备。建筑材料和装修材料必须符合国家标准。禁止生产、销售和使用有毒、有害物质超过国家标准的建筑材料和装修材料。

③建设工程项目中防治污染的设施，必须与主体工程同时设计、同时施工、同时投产使用。防治污染的设施必须经原审批环境影响报告书的环境保护行政主管部门验收合格后，该建设工程项目方可投入生产或使用。

④尽量减少建设工程施工所产生的噪声对周围生活环境的影响。

⑤拟采取的污染防治措施应确保污染物排放达到国家和地方规定的排放标准，满足污染物总量控制要求；涉及可能产生放射性污染的，应采取有效预防和控制放射性污染措施。

⑥应采取生态保护措施，有效预防和控制生态破坏。

⑦禁止引进不符合我国环境保护规定要求的技术和设备。

⑧任何单位不得将产生严重污染的生产设备转移给没有污染防治能力的单位使用。

## 8.1.3 园林工程职业健康安全与环境管理体系建立和运行

### 8.1.3.1 园林工程职业健康安全与环境管理体系建立

园林工程职业健康安全与环境管理体系的建立应当遵循以下步骤：

**(1)领导决策**

最高管理者亲自决策，以便获得各方面的支持和在体系建立过程中所需的资源保证。

**(2)成立工作组**

最高管理者或授权管理者代表成立工作小组负责建立体系。工作小组的成员要覆盖施工企业的主要职能部门，组长最好由管理者代表担任，以保证小组对人力、资金、信息的获取。

**(3)人员培训**

培训的目的是使有关人员了解建立体系的重要性，了解标准的主要思想和内容。

**(4)初始状态评审**

初始状态评审是对园林施工企业过去和现在的职业健康安全与环境的信息、状态进行收集、调查分析、识别和获取现有适用的法律法规和其他要求，进行危险源辨识和风险评价、环境因素识别和重要环境因素评价。评审的结果将作为确定职业健康安全与环境方针、制定管理方案、编制体系文件的基础。

**(5)制定方针、目标、指标和管理方案**

方针是园林施工企业对其职业健康安全与环境行为的原则和意图的声明，也是园林施工企业自觉承担其责任和义务的承诺。方针不仅为园林施工企业确定了总的指导方向和行动准则，而且是评价一切后续活动的依据，并为更加具体的目标和指标提供一个框架。

目标、指标的制定是园林施工企业为了实现其在职业健康安全及环境方针中所体现出的管理理念及其对整体绩效的期许与原则，与企业的总目标相一致。

管理方案是实现目标、指标的行动方案。为保证职业健康安全和环境管理体系目标的实现，需结合年度管理目标和企业客观实际情况，策划制定职业健康安全和环境管理方案，方案中应明确旨在实现目标、指标的相关部门的职责、方法、时间表以及资源的要求。

**(6)管理体系策划与设计**

管理体系策划与设计应依据制定的方针、目标和指标、管理方案确定施工企业机构职责和筹划各种运行程序。

**(7)体系文件编写**

体系文件包括管理手册、程序文件、作业文件三个层次。体系文件的编写应遵循“标准要求的要写到、文件写到的要做到、做到的要有有效记录”的原则。

管理手册是对园林施工企业整个管理体系的整体性描述，为体系的进一步展开以及后续程序文件的制定提供了框架要求和原则规定，是管理体系的纲领性文件。

程序文件的内容可按“4W1H”的顺序和内容来编写，即明确程序中管理要素由谁做

(who)，什么时间做(when)，在什么地点做(where)，做什么(what)，怎么做(how)。程序文件的一般格式可按照目的和适用范围、引用的标准及文件、术语和定义、职责、工作程序、报告和记录的格式以及相关文件等的顺序来编写。

作业文件是指管理手册、程序文件之外的文件，一般包括作业指导书(操作规程)、管理规定、监测活动准则及程序文件引用的表格。其编写的内容和格式与程序文件的要求基本相同。在编写之前应对原有的作业文件进行清理，摘其有用，删除无关。

**(8)文件的审查、审批和发布**

文件编写完成后应进行审查，经审查、修改、汇总后进行审批，然后发布。

#### 8.1.3.2 园林工程职业健康安全与环境管理体系运行

**(1)管理体系运行**

体系运行是指按照已建立体系的要求实施。其实施的重点是围绕培训意识和能力，信息交流，文件管理，执行控制程序，监测，不符合、纠正和预防措施，记录等活动推进体系的运行工作。上述运行活动简述如下：

①培训意识和能力　由主管培训的部门根据体系、体系文件(培训意识和能力程序文件)的要求，制订详细的培训计划，明确培训的职能部门、时间、内容、方法和考核要求。

②信息交流　确保各要素构成一个完整的、动态的、持续改进的体系和基础，应关注信息交流的内容和方式。

③文件管理　包括对现有有效文件进行整理编号，方便查询索引；对适用的规范、规程等行业标准应及时购买补充，对适用的表格要及时发放；对在内容上有抵触的文件和过期的文件要及时作废并妥善处理。

④执行控制程序　体系的运行离不开程序文件的指导，程序文件及其相关的作业文件在施工企业内部都具有法定效力，必须严格执行，才能保证体系正确运行。

⑤监测　为保证体系正确、有效地运行，必须严格监测体系的运行情况。监测中应明确监测的对象和监测的方法。

⑥不符合、纠正和预防措施　体系在运行过程中，不符合情况的出现是不可避免的，包括事故也难免会发生，关键是相应的纠正与预防措施是否及时有效。

⑦记录　在体系运行过程中，及时按文件要求进行记录，如实反映体系运行情况。

**(2)管理体系维持**

①内部审核　是施工企业对其自身的管理体系进行的审核，是对体系是否正常进行以及是否达到了规定的目标所做的独立的检查和评价，是管理体系自我保证和自我监督的一种机制。

内部审核要明确提出审核的方式方法和步骤，形成审核日程计划，并发至相关部门。

②管理评审　是由施工企业的最高管理者对管理体系的系统评价，判断企业的管理体系面对内部情况的变化和外部环境是否充分适应、有效，由此决定是否对管理体系做出调整，包括方针、目标、机构和程序等。

③合规性评价　为了履行对合规性的承诺，组织应建立、实施并保持一个或多个程序，以定期评价对适用环境法律法规的遵循情况。组织应保存对上述定期评价结果的记录。

合规性评价分项目组级和公司级评价两个层次进行。

项目组级评价：由项目经理组织有关人员对施工中应遵守的法律法规和其他要求的执行情况进行一次合规性评价。当某个阶段施工时间超过半年时，合规性评价应不少于一次。项目工程结束时应针对整个项目工程进行系统的合规性评价。

公司级评价：每年进行一次，制订计划后由管理者代表组织企业相关部门和项目组，对公司应遵守的法律法规和其他要求的执行情况进行合规性评价。

各级合规性评价后，对不能充分满足要求的相关活动或行为，通过管理方案或纠正措施等方式进行逐步改进。上述评价和改进的结果，应形成必要的记录和证据，作为管理评审的输入。

管理评审时，最高管理者应结合上述合规性评价的结果、企业的客观管理实际、相关法律法规和其他要求，系统评价体系运行过程中对适用法律法规和其他要求的遵守、执行情况，由相关部门或最高管理者提出改进要求。

## 8.2 园林工程施工现场文明施工与现场管理

### 8.2.1 园林工程施工现场文明施工

园林工程施工现场文明施工是指保持施工现场良好的作业环境、卫生环境和工作秩序。因此，文明施工也是保护环境的一项重要措施。文明施工主要包括：规范施工现场的场容，保持作业环境的整洁卫生；科学组织施工，使生产有序进行；减少施工对周围居民和环境的影响；遵守施工现场文明施工的规定和要求，保证职工的安全和身体健康。

文明施工可以适应现代化施工的客观要求，有利于员工的身心健康，有利于培养和提高施工队伍的整体素质，促进企业综合管理水平的提高，提高企业的知名度和市场竞争力。

#### 8.2.1.1 园林工程施工现场文明施工要求

依据我国相关标准，园林工程施工现场文明施工的要求主要包括现场围挡、封闭管理、施工场地、材料堆放、现场住宿、现场防火、治安综合治理、施工现场标牌、生活设施、保健急救、社区服务 11 项内容。总体上应符合以下要求：

①有整套的施工组织设计或施工方案，施工总平面布置紧凑，施工场地规划合理，符合环保、市容、卫生的要求。

②有健全的施工组织管理机构和指挥系统，岗位分工明确，工序交叉合理，交接责任明确。

③有严格的成品保护措施和制度，大小临时设施和各种材料构件、半成品按平面布置堆放整齐。

④施工场地平整，道路畅通，排水设施得当，水电线路整齐，机具设备状况良好，使用合理，施工作业符合消防和安全要求。

⑤做好环境卫生管理，包括施工区、生活区环境卫生和食堂卫生管理。

⑥文明施工应贯穿施工结束后的清场。

实现文明施工，不仅要抓好现场的场容管理，而且还要做好现场材料、机械、安全、技术、保卫、消防和生活卫生等方面的工作。

### 8.2.1.2 园林工程施工现场文明施工措施

**(1)加强现场文明施工管理**

①建立文明施工管理组织　应确立项目经理为现场文明施工的第一责任人，以各专业工程师、施工、质量、安全、材料、保卫等现场项目经理部人员为成员的施工现场文明管理组织，共同负责本工程现场文明施工工作。

②健全文明施工管理制度　包括建立各级文明施工岗位责任制，将文明施工工作考核列入经济责任制；建立定期的检查制度，实行自检、互检、交接检制度；建立奖惩制度，开展文明施工立功竞赛；加强文明施工教育培训等。

**(2)落实现场文明施工各项管理措施**

针对现场文明施工的各项要求，落实相应的管理措施。

①施工平面布置　施工总平面图是现场管理、实现文明施工的依据。施工总平面图应对施工机械设备、材料和构配件的堆放、现场加工场地，以及现场临时运输道路、临时供水供电线路和其他临时设施进行合理布置，并随工程实施的不同阶段进行场地布置和调整。

②现场围挡、标牌

- 施工现场应实行封闭管理，设置进出口大门，制定门卫制度，严格执行外来人员进场登记制度。沿工地四周连续设置围挡，市区主要路段和其他涉及市容景观路段的工地设置围挡的高度不低于2.5m，其他工地的围挡高度不低于1.8m，围挡材料要求坚固、稳定、统一、整洁、美观。
- 施工现场应设有“五牌一图”，即工程概况牌、管理人员名单及监督电话牌、消防保卫(防火责任)牌、安全生产牌、文明施工牌和施工现场总平面图。
- 施工现场应合理悬挂安全生产宣传和警示牌，标牌悬挂牢固可靠，特别是主要施工部位、作业点和危险区域以及主要通道口都必须有针对性地悬挂醒目的安全警示牌。

③施工场地

- 施工现场应积极推行硬地坪施工，散料、堆土应覆盖，或洒水止尘。
- 施工现场道路畅通、平坦、整洁，无散落物。
- 施工现场设置排水系统，排水畅通，不积水。
- 严禁泥浆、污水、废水外流或未经允许排入河道，严禁堵塞下水道和排水河道。
- 作业区内禁止随意吸烟。

④材料堆放、周转设备管理

- 施工材料、构配件、料具等必须按施工现场总平面布置图堆放，布置合理。
- 施工材料、构配件、料具等必须做到安全、整齐堆放(存放)，不得超高。堆料分门别类，悬挂标牌，标牌应统一制作，表明名称、品种、规格、数量等。
- 建立材料收发管理制度，仓库、工具间材料堆放整齐，易燃易爆物品分类堆放，专人负责，确保安全。

• 施工现场建立清扫制度，落实到人，做到“工完料尽场地清”，车辆进出场应有防泥带出措施。施工垃圾及时清运，临时存放现场的也应集中堆放整齐、悬挂标牌。不用的施工机具和设备应及时出场。

• 施工设施集中堆放整齐，大模板成对放稳，角度正确。竹木杂料，分类堆放，规则成方，不散不乱。

⑤现场生活设施

• 施工现场作业区与办公、生活区必须明显划分，确因场地狭窄不能划分的，要有可靠的隔离栏防护措施。

• 宿舍内应确保主体结构安全，设施完好。宿舍周围环境应保持整洁、安全。

• 宿舍内应有保暖、消暑、防煤气中毒、防蚊虫叮咬等措施。严禁使用煤气灶、煤油炉、电饭煲、热得快、电炒锅、电炉等器具。

• 食堂应有良好的通风和洁卫措施，保持卫生整洁，炊事员持健康证上岗。

• 建立现场卫生责任制，设卫生保洁员。

• 施工现场应设固定的男、女简易淋浴室和厕所，并要保证结构稳定、牢固和防风雨。实行专业管理、及时清扫，保持整洁，要有灭蚊蝇滋生措施。

⑥现场消防、防火管理

• 现场建立消防管理制度，建立消防领导小组，落实消防责任制和责任人员，做到思想重视、措施跟上、管理到位。

• 定期对有关人员进行消防教育，落实消防措施。

• 现场必须有消防平面布置图，临时设施按消防条例有关规定搭设，做到标准规范。

• 易燃易爆物品堆放间、油漆间、木工间、总配电室等消防防火重点部位要按规定设置灭火器和消防沙箱，并有专人负责。

• 施工现场使用明火要做到严格按动用明火规定执行，审批手续齐全。

⑦医疗急救管理　展开卫生防病教育，准备必要的医疗设施，配备经过培训的急救人员，有急救措施、急救器材和保健医药箱。在现场办公室的显著位置张贴急救车和有关医院的电话号码等。

⑧环保管理　建立施工不扰民的措施。现场不得焚烧有毒、有害物质等。

⑨治安管理

• 建立现场治安保卫领导小组，有专人管理。

• 新入场的人员做到及时登记，做到合法用工。

• 按照治安管理条例和施工现场的治安管理规定做好各项管理工作。

• 建立门卫值班管理制度，严禁无证人员和其他闲杂人员进入施工现场，避免安全事故和失盗事件的发生。

**（3）建立检查考核制度**

对于文明施工，国家和各地大多制定了标准或规定，也有比较成熟的经验。在实际工作中，项目部应结合相关标准和规定建立园林工程施工现场文明施工考核制度，推进各项文明施工措施的落实。

**(4)抓好文明施工宣传工作**

①建立宣传教育制度。现场宣传安全生产、文明施工、国家大事、社会形势、企业精神、优秀事迹等。

②坚持以人为本，加强管理人员和班组文明建设。教育职工遵纪守法，提供企业整体管理水平和文明素质。

③主动与有关单位配合，积极开展共建文明活动，树立企业良好的社会形象。

### 8.2.2　园林工程施工现场环境保护

园林工程建设项目必须满足有关环境保护法律法规的要求，在施工过程中注意环境保护，对企业发展、员工健康和社会文明有着重要意义。

环境保护是按照法律法规、各级主管部门和企业的要求，保护和改善作业现场的环境，控制现场的各种粉尘、废水、废气、固体废弃物、噪声、振动对环境的污染和危害。环境保护也是文明施工的重要内容之一。

园林工程建设过程中的污染主要包括对施工场界内的污染和对周围环境的污染。对施工场界内的污染防治属于职业健康安全问题，而对周围环境的污染防治是环境保护问题。

施工环境影响的主要类型见表8-1所列。

**表8-1　环境影响类型表**

| 序号 | 环境因素 | 产生的地点、工序和部位 | 环境影响 |
|---|---|---|---|
| 1 | 噪声 | 施工机械、运输设备、电动工具 | 影响人体健康、居民休息 |
| 2 | 粉尘的排放 | 施工场地平整、土堆、砂堆、石灰、现场路面、进出车辆车轮带泥沙、水泥搬运、混凝土搅拌、木工房锯末、喷砂、除锈、衬里 | 污染大气，影响居民身体健康 |
| 3 | 运输中的遗撒 | 现场渣土、商品混凝土、生活垃圾、原材料运输 | 污染路面和人员健康 |
| 4 | 化学危险品、油品泄露或挥发 | 实验室、油漆库、油库、化学材料库及其作业面 | 污染土地和人员健康 |
| 5 | 有毒有害废弃物排放 | 施工现场、办公区、生活区 | 污染土地、水体、大气 |
| 6 | 生产、生活污水的排放 | 现场搅拌站、厕所、现场洗车处、生活服务设施、食堂等 | 污染水体 |
| 7 | 生产用水、用电的消耗 | 现场、办公室、生活区 | 资源浪费 |
| 8 | 办公用纸的消耗 | 办公室、现场 | 资源浪费 |
| 9 | 光污染 | 现场焊接、切割作业、夜间照明 | 影响居民生活、休息和邻近人员健康 |
| 10 | 离子辐射 | 放射源储存、运输、使用 | 严重危害居民、人员健康 |
| 11 | 混凝土防冻剂的排放 | 混凝土使用 | 影响健康 |

园林工程环境保护主要包括大气污染的防治、水污染的防治、噪声污染的防治、固体废弃物的处理以及文明施工措施等。

**(1)大气污染防治**

施工现场空气污染的防治措施主要有：

①施工现场垃圾渣土要及时清理出现场。

②施工现场外围围挡不得低于1.8m，以避免或减少污染物向外扩散。

③施工现场道路应指定专人定期洒水清扫，形成制度，防治道路扬尘。

④对于细颗粒散体材料(如水泥、粉煤灰、白灰等)的运输、储存要注意遮盖、密封，防止和减少扬尘。

⑤车辆开出工地要做到不带泥沙，基本做到不洒土、不扬尘，减少对周围环境的污染。

⑥除设有符合规定的装置外，禁止在施工现场焚烧油毡、橡胶、塑料、皮革、树叶、枯草、各种包装物等废弃物品以及其他会产生有毒、有害烟尘和恶臭气体的物质。

⑦机动车都要安装减少尾气排放的装置，确保符合国家标准。

⑧工地茶炉应尽量采用电热水器。若只能使用烧煤茶炉和锅炉，应选用消烟除尘型茶炉和锅炉，大灶应选用消烟节能回风炉，使烟尘降至允许排放范围为止。

⑨拆除旧建筑物时，应适当洒水，防止扬尘。

**(2)水污染防治**

施工过程水污染的防治措施主要有：

①禁止将有毒有害废弃物作土方回填。

②施工现场搅拌站废水、现制水磨石的污水、电石的污水必须经沉淀池沉淀合格后再排放，最好将沉淀水用于工地洒水降尘或采取措施回收利用。

③施工现场100人以上的临时食堂，污水排放时可设置简易有效的隔油池，定期清理，防止污染。

④工地临时厕所、化粪池应采取防渗漏措施。中心城市施工现场的临时厕所可采用水冲式厕所，并有防蝇灭蛆措施，防止污染水体和环境。

**(3)噪声污染防治**

施工现场噪声的控制措施主要有：

①合理布局施工场地，优化作业方案和运输方案，尽量降低施工现场附近的噪声强度，避免噪声扰民。

②在人口密集区进行较强噪声施工时，须严格控制作业时间，一般避开22：00到次日6：00作业；对环境污染不能控制在规定范围内的，必须昼夜连续施工时，要尽量采取措施降低噪声。

③夜间运输材料的车辆进入施工现场，严禁鸣笛和乱轰油门，装卸材料要做到轻拿轻放。

④进入施工现场不得高声喊叫和乱吹哨，严禁使用高音喇叭、机械空转和不应当的碰撞其他物件，减少噪声扰民。

⑤施工过程中，场界环境噪声不得超过《建筑施工场界环境噪声排放标准》(GB 12523—2011)规定的排放限值，白天为70dB，夜间为55dB。

**(4)固体废弃物处理**

固体废弃物处理：采取资源化、减量化和无害化的原则，对固体废弃物产生的全过程进行控制。固体废弃物的主要处理方法如下：

①施工现场设立专门的固体废弃物临时贮存场所，用砖砌成池，废弃物应分类存放。对储存物应及时收集并处理，可回收的废弃物做到回收再利用。

②固体废弃物的运输应采取分类、密封、覆盖，避免泄露、遗漏，并送到政府批准的单位或场所进行处理。

③施工现场应使用环保型的建筑材料、工器具、临时设施、灭火器和各种物质的包装箱袋等，减少固体废弃物污染。

④提高工程施工质量，减少或杜绝工程返工，避免产生固体废弃物污染。

⑤施工中及时回收利用落地灰和其他施工材料，做到工完料尽，减少固体废弃物的污染。

## 8.2.3 园林工程施工现场职业健康安全卫生

为保障操作人员的身体健康和生命安全，改善作业人员的工作环境与生活环境，禁止将有毒有害废弃物现场填埋，尽量使需处置的废弃物与环境隔离，并注意废弃物的稳定性和长期安全性。

### 8.2.3.1 园林工程施工现场职业健康安全卫生要求

根据我国相关标准，施工现场职业健康安全卫生主要包括现场宿舍、现场食堂、现场厕所、其他卫生管理等内容。基本要求符合以下要求：

①施工现场应设置办公室、宿舍、食堂、厕所、淋浴间、开水房、文体活动室、密闭式垃圾站及盥洗设施等临时设施。临时设施所用建筑材料应符合环保、消防要求。

②办公区和生活区应设密闭式垃圾容器。

③办公室内布局合理，文件资料归类存放，并应保持室内清洁卫生。

④施工企业应根据法律法规的规定，制定施工现场的公共卫生突发事件应急预案。

⑤施工现场应配备常用药品及绷带、止血带、颈托、担架等急救器材。

⑥施工现场应设专职或兼职保洁员，负责卫生清洁和保洁。

⑦办公区和生活区应采取灭鼠、蚊、蝇、蟑螂等措施，并应定期投放和喷洒药物。

⑧施工企业应结合季节特点，做好作业人员的饮食卫生和防暑降温、防寒保暖、防煤气中毒、防疫等工作。

⑨施工现场必须建立环境卫生管理和检查制度，并应做好检查记录。

### 8.2.3.2 园林工程施工现场职业健康安全卫生措施

施工现场的卫生与防疫应由专人负责，全面管理施工现场的卫生工作，监督和执行卫生法规规章、管理办法，落实各项卫生措施。

**(1)现场宿舍管理**

①宿舍内应保证必要的生活空间，室内净高不得小于2.4m，通道宽度不得小于0.9m，每间宿舍居住人员不得超过16人。

②施工现场宿舍必须设置可开启式窗户，宿舍内床铺不得超过2层，严禁使用通铺。

③宿舍内应设置生活用品专柜，有条件的宜设置生活用品储藏室。

④宿舍内应设置垃圾桶，宿舍外宜设置鞋柜或鞋架，生活区内应提供为作业人员晾晒衣服的场地。

**(2)现场食堂管理**

①食堂必须有卫生许可证，炊事人员必须持身体健康证上岗。

②炊事人员上岗应穿戴洁净的工作服、工作帽和口罩，并应保持个人卫生。不得穿工作服出食堂，非炊事人员不得随意进入制作间。

③食堂炊具、餐具和公用饮水器具必须清洗消毒。

④施工现场应加强食品、原料的进货管理，食堂严禁出售变质食品。

⑤食堂应设置在远离厕所、垃圾站、有毒有害场所等污染源的地方。

⑥食堂应设置独立的制作间、储藏室，门扇下方应设不低于0.2m的防鼠挡板。制作间灶台及其周边应贴瓷砖，所贴瓷砖高度不宜低于1.5m，地面应做硬化和防滑处理。粮食存放台距墙和地面应大于0.2m。

⑦食堂应配备必要的排风设施和冷藏设施。

⑧食堂的燃气罐应单独设置存放间，存放间应通风良好并严禁存放其他物品。

⑨食堂制作间的炊具宜存放在封闭的橱柜内，刀、盆、案板等炊具应生熟分开。食品应有遮盖，遮盖物品应用正反面标识。各种佐料和副食应存放在密闭器皿内，并应有标识。

⑩食堂外应设置密闭式泔水桶，并应及时清运。

**(3)现场厕所管理**

①施工现场应设置水冲式或移动式厕所，厕所地面应硬化，门窗应齐全。蹲位之间宜设隔板，隔板高度不宜低于0.9m。

②厕所大小应根据作业人员的数量设置。高层建筑施工超过8层以后，每隔四层宜设置临时厕所。厕所应设专人负责清扫、消毒，化粪池应及时清掏。

**(4)其他临时设施管理**

①淋浴间应设置满足需要的淋浴喷头，可设置储衣柜或挂衣架。

②盥洗设施应设置满足作业人员使用的梳洗池，并应使用节水龙头。

③生活区应设置开水炉、电热水器或饮用水保温桶；施工区应配备流动保温水桶。

④文体活动室应配备电视机、书报、杂志等文体活动设施、用品。

⑤施工现场作业人员发生法定传染病、食物中毒或急性职业中毒时，必须在2h内向施工现场所在地建设行政主管部门和有关部门报告，并应积极配合调查处理。

⑥现场施工人员患有法定传染病时，应及时进行隔离，并由卫生防疫部门进行处置。

# 8.3　园林工程施工安全生产管理

## 8.3.1　园林工程施工安全生产管理制度体系

由于园林建设工程规模大、周期长、参与单位多、技术复杂以及环境复杂多变等因素，导致园林建设工程安全生产的管理难度很大。因此，依据现行的法律法规，通过建立各项安全生产管理制度体系，规范园林建设工程参与各方的安全生产行为，提高园林建设工程安全生产管理水平，防止和避免安全事故的发生是非常重要的。

#### 8.3.1.1 园林工程施工安全生产管理制度体系建立的重要性

①依法建立施工安全生产管理制度体系，能使劳动者获得安全与健康，是体现社会经济发展和社会公正、安全、文明的基本标志。

②建立施工安全生产管理制度体系，可以改善企业安全生产规章制度不健全、管理方法不适当、安全生产状况不佳的现状。

③施工安全生产管理制度体系对企业环境的安全卫生状态做了具体要求和限定，从根本上促使施工企业健全安全卫生管理机制，改善劳动者的安全卫生条件，提升管理水平，增强企业参与国内外市场的竞争能力。

④推行施工安全生产管理制度体系建设，是适应国内外市场经济一体化趋势的需要。

#### 8.3.1.2 园林工程施工安全生产管理制度体系建立的原则

①应贯彻“安全第一，预防为主”的方针，施工企业必须建立健全安全生产责任制和群防群治制度，确保工程施工劳动者的人身和财产安全。

②施工安全生产管理制度体系的建立，必须适用于工程施工全过程的安全管理和控制。

③施工安全生产管理制度体系必须符合《建筑法》《安全生产法》《建设工程安全生产管理条例》《安全生产许可证条例》《生产安全事故报告和调查处理条例》《特种设备安全检查条例》《职业安全健康管理体系》《职业安全卫生管理体系标准》和国际劳工组织(ILO)167号公约等法律、行政法规及规程的要求。

④项目经理部应根据本企业的安全生产管理制度体系，结合各项目的实际情况加以充实，确保工程项目的施工安全。

⑤企业应加强对施工项目安全生产管理，指导、帮助项目经理部建立和实施安全生产管理制度体系。

#### 8.3.1.3 园林工程施工安全生产管理制度体系的主要内容

《建筑法》《安全生产法》《建设工程安全生产管理条例》《生产安全事故报告和调查处理条例》《特种设备安全监察条例》《安全生产许可证条例》等建设工程相关法律法规对政府主管部门、相关企业及相关人员的建设工程安全生产和管理行为进行了全面的规范，为建设工程安全生产管理制度体系的建立奠定了基础。现阶段涉及园林工程施工企业的主要安全生产管理制度包括：

(1)**安全生产责任制度**

安全生产责任制是最基本的安全管理制度，是所有安全生产管理制度的核心。安全生产责任制是按照安全生产管理方针和“管生产的同时必须管安全”的原则，将各级负责人员、各职能部门及其工作人员和各岗位生产工人在安全生产方面应做的事情及应负的责任加以明确规定的一种制度。主要包括：企业和项目相关人员的安全职责；对各级、各部门安全生产责任制执行情况的检查和考核办法；明确总分包的安全生产责任；项目的主要工种应有相应的安全技术操作规程；施工现场应按工程项目大小配备专(兼)职安全人员等。

安全生产责任制纵向是指各级人员的安全生产责任制，即从最高管理者、管理者代表到项目负责人(项目经理)、技术负责人(工程师)、专职安全生产管理人员、施工员、班组长和岗位人员等各级人员的安全生产责任制；横向是指各个部门的安全生产责任制，即各职能部门(如安全环保、设备、技术、生产、财务等部门)的安全生产责任制。只有这样，才能建立健全安全生产责任制，做到群防群治。

**(2)安全生产许可证制度**

《安全生产许可证条例》规定国家对建筑施工企业实施安全生产许可证制度。其目的是严格规范安全生产条件，进一步加强安全生产监督管理，防止和减少生产安全事故。

施工企业进行生产前，应当依照《安全生产许可证条例》的规定向安全生产许可证颁发机关申请领取安全生产许可证。安全生产许可证的有效期为3年。企业在安全生产许可证有效期内，严格遵守有关安全生产的法律法规，未发生死亡事故的，安全生产许可证有效期届满时，经原安全生产许可证颁发管理机关同意，不再审查，安全生产许可证有效期延期3年。

**(3)政府安全生产监督检查制度**

政府安全监督检查制度是指国家法律、法规授权的行政部门，代表政府对企业的安全生产过程实施监督管理。

**(4)安全生产教育培训制度**

施工企业安全生产教育培训一般包括对管理人员、特种作业人员和企业员工的安全教育。

①管理人员安全教育　主要包括对企业领导的安全教育；项目经理、技术负责人和技术干部的安全教育；行政管理干部的安全教育；企业安全管理人员的安全教育；班组长和安全员的安全教育。

②特种作业人员安全教育　特种作业是指对操作者本人，尤其对他人或周围设施的安全有重大危害因素的作业，如焊接切割、爆破、喷施农药、登高、吊装、脚手架模板支架安装、机动车驾驶、电工作业等。直接从事特种作业的人，称为特种作业人员。由于特种作业危险性大，必须经过安全培训和严格考核。

③企业员工安全教育　主要有新员工上岗前的安全教育、改变工艺和变换岗位的安全教育、经常性安全教育三种形式。

**(5)安全措施计划制度**

安排措施计划制度是指企业进行生产活动时，必须编制安全措施计划，它是企业有计划地改善劳动条件和安全卫生设施，防止工伤事故和职业病的重要措施之一，对企业加强劳动保护，改善劳动条件，保障职工的安全和健康，促进企业生产经营的发展都起着积极作用。

安全技术措施计划的范围包括改善劳动条件、防止事故发生、预防职业病和职业中毒等内容，具体包括：

①安全技术措施　是预防企业员工在工作过程中发生工伤事故的各项措施，包括防护装置、保险装置、信号装置和防爆炸装置等。

②职业卫生措施　是预防职业病和改善职业卫生环境的必要措施，其中包括防尘、防

毒、防噪声、通风、照明、取暖、降温等措施。

③辅助用房间及设施　是为了保证生产过程安全卫生所必需的房间及一切设施，包括更衣间、休息室、淋浴室、消毒室、妇女卫生室、厕所和冬季作业取暖室等。

④安全宣传教育措施　是为了宣传普及有关安全生产法律、法规、基本知识所需要的措施，其主要内容包括：安全生产教材、图书、资料，安全生产展览，安全生产规章制度，安全操作方法训练设施，劳动保护和安全技术的研究与实验等。

安全技术措施计划编制可以按照“工作活动分类—危险源识别—风险确定—风险评估—制订安全技术措施计划评价—安全技术措施计划的充分性”的步骤进行。

**(6)严重危及施工安全的工艺、设备、材料淘汰制度**

严重危及施工安全的工艺、设备、材料淘汰制度是指不符合生产安全要求，极有可能导致生产安全事故发生，致使人民生命和财产遭受重大损失的工艺、设备和材料。

《建设工程安全生产管理条例》第四十五条规定：“国家对严重危及施工安全的工艺、设备、材料实行淘汰制度。”淘汰制度的实施，一方面有利于保障安全生产；另一方面体现了优胜劣汰的市场经济规律，有利于提高施工单位的工艺水平，促进设备更新。

对于已经公布的严重危及施工安全的工艺、设备和材料，建设单位和施工单位都应当严格遵守和执行，不得继续使用此类工艺和设备，也不得转让他人使用。

**(7)安全检查制度**

①安全检查的目的　安全检查制度是清除隐患、防止事故、改善劳动条件的重要手段，是企业安全生产管理工作的一项重要内容。通过安全检查可以发现企业及生产过程中的危险因素，以便有计划的采取措施，保证安全生产。

②安全检查的方式　检查方式有企业组织的定期安全检查，各级管理人员的日常巡回安全检查，专业性安全检查，季节性安全检查，节假日前后的安全检查，班组自检、互检、交接检查，不定期安全检查等。

③安全检查的内容　包括查思想、查制度、查管理、查隐患、查整改、查伤亡事故处理等。安全检查的重点是检查“三违”(违章指挥、违章操作、违反劳动纪律)和安全责任制的落实。检查后应编写安全检查报告，报告应包括已达标项目、未达标项目、存在问题、原因分析、纠正和预防措施等内容。

④安全隐患的处理程序　对查出的安全隐患，不能立即整改的，要制订整改计划，定人、定措施、定经费、定完成日期。在未消除安全隐患前，必须采取可靠的防范措施，如有危及人身安全的紧急险情，应立即停工，并按照“登记—整改—复查—销案”的程序处理安全隐患。

**(8)生产安全事故报告和调查处理制度**

关于生产安全事故报告和调查处理制度，《安全生产法》《建筑法》《建设工程安全生产管理条例》《生产安全事故报告和调查处理条例》《特种设备安全监察条例》等法律法规都对此做出了相应规定。

**(9)“三同时”制度**

“三同时”制度是指凡是我国境内新建、改建、扩建的基本建设项目(工程)，技术改建项目(工程)和引进的建设项目，其安全生产设施必须符合国家规定的标准，必须与主体工程同时设计、同时施工、同时投入生产和使用。安全生产设施主要是指安全技术方面的设施、职业卫生方面的设施、生产辅助性设施。

**(10)安全预评价制度**

安全预评价是在建设工程项目前期，应用安全评价的原理和方法对工程项目的危险性、危害性进行预测性评价。

开展安全预评价工作，是贯彻落实“安全第一、预防为主”方针的重要手段，是企业实施科学化、规范化安全管理的工作基础。科学、系统地开展安全预评价工作，不仅直接起到了消除危险有害因素、减少事故发生的作用，而且有利于全面提高企业的安全管理水平，还有利于系统地、有针对性地加强对不安全状况的治理、改造，最大限度地降低安全生产风险。

**(11)工伤和意外伤害保险制度**

根据 2010 年 12 月 20 日修订后重新公布的《工伤保险条例》规定，工伤保险是属于法定的强制性保险。工伤保险费的征缴按照《社会保险费征缴暂行条例》关于基本养老保险费、基本医疗保险费、失业保险费的征缴规定执行。

## 8.3.2　危险源识别和风险控制

### 8.3.2.1　危险源的分类

危险源是安全管理的主要对象，在实际生活和生产过程中的危险源是以多种多样的形式存在的。虽然危险源的表现形式不同，但从本质上说，能够造成危害后果的(如伤亡事故、人身健康受损害、物体受破坏和环境污染等)，均可归结为能量的意外释放或约束、限值能量和危险物质措施失控的结果。

根据危险源在事故发生、发展中的作用，把危险源分为两大类，即第一类危险源和第二类危险源。

**(1)第一类危险源**

能量和危险物质的存在是危害产生的根本原因，通常把可能发生意外释放的能量(能源或能量载体)或危险物质称作第一类危险源。

第一类危险源是事故发生的物理本质，危险性主要表现为导致事故而造成后果的严重程度。第一类危险源危险性的大小主要取决于以下几方面：

①能量或危险物质的量；

②能量或危险物质意外释放的强度；

③意外释放的能量或危险物质的影响范围。

**(2)第二类危险源**

造成约束、限制能量和危险物质措施失控的各种不安全因素称作第二类危险源。第二类危险源是第一类危险源导致事故的必要条件。在事故的发生和发展过程中，两类危险源相互依存、相辅相成。第一类危险源是事故的主体，决定事故的严重程度；第二类危险源出现的难易，决定事故发生可能性的大小。

#### 8.3.2.2 危险源识别

危险源识别是安全管理的基础工作，主要目的是找出与每项工作活动有关的所有危险源，并考虑这些危险源可能会对什么人造成什么样的伤害，或导致什么设备设施损坏等。

**(1)危险源的识别**

我国在2022年修订发布了《生产过程危险和有害因素分类与代码》(GB/T 13861—2022)，该标准适用于各个行业在规划、设计和组织生产时对危险源的预测和预防、伤亡事故的统计分析和应用计算机进行管理。在进行危险源识别时，可参照该标准的分类和编码。

按照该标准，危险源分为六类：①物理性危险有害因素，包括设备和设施缺陷、电危害、高低温危害、噪声和振动、辐射、有害粉尘等；②化学性危险有害因素，包括易燃易爆、有毒、腐蚀等；③生物性危险有害因素，包括致病微生物、有害动植物等；④心理、生理性危险有害因素，包括健康异常、心理异常等；⑤行为性危险有害因素，包括操作失误、指挥失误等；⑥其他危险有害因素，包括作业空间不足、标识不清等。

**(2)危险源识别方法**

危险源识别的方法有询问交谈、现场观察、查阅有关记录、获取外部信息、工作任务分析、安全检查表、危险与操作性研究、事故树分析、故障树分析等。这些方法各有特点和局限性，往往采用两种或两种以上方法识别危险源。以下简单介绍常用的两种方法。

①专家调查法　是通过向有经验的专家咨询、调查，识别、分析和评价危险源的一类方法。其优点是简便、易行，缺点是受专家的知识、经验和占有资料的限制，可能出现遗漏。常用的有头脑风暴法和德尔菲法。

②安全检查表法(SCL)　安全检查表实际上是实施安全检查和诊断项目的明细表。运用已编制好的安全检查表，进行系统的安全检查，识别工程项目存在的危险源。安全检查表的内容一般包括分类项目、检查内容及要求、检查后的处理意见等。可以用“是”“否”回答或“√”“×”符号做标记，同时注明检查日期，并由检查人员和被检查单位同时签字。安全检查表法的优点是简单易懂、容易掌握，可以事先组织专家编制检查内容，使安全、检查做到系统化、完整化，缺点是只能做出定性评价。

#### 8.3.2.3 危险源的评估

《职业健康安全管理体系 要求及使用指南》(GB/T 45001—2020/ISO 45001：2018)第6.1.2.2条“职业健康安全风险和职业健康安全管理体系的其他风险的评价”规定，组织应建立、实施和保持过程，以评价来自已辨识的危险源的职业健康安全风险，同时必须考虑现有控制的有效性，并确定和评价与建立、实施、运行和保持职业健康安全管理体系相关的其他风险。组织的职业健康安全风险评价方法和准则应在范围、性质和时机方面予以界定，以确保其是主动的而非被动的，并被系统地使用。有关方法和准则的文件化信息应予以保持和保留。

《风险管理 风险评估技术》(GB/T 27921—2011)第5.3.1条规定，定性的风险分析可通过重要性等级来确定风险后果、可能性和风险等级，如高、中、低三个重要性程度。可以将后果和可能性两者结合起来，并对照定性的风险准则来评价风险等级的结果。

#### 8.3.2.4　风险控制

**（1）风险控制策划**

风险评估后，应分别列出所有识别的危险源和重大危险源清单，对已经评估出的不容许和重大风险进行优先排序，由工程技术主管部门的相关人员进行风险控制策划，制定风险控制措施计划或管理方案。对于一般危险源可以通过日常管理程序来实施控制。

**（2）风险控制措施计划**

不同的组织、不同的工程项目需要根据不同的条件和风险量来选择适合的控制策略和管理方案。表 8-2 是针对不同风险水平的风险控制措施计划表。

风险控制措施计划在实施前应进行评审。评审主要包括以下内容：

①更改的措施是否使风险降低至可允许水平；

②是否产生新的危险源；

③是否已选定了成本效益最佳的解决方案；

④更改的措施是否能得以全面落实。

表 8-2　基于不同风险水平的风险控制措施计划表

| 风　险 | 措　施 |
|---|---|
| 可忽略的 | 不采取措施且不必保留文件记录 |
| 可容许的 | 不需要另外的控制措施，应考虑投资效果更佳的解决方案或不增加额外成本的改进措施，需要通过监视来确保控制措施得以维持 |
| 中度的 | 应努力降低风险，但应仔细测定并限定预防成本，并在规定时间期限内实施降低风险的措施。在中度风险与严重伤害后果相关的场合，必须进行进一步的评估，以更准确地确定伤害的可能性，以确定是否需要改进控制措施 |
| 重大的 | 直至风险降低后才能开始工作。为降低风险，有时必须配给大量的资源。当风险涉及正在进行中的工作时，就应采取应急措施 |
| 不容许的 | 只有当风险已经降低时，才能开始或继续工作。如果无限的资源投入也不能降低风险，就必须禁止工作 |

**（3）风险控制方法**

①第一类危险源控制方法　可以采取消除危险源、限制能量和隔离危险物质、个体防护、应急救援等方法。建设工程可能遇到不可预测的各种自然灾害引发的风险，只能采取预测、预防、应急计划和应急救援等措施，以尽量消除或减少人员伤亡和财产损失。

②第二类危险源控制方法　提高各类设施的可靠性以消除或减少故障、增加安全系数、设置安全监控系统、改善作业环境等。最重要的是加强员工的安全意识培训和教育，克服不良的操作习惯，严格按章办事，并在生产过程中保持良好的生理和心理状态。

### 8.3.3　安全隐患处理

#### 8.3.3.1　施工安全隐患处理

施工安全隐患，是指在施工过程中，给生产施工人员的生命安全带来威胁的不利因素，一般包括人的不安全行为、物的不安全状态以及管理缺陷等。

在工程建设过程中，安全隐患是难以避免的，但要尽可能预防和消除安全隐患的发生。首先，需要项目参与各方加强安全意识，做好事前控制，建立健全各项安全生产管理制度，落实安全生产责任制，注重安全生产教育培训，保证安全生产条件所需资金的投入，将安全隐患消除在萌芽之中；其次，根据工程的特点确保各项安全施工措施的落实，加强对工程安全生产的检查监督，及时发现安全隐患；再次，对发现的安全隐患及时进行处理，查找原因，防止事故隐患的进一步扩大。

**(1)施工安全隐患处理原则**

①冗余安全度处理原则　为确保安全，在处理安全隐患时应考虑设置多道防线，即使有一两道防线无效，还有冗余的防线可以控制事故隐患。例如，道路上有一个坑，既要设防护栏及警示牌，又要设照明及夜间警示红灯。

②单项隐患综合处理原则　人、机、料、法、环五者中任一环节产生安全隐患，都要从五者安全匹配的角度考虑，调整匹配的方法，提高匹配的可靠性。一件单项隐患问题的整改需综合(多角度)处理。人的隐患，既要加强人的安全意识，也要从机具、生产方法及生产环境等各环节采取措施予以综合控制。例如，某工地发生触电事故，一方面要进行人的安全用电操作教育，另一方面现场也要设置漏电开关，对配电箱、用电电路进行防护改造，还要严禁非专业电工乱拉电线。

③直接隐患与间接隐患并治原则　直接隐患是指人、机、环境系统上的安全缺陷，间接隐患是指安全管理机制、措施上的缺陷。在治理直接隐患的同时应当找出引起直接隐患的间接隐患。直接隐患与间接隐患并治，以形成更严密的治理措施。例如，某机器设备安全防护装置失效，在更换或者维修的同时，发现造成失效的原因是未按照规定进行定期维护，就应当建立健全设备的检修、维修制度，加强检、维修作业管理。

④预防与减灾并重处理原则　治理安全事故隐患时，需尽可能减少发生事故的可能性，如果不能控制事故的发生，也要设法将事故等级降低。但是不论预防措施如何完善，都不能保证事故绝对不会发生，还必须对事故减灾做充分准备，研究应急技术操作规范。

⑤重大处理原则　按对隐患的分析评价结果实行危险点分级治理，也可以通过安全检查表打分，对隐患危险程度分级。

⑥动态处理原则　动态治理就是对生产过程进行动态随机安全化治理。生产过程中发现问题及时治理，既可以及时消除隐患，又可以避免小的隐患发展成大的隐患。

**(2)施工安全隐患处理**

在建设工程中，安全隐患的发现可以来自各参与方，包括建设单位、设计单位、监理单位、施工单位自身、供货商、工程监管部门等。各方对于事故安全隐患处理的义务和责任，以及相关的处理程序在《建设工程安全生产管理条例》中已有明确的界定。这里仅从施工单位角度谈其对事故安全隐患的处理方法。

①当场指正，限期纠正，预防隐患发生　对于违章指挥和违章作业行为，检查人员应当场指出，并限期纠正，预防事故的发生。

②做好记录，及时整改，消除安全隐患　对检查中发现的各类安全事故隐患，应做好记录，分析安全隐患产生的原因，制定消除隐患的纠正措施，并报相关方审查批准后进行

整改，及时消除隐患。对重大安全事故隐患排除前或者排除过程中无法保证安全的，责令从危险区域内撤出作业人员或者暂时停止施工，待隐患消除再行施工。

③分析统计，查找原因，制定预防措施 对于反复发生的安全隐患，应通过分析统计，属于多个部位存在的同类型隐患即“通病”，属于重复出现的隐患即“顽症”，查找产生“通病”和“顽症”的原因，修订和完善安全管理措施、预防措施，从源头上消除安全事故隐患的发生。

④跟踪验证 检查单位应对受检查单位的纠正和预防措施的实施过程和实施效果，进行跟踪验证，并保存验证记录。

#### 8.3.3.2 施工安全隐患防范

**(1)施工安全隐患防范的主要内容**

施工安全隐患防范的主要内容包括：掌握各工程的安全技术规范，归纳总结安全隐患的主要表现形式，及时发现可能造成安全事故的迹象，抓住安全控制的要点，制定相应的安全控制措施等。

**(2)施工安全隐患防范的一般方法**

施工安全隐患主要包括人、物、管理三个方面。人的不安全因素，主要是指个人在心理、生理和能力等方面的不安全因素，以及人在施工现场的不安全行为；物的不安全状态，主要是指设备设施、现场场地环境等方面的缺陷；管理上的不安全因素，主要是指对物、人、工作的管理不当。根据施工安全隐患的内容而采用的安全隐患防范的一般方法包括：

①对施工人员进行安全意识培训；

②对施工机具进行有序监管，投入必要的资源进行保养维护；

③建立施工现场的安全监督检查机制。

### 8.3.4 危险性较大的分部分项工程安全管理有关规定

2018年3月8日，中华人民共和国住房和城乡建设部令第37号公布了《危险性较大的分部分项工程安全管理规定》，共七章四十条，自2018年6月1日起施行。2018年5月17日，中华人民共和国住房和城乡建设部办公厅发布了关于实施《危险性较大的分部分项工程安全管理规定》有关问题的通知，从范围、专项施工方案内容等九个方面，进一步加强和规范了房屋建筑和市政基础设施工程中危险性较大的分部分项工程安全管理。

#### 8.3.4.1 危险性较大的分部分项工程的范围

《危险性较大的分部分项工程安全管理规定》中所称的危险性较大的分部分项工程(简称“危大工程”)，是指房屋建筑和市政基础设施工程在施工过程中，容易导致人员群死群伤或者造成重大经济损失的分部分项工程。

危大工程及超过一定规模的危大工程范围由国务院住房城乡建设主管部门制定。省级住房城乡建设主管部门可以结合本地区实际情况，补充本地区危大工程范围。

危险性较大的分部分项工程的范围涵盖以下方面：

**(1)基坑工程**

①开挖深度超过3m(含3m)的基坑(槽)的土方开挖、支护、降水工程。

②开挖深度虽未超过3m,但地质条件、周围环境和地下管线复杂,或影响毗邻建、构筑物安全的基坑(槽)的土方开挖、支护、降水工程。

**(2)模板工程及支撑体系**

①各类工具式模板工程　包括滑模、爬模、飞模、隧道模等工程。

②混凝土模板支撑工程　搭设高度5m及以上,或搭设跨度10m及以上,或施工总荷载10kN/m$^2$及以上,或集中线荷载(设计值)15kN/m$^2$及以上,或高度大于支撑水平投影宽度且相对独立无联系构件的混凝土模板支撑工程。

③承重支撑体系　用于钢结构安装等满堂支撑体系。

**(3)起重吊装及起重机械安装拆卸工程**

①采用非常规起重设备、方法,且单件起吊重量在10kN及以上的起重吊装工程。

②采用起重机械进行安装的工程。

③起重机械安装和拆卸工程。

**(4)脚手架工程**

①搭设高度24m及以上的落地式钢管脚手架工程(包括采光井、电梯井脚手架)。

②附着式升降脚手架工程。

③悬挑式脚手架工程。

④高处作业吊篮。

⑤卸料平台、操作平台工程。

⑥异型脚手架工程。

**(5)拆除工程**

可能影响行人、交通、电力设施、通信设施或其他建、构筑物安全的拆除工程。

**(6)暗挖工程**

采用矿山法、盾构法、顶管法施工的隧道、洞室工程。

**(7)其他**

①建筑幕墙安装工程。

②钢结构、网架和索膜结构安装工程。

③人工挖孔桩工程。

④水下作业工程。

⑤装配式建筑混凝土预制构件安装工程。

⑥采用新技术、新工艺、新材料、新设备可能影响工程施工安全,尚无国家、行业及地方技术标准的分部分项工程。

#### 8.3.4.2　超过一定规模的危险性较大的分部分项工程范围

**(1)深基坑工程**

开挖深度超过5m(含5m)的基坑(槽)的土方开挖、支护、降水工程。

**（2）模板工程及支撑体系**

①各类工具式模板工程　包括滑模、爬模、飞模、隧道模等工程。

②混凝土模板支撑工程　搭设高度 8m 及以上，或搭设跨度 18m 及以上，或施工总荷载（设计值）15kN/m$^2$及以上，或集中线荷载（设计值）20kN/m 及以上。

③承重支撑体系　用于钢结构安装等满堂支撑体系，承受单点集中荷载 7kN 及以上。

**（3）起重吊装及起重机械安装拆卸工程**

①采用非常规起重设备、方法，且单件起吊重量在 100kN 及以上的起重吊装工程。

②起吊重量在 300kN 及以上，或搭设总高度在 200m 及以上，或搭设基础标高在 200m 及以上的起重机械安装和拆卸工程。

**（4）脚手架工程**

①搭设高度 50m 及以上的落地式钢管脚手架工程。

②提升高度在 150m 及以上的附着式升降脚手架工程或附着式升降操作平台工程。

③分段架体搭设高度 20m 及以上的悬挑式脚手架工程。

**（5）拆除工程**

①码头、桥梁、高架、烟囱、水塔或拆除中容易引起有毒、有害气（液）体或粉尘扩散、易燃易爆事故发生的特殊建、构筑物的拆除工程。

②文物保护建筑、优秀历史建筑或历史文化风貌区影响范围内的拆除工程。

**（6）暗挖工程**

采用矿山法、盾构法、顶管法施工的隧道、洞室工程。

**（7）其他**

①施工高度 50m 及以上的建筑幕墙安装工程。

②跨度 36m 及以上的钢结构安装工程，或跨度 60m 及以上的网架和索膜结构安装工程。

③开挖深度 16m 及以上的人工挖孔桩工程。

④水下作业工程。

⑤重量 1000kN 及以上的大型结构整体顶升、平移、转体等施工工艺。

⑥采用新技术、新工艺、新材料、新设备可能影响工程施工安全，尚无国家、行业及地方技术标准的分部分项工程。

### 8.3.4.3　专项施工方案的内容

施工单位应当在危大工程施工前组织工程技术人员编制专项施工方案。危大工程实行施工总承包的，专项施工方案应当由施工总承包单位组织编制；实行分包的，专项施工方案可以由相关专业分包单位组织编制。

危大工程专项施工方案的主要内容包括：

①工程概况　包括危大工程概况和特点、施工平面布置、施工要求和技术保证条件；

②编制依据　依据相关法律、法规、规范性文件、标准、规范及施工图设计文件、施工组织设计等；

③施工计划　包括施工进度计划、材料与设备计划；

④施工工艺技术　包括技术参数、工艺流程、施工方法、操作要求、检查要求等；

⑤施工安全保证措施　包括组织保障措施、技术措施、监测监控措施等；

⑥施工管理及作业人员配备和分工　包括施工管理人员、专职安全生产管理人员、特种作业人员、其他作业人员等；

⑦验收要求　包括验收标准、验收程序、验收内容、验收人员等；

⑧应急处置措施；

⑨计算书及相关施工图纸。

专项施工方案应当由施工单位技术负责人审核签字、加盖单位公章，并由总监理工程师审查签字、加盖执业印章后方可实施。危大工程实行分包并由分包单位编制专项施工方案的，专项施工方案应当由总承包单位技术负责人及分包单位技术负责人共同审核签字并加盖单位公章。

### 8.3.4.4 组织专家论证会的要求

对于超过一定规模的危大工程，施工单位应当组织召开专家论证会对专项施工方案进行论证。实行施工总承包的，由施工总承包单位组织召开专家论证会。专家论证前，专项施工方案应当通过施工单位审核和总监理工程师审查。

**(1)专家论证会参会人员**

①设区的市级以上地方人民政府住房城乡建设主管部门建立的专家库专家；

②建设单位项目负责人；

③有关勘察、设计单位项目技术负责人及相关人员；

④总承包单位和分包单位技术负责人或授权委派的专业技术人员、项目负责人、项目技术负责人、专项施工方案编制人员、项目专职安全生产管理人员及相关人员；

⑤监理单位项目总监理工程师及专业监理工程师。

**(2)专家论证内容**

对于超过一定规模的危大工程专项施工方案，专家论证的主要内容包括：

①专项施工方案内容是否完整、可行；

②专项施工方案计算书和验算依据、施工图是否符合有关标准规范；

③专项施工方案是否满足现场实际情况，并能够确保施工安全。

专家论证会后，应当形成论证报告，对专项施工方案提出通过、修改后通过或者不通过的一致意见。专家对论证报告负责并签字确认。

专项施工方案经论证需修改后通过的，施工单位应当根据论证报告修改完善后，重新将修改后的专项施工方案经由施工单位技术负责人审核签字、加盖单位公章，总监理工程师审查签字、加盖执业印章后方可实施。

专项施工方案经论证不通过的，施工单位修改后应当按照规定的要求重新组织专家论证。

超过一定规模的危大工程专项施工方案，经专家论证后结论为“通过”的，施工单位可参考专家意见自行修改完善；结论为“修改后通过”的，专家意见要明确具体修改内容，施工单位应当按照专家意见进行修改，并履行有关审核和审查手续后方可实施，修改情况应及时告知专家。

# 8.4　园林工程生产安全事故应急预案和事故处理

## 8.4.1　园林工程生产安全事故概念和分类

### 8.4.1.1　园林工程生产安全事故的概念

园林工程生产安全事故是指园林施工过程中，发生了违背人们意愿的不幸事件，致使施工活动暂时或永久地停止。

园林工程重大安全事故是指在园林工程施工过程中，由于责任过失造成工程倒塌或废弃、机械设备破坏以及安全设施失当造成人身伤亡或重大经济损失的事故。

### 8.4.1.2　园林工程生产安全事故分类

**(1)按照生产安全事故伤害程度分类**

根据《企业职工伤亡事故分类标准》(GB 6441—1986)规定，安全事故按伤害程度分为：

①轻伤　指损失1个工作日至105个工作日的失能伤害。

②重伤　指损失工作日等于和超过105个工作日的失能伤害，重伤的损失工作日最多不超过6000个工作日；

③死亡　指损失工作日超过6000个工作日，这是根据我国职工的平均退休年龄和平均寿命计算出来的。

**(2)按照生产安全事故类别分类**

根据《企业职工伤亡事故分类标准》(GB 6441—1986)规定，将事故类别划分为20类，即物体打击、车辆伤害、机械伤害、起重伤害、触电、淹溺、灼烫、火灾、高处坠落、坍塌、冒顶片帮、透水、放炮、瓦斯爆炸、火药爆炸、锅炉爆炸、容器爆炸、其他爆炸、中毒和窒息、其他伤害。

**(3)按照生产安全事故受伤性质分类**

受伤性质是指人体受伤的类型，实质上是从医学的角度给予创伤的具体名称，常见的有电伤、挫伤、割伤、擦伤、刺伤、撕脱伤、扭伤、倒塌压埋伤、冲击伤等。

**(4)按照生产安全事故造成的人员伤亡或直接经济损失分类**

根据2007年4月9日国务院发布的《生产安全事故报告和调查处理条例》第三条规定：根据生产安全事故(以下简称事故)造成的人员伤亡或者直接经济损失，事故一般分为以下等级：

①特别重大事故　指造成30人以上死亡，或者100人以上重伤，或者1亿元以上直接经济损失的事故；

②重大事故　指造成10人以上30人以下死亡，或50人以上100人以下重伤(包括急性工业中毒，下同)，或5000万元以上1亿元以下直接经济损失的事故；

③较大事故　指造成3人以上10人以下死亡，或10人以上50人以下重伤，或1000

万元以上5000万元以下直接经济损失的事故；

④一般事故　指造成3人以下死亡，或10人以下重伤，或1000万元以下直接经济损失的事故。

本等级划分所称的“以上”包括本数，所称的“以下”不包括本数。

## 8.4.2 园林工程生产安全事故应急预案

### 8.4.2.1 园林工程生产安全事故应急预案的概念

园林工程生产安全事故应急预案是指事先制定的关于生产安全事故发生时进行紧急救援的组织、程序、措施、责任及协调等方面的方案和计划，是对特定的潜在事件和紧急情况发生时所采取措施的计划安排，是应急响应的行动指南。

编制应急预案的目的，是避免紧急情况发生时出现混乱，确保按照合理的响应流程采取适当的救援措施，预防和减少可能随之引发的职业健康安全和环境影响。

### 8.4.2.2 园林工程生产安全事故应急预案体系的构成

园林工程生产安全事故应急预案应形成体系，针对各级各类可能发生的事故和所有危险源制定专项应急预案和现场应急处置方案，并明确事前、事中、事后的各个过程中相关部门和有关人员的职责。生产规模小、危险因素少的施工单位，综合应急预案和专项应急预案可以合并编写。

**(1)综合应急预案**

综合应急预案是从总体上阐述事故的应急方针、政策，应急组织结构及相关应急职责，应急行动、措施和保障等基本要求和程序，是应对各类事故的综合性文件。

**(2)专项应急预案**

专项应急预案是针对具体的事故类别、危险源和应急保障而制定的计划或方案，是综合应急预案的组成部分，应按照综合应急预案的程序和要求组织制定，并作为综合应急预案的附件。专项应急预案应制定明确的救援程序和具体的应急救援措施。

**(3)现场处置方案**

现场处置方案是针对具体的装置、场所或设施、岗位所制定的应急处理措施。现场处置方案应具体、简单、针对性强。现场处置方案应根据风险评估及危险性控制措施逐一编制，做到事故相关人员应知应会，熟练掌握，并通过应急演练，做到迅速反应、正确处置。

### 8.4.2.3 园林工程生产安全事故应急预案编制原则和主要内容

**(1)园林工程生产安全事故应急预案编制原则**

制定生产安全事故应急预案时，应当遵循以下原则：

①重点突出、针对性强　应急预案编制应结合本单位安全方面的实际情况，分析可能导致发生事故的原因，有针对性地制定预案。

②统一指挥、责任明确　预案实施的负责人以及施工单位各有关部门和人员如何分工、配合、协调，应在应急救援预案中加以明确。

③程序简明、步骤明确　应急预案程序要简明，步骤要明确，具有高度可操作性，保证发生事故时能及时启动、有序实施。

**(2)园林工程生产安全事故应急预案编制的主要内容**

①制定应急预案的目的和适用范围。

②组织机构及其职责　明确应急预案救援组织机构、参加部门、负责人和人员及其职责、作用和联系方式。

③危害辨识与风险评估　确定可能发生的事故类型、地点、影响范围及可能影响的人数。

④通告程序和报警系统　包括确定报警系统及程序、报警方式、通信联络方式，向公众报警的标准、方式、信号等。

⑤应急设备与设施　明确可用于应急救援的设施和维护保养制度，明确有关部门可利用的应急设备和危险监测设备。

⑥求援程序　明确应急反应人员向外求援的方式，包括与消防机构、医院、急救中心的联系方式。

⑦保护措施程序　明确保护事故现场的方式方法，明确可授权发布疏散作业人员及施工现场周边居民指令的机构及负责人，明确疏散人员的接收中心或避难场所。

⑧事故后的回复程序　明确规定终止应急、恢复正常秩序的负责人，宣布应急取消和恢复正常状态的程序。

⑨培训与演练　包括定期培训、演练计划及定期检查制度，对应急人员进行培训，并确保合格者上岗。

⑩应急预案的维护　更新和修订应急预案的方法，根据演练、检测结果完善应急预案。

### 8.4.3　园林工程生产安全事故处理

#### 8.4.3.1　生产安全事故报告和调查处理原则

根据法律法规的要求，进行生产安全事故报告和调查处理时，要坚持实事求是、尊重科学的原则，既要及时、准确地查明事故原因，明确事故责任，使责任人受到追究，又要总结经验教训，落实整改和防范措施，防止类似事故再次发生。因此，施工项目一旦发生安全事故，必须实施“四不放过”的原则：

①事故原因没有查清不放过；

②责任人员没有受到处理不放过；

③职工群众没有受到教育不放过；

④防范措施没有落实不放过。

#### 8.4.3.2　处理生产安全事故程序

发生安全事故后，当事人或首先发现现场的人应立即报告领导。企业对发生重伤和重大伤亡事故的，必须立即将事故概况用快捷方式分别报告企业主管部门、行业安全管理部门、当地公安部门和人民检察院。安全事故应按程序处理，主要程序如下：

①报告安全事故。

②抢救伤员并保护好事故现场。

③组成事故调查组。

④现场勘查　现场勘查时，技术性很强的工作必须及时、全面、准确、客观。现场勘查的主要内容有：

现场笔录：包括：发生事故的时间、地点、气象等；现场勘察人员的姓名、单位、职务；现场勘察起止时间、勘察过程；能量失散所造成的破坏情况、状态、程度等；设备损坏或异常情况及事故前后的位置；事故发生前劳动组合、现场人员的位置和行动；散落情况；重要物证的特征、位置及检验情况等。

现场拍照：包括：能反映事故现场在周围环境中的位置的方位拍照；能反映事故现场各个部分之间联系的全面拍照；能反映事故现场中心情况的中心拍照；能提示事故直接原因的痕迹物、致害物等细目拍照；能反映伤亡者主要受伤和造成死亡伤害部位人员拍照等。

现场绘图：根据事故类别和规模以及调查工作的需要，绘出建筑物平面图、剖面图，事故时人员位置及活动图，破坏物立体图或展开图，涉及范围图，设备或工、器具构造简图等。

⑤事故原因分析　首先整理和仔细阅读调查资料；然后按《企业职工伤亡事故分类标准》(GB 6441—1986)附录A要求对受伤部位、受伤性质、起因物、致害物、伤害方法、不安全状态和不安全行为七项内容进行分析，确定直接原因、间接原因和事故责任者。

⑥确定事故性质类别　分析事故原因后，确定事故类别。

⑦制定预防措施　根据对事故原因的分析，制定防止类似事故再次发生的预防措施，同时，根据事故后果对事故责任者应负的责任提出处理意见。

⑧写出调查报告　调查组应着重把事故发生的经过、原因、责任分析、处理意见以及本次事故的教训和改进工作的建议等写成报告，经调查组全体人员签字后报批。如果调查组内部意见有分歧，应在弄清事实的基础上，对照法律法规进行研究，统一认识。对于个别人员持有不同意见的，允许保留意见，并在签字时写明自己的意见。

⑨事故处理与结案　事故调查处理结论应经有关机关审批后方可结案。伤亡事故处理工作应当在90日内结案，特殊情况不得超过180日。事故案件的审批权限同企业的隶属关系及人事管理权限一致。对事故责任者的处理应根据其情节轻重和损失大小来判断。最后，应将事故调查处理的文件、图纸、照片和资料等记录长期完整地加以保存。

#### 8.4.3.3　法律责任

**(1)事故报告和调查处理的违法行为**

事故报告和调查处理中的违法行为，包括事故发生单位及其有关人员的违法行为，还包括政府、有关部门及有关人员的违法行为，其种类主要有以下几种：

①不立即组织事故抢救；

②在事故调查处理期间擅离职守；

③迟报或瞒报事故；

④谎报或瞒报事故；

⑤伪造或故意破坏事故现场；

⑥转移、隐匿资金、财产，或者销毁有关证据、资料；

⑦拒绝接受调查或拒绝提供有关情况和资料；

⑧在事故调查中作伪证或指使他人作伪证；

⑨事故发生后逃匿；

⑩阻碍、干涉事故调查工作；

⑪对事故调查工作不负责任，致使事故调查工作有重大疏漏；

⑫包庇、袒护负有事故责任的人员或者借机打击报复；

⑬故意拖延或拒绝落实经批复的对事故责任人的处理意见。

**(2)法律责任**

①事故发生单位主要负责人有上述 1～3 条违法行为之一的，处上一年年收入 40%～80%的罚款；属于国家工作人员的，依法给予处分；构成犯罪的，依法追究刑事责任。

②事故发生单位及其有关人员有上述 4～9 条违法行为之一的，对事故发生单位处 100 万元以上 500 万元以下的罚款；对主要负责人、直接负责的主管人员和其他直接责任人员处上一年年收入 60%～100%的罚款；属于国家工作人员的，依法给予处分；构成违反治安管理行为的，由公安机关依法给予治安管理处罚；构成犯罪的，依法追究刑事责任。

③有关地方人民政府、安全生产监督管理部门和负有安全生产监督管理职责的有关部门有上述 1、3、4、8、10 条违法行为之一的，对直接负责的主管人员和其他直接责任人员依法给予处分；构成犯罪的，依法追究刑事责任。

④参与事故调查的人员在事故调查中有上述 11、12 条违法行为之一的，依法给予处分；构成犯罪的，依法追究刑事责任。

⑤有关地方人民政府或有关部门故意拖延或拒绝落实经批复的对事故责任人的处理意见的，由监察机关对有关责任人员依法给予处分。

**实践教学**

# 实训 8-1　园林工程施工生产安全事故应急预案的编制

## 一、实训目的

通过实训，使学生了解园林工程施工生产安全事故应急预案的内容及编制方法，学会编写工程安全管理计划事故应急预案，熟悉安全事故的处理程序。

## 二、材料及用具

某园林工程施工资料文件，组织一次施工现场参观。

## 三、方法及步骤

(1)列出该工程危险源的全部类型。

(2)拟定该工程生产安全事故应急预案纲要。

(3)编制该工程的生产安全事故应急预案。

## 四、考核评估

| 序号 | 考核项目 | 考核标准 | | | | 等级分值 | | | |
|---|---|---|---|---|---|---|---|---|---|
| | | A | B | C | D | A | B | C | D |
| 1 | 危险源列表的准确性和完整性：准确完整，无遗漏 | 好 | 较好 | 一般 | 较差 | 40 | 30 | 20 | 10 |
| 2 | 应急预案纲要的针对性、合理性：准确结合工程及其环境实际状况，针对性强，满足安全系统要求 | 好 | 较好 | 一般 | 较差 | 30 | 25 | 22 | 10 |
| 3 | 应急预案的科学性、操作性：方案科学合理，保障措施有效可行，符合法律法规的有关规定 | 好 | 较好 | 一般 | 较差 | 20 | 16 | 12 | 5 |
| 4 | 实训态度：积极主动，完成及时 | 好 | 较好 | 一般 | 较差 | 10 | 9 | 6 | 5 |
| 合计 | | | | | | | | | |

## 自主学习资源库

1. 质量、环境及职业健康安全三合一管理体系的建立与实施．方圆标志认证集团有限公司．中国标准出版社，2012.

2. 工程项目职业健康安全与环境管理．顾慰慈．中国建材工业出版社，2007.

3. 施工现场职业健康安全和环境管理应急预案及案例分析．中国建筑工程总公司．中国建筑工业出版社，2006.

4. ISO 14000 执行手册——环境管理体系操作指南．H・詹姆斯・哈灵顿，阿兰・耐特．经济日报出版社，2003.

5. 危险性较大的分部分项工程安全管理规定及应用．侯光．化学工业出版社，2019.

## 自测题

1. 简述园林工程职业健康安全与环境管理的特点。
2. 园林工程施工现场文明施工和环境保护的主要管理措施有哪些？
3. 什么是安全生产管理制度体系？它由哪些内容组成？
4. 简述园林工程施工安全隐患的处理及防范方法。
5. 简述园林工程生产安全事故应急预案的编制原则和主要内容。
6. 简述园林工程生产安全事故的处理原则和基本程序。

# 单元 9 园林工程施工资源管理

**学习目标**

**【知识目标】**

(1)理解园林工程施工资源管理的基本概念和管理范围。

(2)掌握园林工程施工资源管理的内容、方法和原则。

**【技能目标】**

(1)能够配合施工计划和施工进度完成施工资源计划的编制。

(2)能够对基本的施工资源(劳动力、材料、机械设备)进行管理。

**【素质目标】**

(1)通过对错综复杂的资源材料进行管理，培养学生认真、细心的工作态度。

(2)通过资源材料的转换流动，培养学生主动交流、沟通的能力。

(3)通过施工资源管理整个过程，培养学生较强的责任心、节约意识和团队意识。

## 9.1 园林工程施工资源管理概述

### 9.1.1 园林工程施工资源管理表现

园林工程施工资源主要包括劳动力、材料、机械设备等资源。园林施工项目的生产要素是指施工过程中投入施工对象的劳动力、材料、机械设备等要素。因此，园林工程施工资源是园林施工项目的主要生产要素。

进行施工管理时，一个重要方面就是对施工项目的施工资源进行分析研究，强化管理。园林工程施工资源的管理主要表现在以下几个方面：

**(1)对施工资源进行优化配置**

应适时、适量、位置适宜地配置施工资源。既及时满足施工生产的需要，又达到优化使用和节约的目的，避免造成浪费和闲置。

**(2)对施工资源进行优化组合**

施工过程中投入的施工资源，要搭配适当才能有效地形成生产力。如劳动力、机械设备和材料的投入要协调搭配才能发挥好的效果，否则就会形成窝工或闲置，造成浪费。

**(3)对施工资源进行动态管理**

由于受多种外界因素的影响，园林施工项目的实施过程是一个不断变化的过程，因而对施工资源的需求也是不断变化的。平衡是相对的，不平衡是绝对的。为此，对施工资源的配置和组合需要不断进行调整，进行动态管理，即通过有效的计划、组织、协调和控制手段，使各施工资源合理流动，在动态中寻求平衡，以利于施工项目的实施。

**(4)对施工资源合理使用**

施工对象是千变万化的，它们对施工资源的要求也不相同。在管理中应结合施工对象的具体要求合理使用各施工资源，以达到节约的目的。

### 9.1.2 园林工程施工资源管理主要环节

**(1)编制施工资源需要量计划**

根据施工进度的要求编制施工资源需要量计划。根据该计划可以对各种资源的投入量和投入时间做出合理的安排，以满足施工项目实施的需要。

**(2)组织施工资源供应**

施工项目需要的施工资源品种和数量很多，为了确保按计划满足施工需要，就要从资源来源、采购、运输、保管和供应等方面采取措施，以达到适时、适量供应。

**(3)节约使用施工资源**

目前，施工项目的成本在很大程度上取决于施工资源使用的情况。如果能根据其特征，制定措施，合理使用，节约材料，减少投入，则既可以满足项目施工的需要，又可以提高质量、降低成本。

**(4)进行施工资源使用效果分析**

园林施工项目结束后，应对项目实施过程中施工资源的投入和产出情况进行分析和总结。通过分析，一方面可以总结成功的经验和措施；另一方面可以发现存在的问题，并找到改进的方向，以指导以后的管理工作。所以，园林工程施工资源管理的全过程，应当包括施工资源的计划、供应、使用、检查、调整、分析和改进。

## 9.2 园林工程施工资源管理内容

### 9.2.1 人力资源管理

#### 9.2.1.1 园林施工企业人力资源特点

**(1)人力资源组成的复杂性**

在当前大部分园林施工企业中，职工来源主要是三大类：一是从高校招聘的应届毕业生，他们具有高学历但缺乏工作经验；二是老职工，他们具有较强的实践操作能力和施工管理经验，但学历不高；三是企业引进的复合型的管理和技术人员。正是这些不同层次的人才拥有的不同特点和不同的价值目标构成了园林施工企业人力资源系统的复杂性。

**(2)人力资源的流动性**

园林工程项目，其特点就是没有固定的生产场地和生产部门，有较高的流动性。施工企业以工程项目建设者的身份，依据每个工程项目的具体情况，灵活地调整其组织管理机构来适应地域情况、规模大小等变化。其生命周期随项目的变化而变化，当开始下一个项目的时候，机构又开始了新的调整。这些都决定了园林施工企业人力资源的流动性和布局分散性的特点。

**(3) 人力资源培训开发缺乏**

当前，一些园林施工企业虽然把“人事部”的牌子换成了“人力资源部”，但思想上还停留在传统的人事管理层面上。很多园林施工企业人力资源部还没有完全从开发人的能力的角度，制定培养符合企业未来发展需要的、有潜质的员工的规划。从园林施工企业的人力资源现状看，职工自身素质不适应企业的发展需求，人才得不到发掘。虽然园林施工企业近年推出了很多培训、开发人才的措施和制度，但是还不能从企业发展战略的高度制定人才开发战略。一般都由业务部门举办短期培训班。这种培训仅限于岗位培训，常着眼于眼前。这种没有长远规划的短期培训不能为企业做好人才储备，也达不到人才战略开发的目的。

**(4) 人员招聘缺乏计划性**

很多园林施工企业在使用人才(特别是高级人才)时，总觉得人才不足，特别是高级管理人员，经常抱怨本企业人才不足。其实，每个企业都有自己的人才，问题是“千里马常有”，而“伯乐不常有”，园林施工企业就属于这种情况。很多园林施工企业并不是没有自己的高级管理人才，而是因为没有做好人力资源需求及储备规划，没有为自己的人才做好职业生涯规划，以至于问题出现时乱了阵脚。填补空缺时也没有一定的原则，内部选拔还是外部招聘都只是领导一句话，人力资源管理部门没有起到应有的作用。

**(5) 项目经理短缺**

现在国家规定只有取得执业资格的建造师才可以担任项目经理，而建造师执业资格考试通过率较低，人数还满足不了建设项目的需要，这就造成了很大的人力资源缺口。园林企业，特别是中小园林企业将面临较大的项目经理短缺风险，直接影响到企业的工程投标和资质评审。

### 9.2.1.2　园林施工企业人力资源管理的措施

**(1) 在思想意识上重视企业人力资源管理，建立科学的企业人力资源管理制度**

只有重视企业人力资源管理，建立科学合理的企业人力资源管理制度，才能更好地提高企业人力资源管理的水平，从而为企业的人才选用、培养和成长提供客观的依据，促进企业进一步的发展。

**(2) 重感情因素**

园林施工企业一线员工大多生活单调、贫乏。对此，必须充分了解员工的需求，从丰富员工的业余文化生活做起，关心他们的生活，用一个情字去感召他们。

**(3) 把员工培训列入企业重要议事日程**

全方位、多层次的培训，不仅意味着员工综合能力的提高，而且意味着人才资源再生能力的增强。

**(4) 以高效激励机制提高员工的积极性**

企业人力资源管理的终极目标就是通过各种手段激发员工的积极性和主观能动性，在约束员工行为的同时，全方位地激励员工与企业共同发展、共同进步。

**(5) 坚持以人为本，全力推进职业培训**

在信息化社会中，知识更新的周期越来越短，即使是取得建造师执业资格的人员，仅靠接受一次性教育也不能满足市场瞬息万变和国际化进程的需要。因此，施工企业应建立职工培训制度，通过培训学习提高职工的业务能力和管理水平。

## 9.2.2　材料管理

园林施工材料管理是园林施工企业或项目部为了顺利完成工程施工任务，合理使用和节约材料，努力降低材料成本，所进行的材料计划、订货采购、运输、储存保管、供应、加工、使用、回收等一系列的组织和管理工作。材料管理程序如图9-1所示。

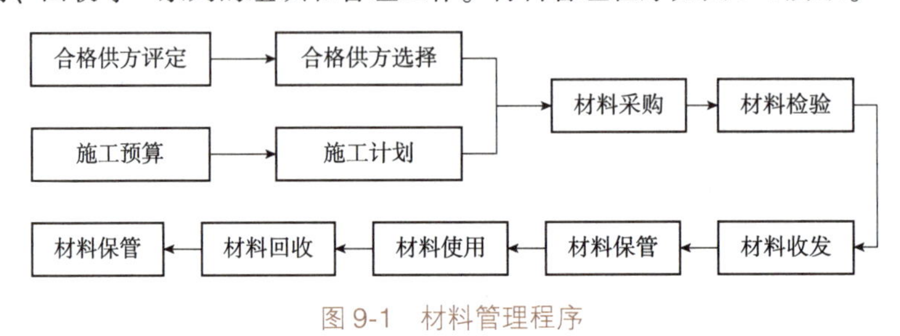


图9-1　材料管理程序

### 9.2.2.1　材料管理的任务

园林施工材料管理实行分层管理，一般分为管理层材料管理和劳务层材料管理。

**（1）管理层材料管理任务**

管理层材料管理主要是确定并考核施工材料管理目标，承办材料资源开发、订购、储运等业务；负责报价、定价及价格核算；制定材料管理制度，掌握供求信息，形成监督网络和验收体系，并组织实施。具体任务有以下几个方面：

①建立稳定的供货关系和资源基地　在广泛搜集信息的基础上发展多种形式的横向联合，建立长远的、稳定的多渠道可供选择的货源，以便获取质优价廉的货源，为提高工程质量、缩短工期、降低工程成本打下牢固的物质基础。

②组织好材料采购工作　材料费用在园林工程造价中所占的比例较高，因此在材料采购过程中，合理估算材料用量、选择确定材料供应单位、正确制定材料价格对于降低工程成本、提高工程效益具有重要作用。

③建立材料管理制度　包括材料目标管理制度、材料验收制度、材料供应和使用制度等，以规范和指导材料的采购、运输、验收、保管、加工、使用、回收等工作，并进行有效的控制、监督和考核。

**（2）劳务层材料管理任务**

劳务层材料管理主要是做好领料、用料及核算工作。具体任务有以下两个方面：

①属于限额领用时，要在限定用料范围内，合理使用材料。对领出的料具要负责保管，在使用过程中遵守操作规程；任务完成后，节约归己，超耗自负。

②接受施工管理人员的指导、监督和考核。

### 9.2.2.2　材料计划与采购

**（1）材料计划**

材料计划是施工计划的组成部分，是材料供应、采购、订货、存储、使用材料的依据。

①材料计划的编制 材料计划的编制大致可分为三个程序，即计算材料需用量、确定材料的期末存储量、经过综合平衡后编制材料的申请供应计划。实质上，就是确定材料的需用量、储备量和申请供应量这三项指标。其计算方法是：

材料需用量：

- 直接计算法：

材料需用量=计划工程量×材料消耗定额

- 间接计算法：

材料需用量=材料消耗定额（指标）×计划工程量×调整系数

材料储备量：

材料储备量=以天数表示的储备量×平均日消耗量

最高储备量=经常储备量+保险储备量

最小储备量=保险储备量

申请供应量：

申请供应量=材料需用量+计划期末储备量-计划期可利用量-代用材料及技术措施降低量

计划期可利用量=上期末库存量-计划期中不可用数量

②材料计划类型

年度材料计划：是材料的控制性计划，是对上申请、对外采购订货的依据。

季度材料计划：是根据季度施工计划编制的，它的实施性较强。

月度材料计划：是直接供应材料的依据，因计划期短，要求计划全面、及时、准确。

旬材料计划：是月度材料计划的补充与调整性计划，是直接送料的依据，对基层施工单位的作用更大。

单位工程材料预算：是单位工程一次性申请计划，是编制季、月、旬材料计划的依据。

**（2）材料采购**

为使各级材料供应渠道畅通和质量可靠，需对以往与其发生过材料供应业务关系的材料供应商进行一一评审。对材料质量优良、服务态度好的供应商作为合格供方纳入材料供应网络，以便选择。

合格供方的评审主要是对材料生产厂家及材料供应单位进行资格审查。审查的内容包括营业执照、生产许可证、产品允许等级标准、检测手段、产品合格证、验证资料（从外省区调运的苗木应有植物检疫证书）等，同时对其产品质量、生产历史情况、材料供应数量规模、服务质量、其他用户使用情况和意见、经济实力和赔偿能力、有无担保及包装储运能力等进行摸底和评审。在确定材料供应商的过程中，应注意以下业务往来工作要求：

①在合格供方众多供应商名单中，通过对材料的规格、型号、数量、质量、单价、储运、付款方式、供货距离等的业务谈判，选择一家能达成双方都能接受协议的材料供应单位。

②建立严格的审核制度，认真审核各类计划，对材料、构配件、设备等加工订货计划中的品名、规格、型号、材质要求等要进行逐项审核，订货计划落实后与订货合同一并归档。

③严格履行经济合同手续与程序。材料业务人员在订货时，必须到厂家、苗源地签订订货合同。合同的必备条款是：合同标的数量、质量、验收标准与验收方法、价款、履行的期限、包装方式、交货地点与方式、违约责任等。

④对于部分市场批量和零星材料的采购要严格把握质量，采购时必须向供销单位索取产品合格证及有关检测试验资料。

⑤坚持先看货后订货的原则，不得盲目采购和订货，必要时与技术质量人员事先进行产品质量考察工作。

⑥做好供应后服务工作。采购业务人员应及时和定期了解供应到现场的材料及产品的质量情况，发现验收不合格的材料及产品，要按合同要求和法律、法规的时效及有关规定办理，及时找厂家或供应商洽谈，做到包退、包换、包损失。

### 9.2.2.3 材料验收与保管

**(1)材料验收**

①在组织进货前，相关材料部门的业务人员应会同技术、质量人员先看货检验，进库时由保管员和材料业务人员一起组织验收方可入库。

②材料业务人员到供方仓库提料时，应认真检查验收提料的质量、数量，索取产品合格证和材质证明书，送到现场后与现场(仓库)的收料员进行交接验收。

③材料经验收质量合格、技术质量文件齐全，应及时登入进料台账，供发料使用。

④材料经验收质量不合格，应拒收，并及时通知供货单位，如果与供货单位协商做代保管处理时应有书面协议，并在来料凭证上写明质量情况和暂行处理意见。

⑤已进场(进库)的材料发现质量有出入或资料不齐等问题时，收料员应及时填报《材料质量情况报告单》报上级主管部门，以便及时处理，暂不发料、不使用，原封妥善保管。

**(2)材料保管**

①进库的材料须验收后入库，并建立台账。

②现场堆放的材料必须有相应的防雨、防潮、防火、防冻、防晒、防风和防损坏等措施。

③易燃易爆的材料应专门存放、专人负责保管，并有严格的防火、防爆措施。

④现场材料要按平面布置图定位放置、保管处理得当、遵守堆放保管制度。

⑤材料要做到日清、月结、定期盘点、账物相符。

### 9.2.2.4 材料出库与使用

**(1)材料出库**

①严格执行限额领发料制度，坚持节约预扣，余料退库。收发料具要及时入账上卡，手续齐全。

②施工设施用料，以设施用料计划进行总监控，实行限额发料。

③超限额用料，须事先办理手续，填限额领料单，注明超耗原因，经批准方可领发材料。

④建立发料台账，记录领发状况和节约超支状况。

**(2)材料使用**

①组织原材料集中加工，扩大成品供应。

②坚持按分部、分项工程进行材料使用分析核算，以便及时发现问题，防止材料超用。

③现场材料管理责任者应对现场材料使用进行监督、检查。

④认真执行领发材料手续，记录好材料领用台账。

⑤严格执行材料配合比，合理用料，严禁使用不合格的材料。

⑥材料管理人员应对材料使用情况进行监督，做到工完、料净、场清，建立监督记录，对存在的问题应及时分析和处理。

⑦每次检查都要做到情况有记录，原因有分析，明确责任，及时处理。

## 9.2.3 机械设备管理

施工机械设备管理的目的是提高施工机械化水平，提高施工机械的完好率、利用率和效率。

### 9.2.3.1 施工机械设备采购与租赁

**(1)施工机械设备采购**

为做好机械设备采购工作，园林施工企业可以成立机械设备采购小组。机械设备采购小组应根据公司的总体发展规划和行业的技术发展趋势，结合公司实际运营状况、作业能力，有计划地实施设备采购工作；采购的设备应与公司的发展相适应，满足过程能力的要求，真正发挥投资的经济效益；设备的性能应体现和保持行业先进水平，以延长设备的技术寿命。禁止选用国家明令淘汰的设备，同时注意结合公司的实际需要，不追求脱离实际需求的先进技术；将“质量第一”和“经济合理”结合起来，坚持“比质比价”和“寿命周期费用最经济”的原则。经济效益好的设备不仅应安全、耐用、可靠，而且应价格合理，并且在使用过程中能耗低、维护费用低；采购小组需要对供应商产品的质量、价格、交货期、售后服务四个因素进行综合考虑，货比三家，择优采购。

**(2)施工机械设备租赁**

不同园林施工项目的施工内容(分部、分项工程)可能差异较大，对施工机械的需求不同，再加上自购机械的年折算费用可能高于租赁机械的年租金和年使用费用，因此多数园林施工企业可能除自备一些绿化施工专用的树木移植及修剪机械外，常采用租赁方式从有关单位或机构按使用计划进行租赁。同时，项目经理部一般也无自备机械，而是采用租赁方式解决。其租赁形式有：

①内部租赁　即对大、中型园林施工企业，由施工项目经理部向企业内部机械经营单位租赁。作为出租单位的机械经营单位，负责按计划提供施工机械，并负责施工机械的正常使用。同时按企业规定的租赁办法，签订租赁合同并收取租赁费用。项目部机械使用完毕，将机械退还给机械经营单位。

②社会租赁　即施工项目经理部向社会化的机械租赁企业或其他园林企业、建筑企业按计划租赁施工机械。这种租赁属服务性租赁，即项目部为解决施工中对某些大、中型施

工机械的中短期需要而向租赁公司租赁机械设备。租赁费用由双方协商确定，签订租赁合同。在租赁期间，施工项目经理部不负责机械设备的操作和维修，只是按照合同规定按台班或施工实物量支付租赁费，机械设备用后退还给机械租赁企业。

#### 9.2.3.2 施工机械设备使用与维护

**(1)施工机械设备使用**

①事先做好机械的进场准备工作。一些大型机械进场，对运输道路和桥梁的负荷有一定要求，如现有道路或桥梁等不能满足要求时，要进行加固或处理。

②根据施工要求和现场条件，合理布置机械设备。根据机械使用要求，事先做好水、电、压缩空气等的供应。

③根据项目管理实施规划或施工组织设计确定的机械设备需用计划，组织好机械设备的进场顺序和时间，需租赁者按计划办理好租赁手续，保证按时进场。

④进入现场的施工机械设备，应保持良好的技术状态，并在作业前进行必要的检查和保养，以确保在作业中能安全运行。

⑤根据施工进度计划的要求，确定机械设备的作业班组和作业班制，对大型机械要提高其利用率。

⑥人机固定，实行机械使用和保养责任制；机械设备操作人员实行操作证制度，持证上岗，实行岗位责任制。

⑦机械设备的操作人员必须按规定做好机械设备的例行保养，使机械设备始终处于良好的状态。

⑧机械设备不能超负荷运行和违章作业，防止机械设备早期磨损或出现安全事故。

⑨在机械作业前，有关技术人员或管理人员要向机械操作人员进行安全操作交底，使机械操作人员对施工要求、周围环境和场地条件及一些特殊要求有清楚的了解。指挥人员要根据机械设备的安全操作规范安排工作和生产，不得野蛮施工、违章作业和强令机械带病操作。

**(2)施工机械设备维护**

机械设备在使用过程中，随着运转时间的增加，其技术状况不断退化，使用性能不断降低，最后丧失工作能力。因此，机械设备在使用过程中，要针对各部分的运转情况及时进行保养和维修，以延缓机械设备技术状况的退化，维持其正常使用寿命。

随着园林施工机械化水平的不断提高，施工现场施工机械的种类越来越多，对机械设备的管理就愈显重要。利用机械施工不但可以代替繁重的体力劳动，而且可以加快施工速度。

**实践教学**

## 实训9-1 园林工程施工现场材料管理

### 一、实训目的

通过现场施工材料的管理实训，使学生能根据实际采用科学的材料管理方法，对全过程进行计划、组织、协调和控制，保证生产的需要和材料的合理使用。

## 二、材料及用具

施工组织设计、施工预算、分部分项工程施工方案文件等。

## 三、方法及步骤

(1)编制材料计划。项目开工前，向企业材料部门提交一次性计划，作为供应备料依据；在施工中，根据工程变更及调整的施工预算，及时向企业材料部门提交调整供料月计划，作为动态供料的依据；按月对材料计划的执行情况进行检查，不断改进材料供应。

(2)植物材料进场验收。验收内容包括品种、规格、树形、数量等；验收要做好记录，办理验收手续。对不符合计划要求或质量不合格的材料应拒绝验收。

(3)其他材料进场验收。验收步骤如下：

①查看送料单，检查是否有误送。

②核对实物的品种、规格、数量和质量，检查是否和凭证一致。

③检查原始凭证是否齐全正确。

④做好原始记录，填写收料日记，逐项详细填写。其中，在验收情况登记栏中，必须将验收过程中发生的问题填写清楚。

(4)材料的储存与保管。

(5)材料领发。建立领、发料台账，记录领发状况和节超状况。

(6)植物材料使用监督。现场材料管理责任者应对现场材料的使用进行分工监督，做到随到随种，减少植物根系裸露时间。

(7)材料回收。班组余料必须回收，及时办理退料手续，并在限额领料单中登记扣除。余料要造表上报，安排专人做好植物材料的假植工作，防止材料浪费。

(8)编写实训报告。根据实训过程，总结说明植物材料现场管理过程应该注意的问题。

## 四、考核评估

| 序号 | 考核内容 | 考核等级及标准 | | | | 等级分值 | | | |
|---|---|---|---|---|---|---|---|---|---|
| | | A | B | C | D | A | B | C | D |
| 1 | 材料计划编制：完整、合理、规范，切合项目实际，满足施工要求 | 好 | 较好 | 一般 | 较差 | 40 | 30 | 20 | 10 |
| 2 | 材料采购与保管：质优价廉，合理安全 | 好 | 较好 | 一般 | 较差 | 30 | 25 | 22 | 10 |
| 3 | 材料发放与回收：规范，严谨，符合规定 | 好 | 较好 | 一般 | 较差 | 20 | 16 | 12 | 5 |
| 4 | 材料管理资料：完整，规范 | 好 | 较好 | 一般 | 较差 | 10 | 9 | 6 | 5 |
| 合计 | | | | | | | | | |

## 自主学习资源库

1. 施工项目资源管理．任强，陈乃新，卜振华．中国建筑工业出版社，2004.
2. 园林工程施工技术与管理手册．康世勇．中国建材工业出版社，2011.
3. 材料员——施工现场十大员技术管理手册．潘全祥．中国建筑工业出版社，2005.
4. 建筑工程施工组织与管理．王红梅，孙晶晶．西南交通大学出版社，2016.
5. 园林工程施工组织与管理(第二版)．王源．中国劳动社会保障出版社，2017.

## 自测题

1. 园林工程施工资源管理的主要表现是什么？
2. 园林工程施工资源管理的主要环节有哪些？
3. 园林工程施工资源管理的内容是什么？
4. 园林施工企业人力资源的特点有哪些？
5. 园林施工企业人力资源的措施有哪些？
6. 园林工程施工材料管理的工作程序是什么？
7. 如何制订施工材料计划和采购材料？
8. 如何进行材料的验收与保管？
9. 如何进行机械设备管理？

# 单元10 园林工程竣工验收与养护期管理

**学习目标**

【知识目标】

(1)理解园林工程竣工验收的条件、内容和程序。

(2)熟悉园林工程竣工报告、竣工验收报告与竣工备案。

(3)掌握园林工程养护期管理的内容。

【技能目标】

(1)能够制订园林工程竣工验收工作方案。

(2)能够编制园林工程竣工报告、竣工验收报告以及竣工备案。

(3)能够编制园林工程养护期工作计划文件。

【素质目标】

(1)培养学生在学习过程中的自我责任意识。

(2)要求学生在竣工验收过程中不弄虚作假，培养其实事求是的诚信品质。

(3)通过编制工程竣工后的养护管理工作计划，培养学生的团队意识和合作精神。

## 10.1 园林工程竣工验收概述

### 10.1.1 园林工程竣工验收概念及意义

按我国建设程序的规定，竣工验收是建设项目建设周期的最后一个阶段，是项目施工阶段和保修(养护)阶段的中间过程。只有经过竣工验收，建设项目才能实现由施工单位管理向建设单位管理的过渡，它标志着建设投资成果投入生产或使用。

《建设工程质量管理条例》规定，建设工程实行质量保修制度。施工单位在向建设单位提交工程竣工验收报告时，应当向建设单位出具质量保修书。质量保修书应当明确建设工程的保修范围、保修期限和责任等。项目在保修期内和保修范围内发生的质量问题，施工单位要履行保修义务，并对造成的损失承担赔偿责任。

园林工程竣工验收是施工单位按照园林工程施工合同的约定，按设计文件和施工图样规定的要求，完成全部施工任务并可供开放使用时，经过竣工验收向建设单位办理的工程交接手续。

园林工程竣工验收是建设单位对施工单位承包的工程进行的最后施工验收，它是园林工程施工的最后环节，是施工管理体制的最后阶段，是投资转为固定资产的标志，是施工单位向建设单位交付建设项目时的法定手续，是对设计、施工、园林绿地使用前进行全面检验评定的重要环节。做好工程竣工验收能使建设项目尽早交付使用，尽快发挥其投资效益。凡是一个完整的园林建设项目，或是一个单位的园林工程，建成后达到正常使用条件的，都要及时组织竣工验收。

## 10.1.2 园林工程竣工验收依据及条件

验收通常是在施工单位进行自检、互检、预检、初步鉴定工程质量、评定工程质量等级的基础上，提出交工验收报告，再由建设单位、施工单位与上级有关部门进行正式竣工验收。

### 10.1.2.1 园林施工项目竣工验收依据

园林施工项目竣工验收的依据主要包括：

①上级主管部门审批的计划任务书、设计文件等。

②招投标文件和双方签订的施工合同。

③竣工图纸和说明、设备技术说明书、图纸会审记录、设计变更签证和技术核定单。

④施工验收规范及质量验收标准。

⑤有关施工记录及工程所用的材料、构件、设备质量合格文件及检验报告单。

⑥施工单位提供的有关质量保证等文件。

⑦国家颁发的有关竣工验收的文件。

### 10.1.2.2 园林施工项目竣工验收条件

竣工验收的施工项目必须具备规定的交付竣工验收条件，具体包括：

①设计文件和合同所规定的承包范围内的各项工程内容均已施工完毕。

②有完整并经核定的工程竣工资料，符合验收规定。

③有勘察、设计、施工、监理等单位签署确认的工程质量合格文件。

④各分部分项及单位工程均已由施工单位进行了自检、自验(隐蔽的工程已通过验收)，且都符合设计和国家施工及验收规范、工程质量验评标准、合同条款的规定等。

⑤竣工图已按有关规定如实绘制，验收的资料已备齐，竣工技术档案按档案部门的要求已进行整理。

⑥有工程使用的主要建筑材料、构配件和设备进场的证明及试验报告。

对于大型园林建设项目，为了尽快发挥园林建设成果的效益，也可分期、分批地组织验收，陆续交付使用。

## 10.1.3 园林工程竣工验收标准

由于工程建设是复杂的系统工程，涉及多部门、多行业、多专业，而各部门、各行业、各专业的要求又有所不同，质量验收标准很难以一概全。因此，对各类工程的检验和评定，都有相应的技术标准。对竣工验收而言，总的要求是必须依法办事，符合工程建设强制性标准、设计文件和施工合同的规定。竣工验收的质量标准必须符合以下四项标准和要求：

**(1)合同约定的工程质量标准**

工程质量应达到协议书约定的质量标准，质量标准的评定以国家或行业的质量检验评定标准为依据。因承包人原因工程质量达不到约定的质量标准，承包人承担违约责任。双方对工程质量有争议，由双方同意的工程质量检测机构鉴定，所需费用及因此造成的损失，由责任方承担。双方均有责任，由双方根据其责任分别承担。合同约定的质量标准具有强制性，合同的约定规范了承、发包双方的质量责任和义务，承包人必须确保工程质量达到验收标准，不合格不得交付验收和使用。

**(2)单位工程竣工验收的合格标准**

合格标准是工程验收的最低标准，不合格一律不允许交付使用。《建筑工程施工质量验收统一标准》(GB 50300—2013)对单位工程质量验收合格规定如下：

①所含分部工程的质量均应验收合格；

②质量控制资料应完整；

③所含分部工程有关安全、节能、环境保护和主要使用功能的检验资料应完整；

④主要使用功能的抽查结果应符合相关专业验收规范的规定；

⑤观感质量应符合要求。

**(3)单项工程达到使用条件或满足生产要求**

建设项目的某个单项工程已按设计要求完成，即每个单位工程都已竣工、相关的配套工程整体收尾已完成，能满足生产要求或具备使用条件，工程质量经检验合格，竣工资料整理符合规定，发包人可组织竣工验收。

**(4)建设项目能满足建成投入使用或生产各项要求**

园林建设项目涉及多种门类、多种专业，且要求的标准也各异，有些在目前尚未形成国家统一的标准，因此对工程项目或一个单位工程的竣工验收，可采用相应或相近工种的标准进行。

①土建工程验收标准　凡园林工程、游憩、服务设施及娱乐设施，应按照设计图纸、技术说明书、验收规范及建筑工程质量检验评定标准验收，并应符合合同所规定的工程内容及合格的工程质量标准。无论是游憩性建筑还是娱乐、生活设施建筑，建筑物室内工程已经全部完工，而且室外工程的明沟、踏步坡道、散水坡以及建筑物周围场地平整也已完工，障碍物已清除，并达到水通、电通、道路通。

②安装工程验收标准　按照设计要求的施工项目内容、技术质量要求及验收规范和质量验评标准的规定，完成规定的各道工序，且质量符合合格标准。各项设备、电气、空调、仪表、通信等工程项目全部安装完毕，经过单机、联动无负荷试车，全部符合安装技术的质量要求，并达到设计能力。

③绿化工程验收标准　施工项目内容、技术质量要求及验收规范和质量应达到设计要求、验评标准的规定及各工序质量的合格要求，如树木的成活率、草坪铺设的质量、花坛的品种和纹样等。

## 10.2　园林工程竣工验收

### 10.2.1　园林工程竣工验收准备工作

竣工验收前的准备工作是竣工验收工作顺利进行的基础，施工单位、建设单位、设计单位和监理工程师均应尽早做好准备工作，其中以施工单位和监理工程师的准备工作尤为重要。

**(1)档案资料的准备**

工程档案是园林建设工程的永久性技术资料，是园林施工项目进行竣工验收的主要依据。因此，档案资料的准备必须符合有关规定及规范的要求，必须做到准确、齐全，能够满足园林建设工程进行维修、改造和扩建的需要。一般包括以下内容：

①上级主管部门对该工程的有关技术决定文件；

②竣工工程项目一览表，包括竣工工程的名称、位置、面积、特点等；

③地质勘察资料；

④工程竣工图，工程设计变更记录，施工变更洽商记录，设计图纸会审记录等；

⑤永久性水准点位置坐标记录，建筑物、构筑物沉降观测记录；

⑥新工艺、新材料、新技术、新设备的试验、验收和鉴定记录；

⑦工程质量事故发生情况和处理记录；

⑧建筑物、构筑物、设备使用注意事项文件；

⑨工程竣工验收申请报告、工程竣工验收报告、工程竣工验收证明书、工程养护与保修证书等。

**(2)竣工自验**

在项目经理的组织领导下，由生产、技术、质量、预算、合同和有关的工长或施工员组成预验小组。根据国家或地区主管部门规定的竣工标准、施工图和设计要求、国家或地区规定的质量标准和要求，以及合同所规定的标准和要求，对竣工项目按分段、分层、分项逐一进行全面检查，预验小组成员按照自己所主管的内容进行自检，并做好记录，对不符合要求的部位和项目，要制定修补处理措施和标准，并限期修补好。施工单位在自验的基础上，对已查出的问题全部修补审理完毕后，项目经理应报请上级再进行复检，为正式验收做好充分准备。园林施工中的竣工自检主要有以下方面的内容：

①对园林建设用地内进行全面检查　有无剩余的建筑材料；有无尚未竣工的工程；有无残留渣土等。

②对场区外邻接道路进行全面检查　道路有无损伤或被污染；道路上有无剩余的建筑材料或渣土等。

③临时设施工程　临时设施是否清理完毕，确认现场有无残存物件。

④整地工程、挖方、填方及残土处理作业　对照设计图纸和工程照片等，检查地面是否达到设计要求。检查残土处理有无异常，残土堆放地点是否按照规定进行了整地作业等。

⑤管线设施工程　室外的雨水检查井、雨水进水口、污水检查井、管口施工、阀门仪表、电器设备等设施和设计图纸对照，有无异常。

⑥服务设施工程　服务性建筑和设计图纸对照有无异常；内、外装修有无污损；油漆工程有无污损；污水进水口等的内部施工有无异常；供电系统、电气照明方面有无异常；下水进水口内部和管口施工的质量有无问题；上、下水系统有无异常。

⑦园路铺装　是否按设计图纸及规范施工；接缝及边角有无损伤；伸缩缝及铺装表面

有无裂纹等异常。块料与基础有无剥离，伸缩缝有无异常；与其他构筑物的接合部位有无异常。台阶、路沿石施工和设计图纸对照有无异常，与基础等有无剥离等。

⑧运动设施工程　与设计图纸对照，有无异常；表面排水状况有无异常；草坪播种有无遗漏；表面施工是否良好，有无安全问题。

⑨休憩设施工程(棚架、长凳等)　与设计图纸对照，是否符合要求；工厂预制品有无污损；油漆工程有无异常；表面研磨质量等是否符合标准。

⑩绿化工程　对照设计图纸，是否按设计要求施工；检查植株数有无出入；支柱是否牢靠，外观是否美观；有无枯死的植株；栽植地周围的整地状况是否良好；草坪的栽植是否符合规定；草坪与其他植物或设施的接合是否美观。

**(3)竣工图编制的依据和内容要求**

竣工图是如实反映竣工后园林建设工程情况的图纸，它是工程竣工验收的主要文件。园林施工项目在竣工前，应及时组织有关人员进行测定和绘制，以保证工程档案的完备和满足维修、管理养护、改造或扩建的需要。所以，竣工图必须做到准确、完整，并符合长期归档保存要求。竣工图编制的依据包括：施工中未变更的原施工图，设计变更通知书，工程联系单，施工变更洽商记录，施工放样资料，隐蔽工程记录和工程质量检查记录等原始资料。

竣工图编制的内容要求：

①施工过程中未发生设计变更，按图施工的施工项目，应由施工单位负责在原施工图纸上加盖“竣工图”标志，才可作为竣工图使用。

②施工过程有一般性的设计变更，但没有较大结构性的或重要管线等方面的设计变更，而且可以在原施工图上进行修改和补充时，可不再绘制新图纸，由施工单位在原施工图纸上注明修改和补充后的实际情况，并附以设计变更通知书、设计变更记录和施工说明。然后加盖“竣工图”标志，也可作为竣工图使用。

③施工过程中凡有重大变更或全部修改的，如结构形式改变、标高改变、平面布置变更等，不宜在原施工图上修改或补充时，应重新绘制实测改变后的竣工图，施工单位负责在新图上加盖“竣工图”标志，并附上记录和说明作为竣工图使用。

竣工图必须做到与竣工的工程实际情况完全吻合，无论是原施工图还是新绘制的竣工图，都必须是新图纸，必须保证绘制质量，完全符合技术档案的要求，坚持竣工图的核、校、审制度，重新绘制的竣工图，一定要经过施工单位主要技术负责人审核签字。

**(4)进行工程设施与设备的试运转和试验准备工作**

一般包括：安排各种设施、设备的试运转和考核计划；各种游乐设施，尤其是关系到人身安全的设施，如缆车等的安全运行，应是运行和试验的重点；编制各运转系统的操作规程；对各种设备、电气、仪表和设施做全面的检查和校验；进行电气工程的全负荷试验，管网工程的试水、试压试验；喷灌、喷泉工程试水等。

**(5)监理工程师的准备工作**

园林建设项目实行工程监理的监理工程师，应做好以下竣工验收的准备工作：

①编制竣工验收工作计划　监理工程师是竣工验收的重要组织者，其首先应提交验收计划，计划内容包括竣工验收的准备、竣工验收、交接与收尾三个阶段的工作。每个阶段都应明确其时间、内容、标准和要求。该计划应事先征得建设单位、施工单位及设计单位

等的一致意见。

②整理、汇集各种经济与技术资料　总监理工程师于项目正式验收前，应指示其所属的各专业监理工程师，按照原有的分工，对各自负责管理监督的项目的技术资料进行一次认真的清理。大型的园林建设工程项目的施工期往往是1~2年或更长的时间，因此，必须借助以往收集积累的资料，为监理工程师在竣工验收中提供有益的数据和情况，其中有些资料将用于对施工单位所编的竣工技术资料的复核、确认和办理合同责任、工程结算和工程移交。

③拟定竣工验收条件、验收依据和必备技术资料　这是监理单位必须要做的又一重要准备工作。监理单位应将上述内容拟定好后分发给建设单位、施工单位、设计单位及现场的监理工程师。大中型园林建设工程进行正式验收时，往往是由验收委员会(或验收小组)来验收。而验收委员会(或验收小组)的成员经常要先审阅已进行中间验收或隐蔽工程验收等资料，以全面了解工程的建设情况。为此，监理工程师与施工单位应主动配合验收委员会(或验收小组)的工作，对一些问题提出的质疑给予解答。需向验收委员会(或验收小组)提供的技术资料主要有：竣工图；分项、分部工程检验评定的技术资料，如果是对一个完整的建设项目进行竣工验收，还应有单位工程的竣工验收的技术资料。

### 10.2.2　园林工程竣工验收程序

**(1)召开验收预备会议**

由验收委员会主任主持验收委员会议。会议首先宣布验收委员会名单，介绍验收工作议程及时间安排，简要介绍工程概况，说明此次竣工验收工作的目的、要求及做法。

建设、施工、监理、设计、勘察单位分别书面汇报工程项目建设质量状况、合同履约及执行国家法律法规和工程建设强制性标准情况。

**(2)验收组分为三部分分别进行检查验收**

①检查工程实体质量。

②检查工程建设参与各方提供的竣工资料。

③综合性园林工程中，对建筑工程的使用功能进行抽查、试验。例如，水池泄水试验，通水、通电试验等。

**(3)汇总讨论**

对工程竣工验收情况进行汇总讨论，并听取质量监督机构对该工程的质量监督情况。

**(4)形成验收意见**

对工程勘察、设计、施工、设备安装质量和各管理环节等方面做出全面评价，形成由验收组人员签署的工程竣工验收意见。

当在工程竣工验收过程中发现一般的需整改的质量问题，验收小组可形成初步验收意见，填写有关表格，有关人员签字，但建设单位不加盖公章。验收小组责成有关施工单位整改，可委托建设单位项目负责人组织复查，整改完毕符合要求后，加盖建设单位公章。

当竣工验收小组各方不能形成一致竣工验收意见时，应当协商提出解决办法，待意见一致后，重新组织工程竣工验收。当协商不成时，应报建设行政主管部门或质量监督机构进行协调裁决。

（5）**编制工程竣工验收报告**

工程竣工验收合格后，建设单位应当及时提出工程竣工验收报告。工程竣工验收报告主要包括：工程概况，建设单位执行基本建设程序情况，对工程勘察、设计、施工、监理等方面的评价，工程竣工验收时间、程序、内容和组织形式，工程竣工验收意见等内容。当在验收过程中发现严重问题，达不到竣工验收标准时，验收小组应责成施工单位立即整改，并宣布本次验收无效，重新确定时间组织竣工验收。

## 10.2.3　园林工程竣工验收内容

### 10.2.3.1　预验收

预验收是在施工单位完成自检自验并认为符合正式验收条件，在申报工程竣工验收之后和正式验收之前由监理单位组织进行的验收。通常由总监理工程师组织其所有各专业监理工程师来完成。预验收要吸收建设单位、设计、质量监督人员参加，而施工单位也必须派人配合预验收工作。

由于竣工预验收的时间较长，又多是各方面派出的专业技术人员，因此对验收过程中发现的问题多在此时解决，为正式验收创造条件。为做好竣工预验收工作，总监理工程师要提出一个预验收方案。这个方案含预验收需要达到的目的和要求、预验收的重点、预验收的组织分工、预验收的主要方法和主要检测工具等，并与参加预验收的人员进行交流。

预验收工作大致可分为以下两大部分：

（1）**竣工验收资料审查**

工程资料是园林建设工程项目竣工验收的重要依据之一。认真审查技术资料，不仅是为满足正式验收的需要，也是为工程档案资料的审查打下基础。

①技术资料主要审查内容　包括：工程项目的开工报告，工程项目的竣工报告，图纸会审及设计交底记录，设计变更通知单，技术变更核定单，工程质量事故调查和处理资料，水准点位置、定位测量记录，材料、设备、构件的质量合格证书，试验、检验报告，隐蔽工程记录，施工日志，竣工图，质量检验评定资料，工程竣工验收其他有关资料。

②技术资料审查方法　包括审阅、校对和验证。审阅，即边看边查，把有不当的及遗漏或错误的地方都记录下来，然后再重点仔细审阅，做出正确判断，并与施工单位协商更正。校对，即监理工程师将自己日常监理过程中所收集积累的数据、资料，与施工单位提供的资料一一校对，凡是不一致的地方都记载下来，然后与施工单位商讨，如果仍有不能确定的地方，再与当地质量监督站及设计单位的佐证资料进行核定。验证，若出现几方面资料不一致而难以确定时，可重新量测实物予以验证。

（2）**工程竣工预验收**

园林建设工程的竣工预验收，在某种意义上说，它比正式验收更为重要。因为正式验收时间短促，不可能详细地、全面地对工程项目一一察看，而主要依靠工程项目的预验收。因此所有参加预验收的人员均要以高度的责任感，并在可能的检查范围内，对工程的数量、质量进行全面的确认，特别对重要部位和易于遗忘的都应分别登记造册，作为预验收的成果资料，提供给正式验收时的验收委员参考和施工单位进行整改。

①预验收工作内容

组织与准备：参加预验收的监理工程师和其他人员，应按专业或区段分组，并指定负责人。验收检查前，先组织预验收人员熟悉有关验收资料，制订检查顺序方案，并将检查项目的各子目及重点检查部位以表或图列出。同时准备好工具、记录表格，以供检查中使用。

组织预验收：检查中，分成若干专业小组进行，划定各自工作范围，以免相互干扰。

②预验收方法　园林建设工程的预验收，要全面检查各分项工程。检查方法有以下几种：

直观检查：是一种定性的、客观的检查方法。由于是采用手摸眼看的方式，因此有丰富经验和熟练掌握标准的人员才能胜任此项工作。这种检查方法掺有检查人员的主观因素，因此有时会遇到同一个工程有不同检查结论的情况，此时可通过协商，统一认识，统一检查结论。

实测实量检查：对一些能予以实测实量的工程部位都应通过实测实量取定数据。

点数：对各种设施、器具、配件、栽植苗木都应一一点数、查清、记录，如有遗缺不足的或质量不符合要求的，都应通知施工单位补齐或更换。

实操检查：实际操作是对功能和性能进行检查的好办法，对一些水电设备、游乐设施等应起动检查。

完成检查后，各专业组长应向总监理工程师报告检查验收结果。如果检查出的问题较多、较大，则应指令施工单位限期整改并再次进行复验。如果存在的问题仅属一般性的，除通知施工单位抓紧修整外，总监理工程师即应编写预验收报告，一式三份，一份给施工单位供整改用；一份给建设单位以备正式验收时转交给验收委员会；一份由监理单位自存。这份报告除文字论述外，还应附上全部预验收检查的数据。与此同时，总监理工程师应填写竣工验收申请报告报送项目建设单位。

#### 10.2.3.2　正式竣工验收

正式竣工验收是由国家、地方政府、建设单位以及有关单位领导和专家参加的最终整体验收。大中型园林建设项目的正式竣工验收，一般由竣工验收委员会(或验收小组)的主任(组长)主持，具体的事务性工作可由总监理工程师来组织实施。

**(1)准备工作**

①向各验收委员会委员单位发出请柬，并书面通知设计、施工及质量监督等有关单位；

②拟定工程竣工验收的工作议程，报验收委员会主任审定；

③选定会议地点；

④准备一套完整的竣工和验收的报告及有关技术资料。

**(2)正式竣工验收步骤**

①验收委员会主任主持验收委员会会议。会议首先宣布验收委员名单，介绍验收工作议程及时间安排，简要介绍工程概况，说明此次竣工验收工作的目的、要求及做法。

②由设计单位汇报设计情况及设计变更情况。

③由施工单位汇报施工情况以及自检自验结果情况。

④由监理工程师汇报工程监理的工作情况和预验收结果。

⑤验收并形成验收意见。在实施验收中，验收人员可先后对竣工验收的技术资料及工程实物进行验收检查；也可分成两组，分别对竣工验收的技术资料及工程实物进行验收检查。在检查中可吸收监理单位、设计单位、质量监督人员参加。在广泛听取意见、认真讨论的基础上，统一提出竣工验收的结论意见，如无异议意见，则予以办理竣工验收证书和工程验收鉴定书。

⑥验收委员会主任或副主任宣布验收委员会的验收意见，举行竣工验收证书和鉴定书即竣工验收报告的签字仪式。

⑦建设单位代表发言。

⑧验收委员会会议结束。

#### 10. 2. 3. 3　工程质量验收方法

园林建设工程质量的验收是按工程合同规定的质量等级，遵循现行的质量评定标准，采用相应的手段对工程分阶段进行质量认可与评定。

**(1)隐蔽工程验收**

隐蔽工程是指在施工过程中上一工序的工作结果，被下一工序所掩盖，而无法进行复查的部位。例如，混凝土工程的钢筋、基础的土质、断面尺寸、种植坑、直埋电缆等管网。因此，对这些工程在下一工序施工以前，现场监理人员应按照设计要求、施工规范，采用必要的检查工具，对其进行检查验收。如果符合设计要求及施工规范规定，应及时签署隐蔽工程记录交施工单位归入技术资料；如果不符合有关规定，应以书面形式通知施工单位，令其处理，处理符合要求后再进行隐蔽工程验收与签证。隐蔽工程验收通常是结合质量控制中的技术复核、质量检查工作来进行，重要部位隐蔽时可摄影以备查考。隐蔽工程验收项目及内容一般见表 10-1 所列。

**表 10-1　隐蔽工程验收项目和内容**

| 项　目 | 验收内容 |
| --- | --- |
| 基础工程 | 地质、土质、标高、断面、桩的位置数量、地基、垫层等 |
| 混凝土工程 | 钢筋的品种、规格、数量、位置、形状、焊缝接头位置，预埋件数量及位置、材料代用等 |
| 防水工程 | 屋面、水池、水下结构防水层数、防水处理措施等 |
| 绿化工程 | 土球苗木的土球规格、根系状况、种植穴规格、施基肥的数量、种植土的处理等 |
| 其　他 | 管线工程、完工后无法进行检查的工程等 |

**(2)分项工程验收**

对于重要的分项工程，监理工程师应按照合同的质量要求，根据该分项工程施工的实际情况，参照质量评定标准进行验收。

在分项工程验收中，必须按有关验收规范选择检查点数，然后计算出基本项目和允许偏差项目的合格或优良的百分比，最后确定出该分项工程的质量等级，从而确定能否验收。

**(3)分部工程验收**

根据分项工程质量验收结论，参照分部工程质量标准，可得出该分部工程的质量等级，以便决定可否验收。对涉及结构安全和使用功能的重要分部工程应进行抽样检测。

**(4)单位工程竣工验收**

通过对分项、分部工程质量等级的统计推断，再结合对质保资料的检查和单位工程质量观感评分，便可系统地对整个单位工程做出全面的综合评定，从而决定是否达到合同所要求的质量等级，进而决定能否验收。

### 10.2.4 园林工程项目移交

一个园林工程项目虽然通过了竣工验收，并且有的工程还获得了验收委员会的高度评价，但实际中往往是或多或少地还存在一些漏项以及工程质量方面的问题。因此，监理工程师要与施工单位协商一个有关工程收尾的工作计划，以便确定正式办理移交。由于工程移交不能占用很长的时间，因而要求施工单位在办理移交工作中力求使建设单位的接管工作简便。当移交清点工作结束后，监理工程师签发工程竣工移交证书(表10-2)。签发的工程竣工移交证书一式三份，建设单位、施工单位、监理单位各一份。工程移交结束后，施工单位即应按照合同规定的时间抓紧完成对临建设施的拆除和施工人员及机械的撤离工作，并做到工完场地清。

**表10-2 工程竣工移交证书**

工程名称：　　合同号：　　监理单位：

| 致建设单位：<br>　　兹证明××号竣工报验单所报工程已按合同和监理工程师的指示完成，从××××年××月××日开始，该工程进入保修阶段。<br>附注：(工程缺陷和未完成工程)<br><br>监理工程师：　　　　日期： |
|---|
| 总监理工程师的意见：<br><br>签名：　　　　日期： |

注：本表一式三份，建设单位、施工单位和监理单位各一份。

园林工程的主要技术资料是工程档案的重要部分。因此，在正式验收时就应提供完整的工程技术档案。由于工程技术档案有严格的要求，内容又很多，往往又不仅是施工单位的工作，所以常常只要求施工单位提供工程技术档案的核心部分，而整个工程档案的归整、装订则留在竣工验收结束后，由建设单位、施工单位和监理工程师共同来完成。在整理工程技术档案时，通常是建设单位与监理工程师将保存的资料交给施工单位来完成，最后交给监理工程师校对审阅，确认符合要求后，再由施工单位档案部门按要求装订成册，交建设单位统一验收保存。此外，在整理档案时一定要注意备足份数，移交技术资料具体内容见表10-3。至此，双方的义务履行完毕，合同终止。

表 10-3　移交技术资料内容一览表

| 工程阶段 | 移交档案资料内容 |
|---|---|
| 项目准备<br>施工准备 | 1. 申请报告，批准文件<br>2. 有关建设项目的决议、批示及会议记录<br>3. 可行性研究、方案论证资料<br>4. 征用土地、拆迁、补偿等文件<br>5. 工程地质(含水文、气象)勘察报告<br>6. 概预算<br>7. 承包合同、协议书、招投标文件<br>8. 企业执照及规划、园林、消防、环保和劳动等部门审核文件 |
| 项目施工 | 1. 开工报告<br>2. 工程测量定位记录<br>3. 图样会审、技术交底<br>4. 施工组织设计<br>5. 基础处理、基础工程施工文件，隐蔽工程验收记录<br>6. 施工成本管理的有关资料<br>7. 工程变更通知单，技术核定单及材料代用单<br>8. 建筑材料、构件、设备质量保证单及进场试验单<br>9. 栽植的植物材料名单、栽植地点及数量清单<br>10. 各类植物材料已采取的养护措施及方法<br>11. 假山等非标工程的养护措施及方法<br>12. 古树名木的栽植地点、数量、已采取的保护措施<br>13. 水、电、暖、气等管线及设备安装施工记录和检查记录<br>14. 工程质量事故的调查报告及所采取措施的记录<br>15. 分项、单项工程质量评定记录<br>16. 项目工程质量检验评定及当地工程质量监督站核定的记录<br>17. 竣工验收申请报告<br>18. 其他(如施工日志等) |
| 竣工验收 | 1. 竣工项目的验收报告<br>2. 竣工决算及审核文件<br>3. 竣工验收的会议记录<br>4. 竣工验收质量评价<br>5. 工程建设的总结报告<br>6. 工程建设中的照片、录像以及领导、名人的题词等<br>7. 竣工图(含土建、设备、水、电、暖、绿化种植等) |

# 10.3　园林工程竣工验收报告与竣工备案

## 10.3.1　园林工程竣工验收报告

工程竣工验收报告是工程交工前一份重要的技术文件，由施工单位会同建设单位、设计单位等一同编制。报告中重点述明项目建设的基本情况、工程验收方法(用附件形式)等，并按照规定的格式编制，见表 10-4。

**表 10-4 工程竣工验收报告**

| 工程名称 | | 标段 | |
|---|---|---|---|
| 实物工作量 | | | |
| 施工单位名称 | | | |
| 勘察单位名称 | | | |
| 设计单位名称 | | | |
| 监理单位名称 | | | |
| 工程报监时间 | | 开工时间 | |
| 工程造价 | | | |
| 工程概况： | | | |
| 对勘察单位评价： | | | |
| 对设计单位评价： | | | |
| 对施工单位评价： | | | |
| 对监理单位评价： | | | |
| 建设单位执行基本建设程序情况： | | | |
| 工程竣工验收意见： | | | |
| 工程竣工验收结论： | | | |

注：结论应填写是否符合国家质量标准；是否同意使用。

## 10.3.2 园林工程竣工备案

**(1)办理条件**

建设工程竣工验收合格之日起 15 日内，将建设工程竣工验收报告和规划、公安消防、环保等部门出具的认可文件或者准许使用文件进行备案。

**(2)所需申办材料**

①工程竣工验收备案表(表 10-5)一式六份；

②工程竣工验收报告；

③工程竣工验收申请表；

**表 10-5　园林工程竣工验收备案表**

| 建设单位名称 | | | |
|---|---|---|---|
| 备案日期 | | | |
| 工程名称 | | | |
| 工程地点 | | | |
| 工程规模($m^2$) | | | |
| 开工日期 | | | |
| 竣工验收日期 | | | |
| 施工许可证 | | | |
| 施工图审查意见 | | | |
| 勘测单位名称 | | 资质等级 | |
| 设计单位名称 | | 资质等级 | |
| 施工单位名称 | | 资质等级 | |
| 监理单位名称 | | 资质等级 | |
| 工程质量监督机构名称 | | | |
| 勘测单位意见 | 公章：<br>单位(项目)负责人：<br>日期： | | |
| 设计单位意见 | 公章：<br>单位(项目)负责人：<br>日期： | | |
| 施工单位意见 | 公章：<br>单位(项目)负责人：<br>日期： | | |
| 监理单位意见 | 公章：<br>单位(项目)负责人：<br>日期： | | |
| 建设单位意见 | 公章：<br>单位(项目)负责人：<br>日期： | | |

④工程竣工报告;

⑤工程质量评估报告;

⑥单位工程综合验收记录表;

⑦植物检疫证、出圃证及建材产品合格证、种植土检测报告;

⑧工程竣工图纸;

⑨工程安全质量监督报告;

⑩工程养护管理措施、工程质量保修书及法规、规章规定必须提供的其他文件。

**(3)办理流程**

①受理 接收申请资料并检查资料的完整性，检查复印件与原件是否相符。

②审核 工作人员对申报材料对照法定依据进行审核。

③批准 根据先期资料审核及现场勘察情况，对符合办理要求的批准办理。

④办结(发证) 核发房屋建筑工程竣工验收备案证、园林工程竣工验收备案表、市政工程竣工验收备案证。

## 10.4 园林工程回访、保修与养护期管理

### 10.4.1 园林工程回访

园林工程项目交付使用后，在一定期限内施工单位应到建设单位进行回访，对该项工程的相关内容实行养护管理和维修。对由于施工责任造成的使用问题，应由施工单位负责修理，直至能正常使用为止。回访、养护及维修，体现了承包者对工程项目负责的态度和优质服务的作风，并在回访、养护及保修的同时，进一步发现施工中的薄弱环节，以便总结经验、提高施工技术和质量管理水平。回访的组织与安排是在项目经理领导下，由生产、技术、质量及有关方面人员组成回访小组，必要时，邀请科研人员参加。回访时，由建设单位组织座谈会或听取会，听取各方面的使用意见，认真记录存在的问题，并查巡现场，落实情况，写出回访记录或回访纪要。通常采用下面三种方式进行回访。

**(1)季节性回访**

一般是雨季回访屋面、墙面的防水情况，自然地面、铺装地面的排水组织情况，植物的生长情况;冬季回访植物材料的防寒措施搭建效果，池壁驳岸工程有无冻裂现象等。

**(2)技术性回访**

主要了解园林施工中所采用的新材料、新技术、新工艺、新设备的技术性能和使用后的效果;新引进的植物材料的生长状况等。

**(3)保修期满前回访**

保修期即将结束，主要是提醒建设单位注意有关设施的维护、使用和管理，并对遗留问题进行处理。

### 10.4.2 园林工程保修

**(1)保修范围**

一般来讲，凡是园林施工单位的责任或者由于施工质量不良而造成的问题，都应该实行保修。

**(2)保修时间**

自竣工验收完毕次日算起，绿化工程的保修期一般为一年。土建工程和水、电、卫生、通风等工程，保修期一般为一年，采暖工程为一个采暖期。保修期长短也可以承包合同为准。

**(3)经济责任**

园林工程一般比较复杂，项目修理往往由多种原因造成，所以，经济责任必须根据修理项目的性质、内容和修理原因诸因素，由建设单位、施工单位和监理工程师共同协商处理。园林工程的经济责任一般分为以下几种：

①养护、修理项目是由于施工单位施工责任或施工质量不良遗留的隐患，应由施工单位承担全部检修费用。

②养护、修理项目是由建设单位和施工单位双方的责任造成的，双方应实事求是地共同商定各自承担的修理费用。

③养护、修理项目是由于建设单位的设备、材料、成品、半成品等的不良等原因造成的，应由建设单位承担全部修理费用。

④养护、修理项目是由于用户管理、使用不当，造成建筑物、构筑物等功能不良或苗木损伤死亡的，应由建设单位承担全部修理费用。

### 10.4.3 园林绿化工程养护期管理

**(1)养护管理工作的意义**

园林植物栽植后，能否成活和生长良好，并尽快发挥设计要求的色、香、美均佳的目的和效果，在很大程度上取决于养护管理水平。为了使园林树木生长旺盛，苍翠欲滴，浓荫覆盖和花香四溢，必须根据树木的年生长发育进程和生命周期的变化规律，适时地、经常地、长期地进行养护管理，为各个年龄期的树木生长创造适宜的环境条件，使树木长期维持较好的生长势，预防早期转衰，延长绿化效果，并发挥其他多种功能效益。俗语说“三分种植，七分养护”，就是强调养护管理工作的重要性。

**(2)养护期及养护、管理内容**

园林工程施工单位的养护管理期限一般为一年，自竣工验收完毕次日算起。养护期的管理主要是针对栽植植物进行的。由于竣工当时不一定能看出栽植的植物材料的成活情况，需要经过一个完整的生长期的考验，因而一年是最短的期限。养护期长短也可以承包合同为准。

养护期内对植物材料的浇水、修剪、施肥、打药、除虫、搭建风障、间苗、补植等日常养护工作，应按施工规范，经常性地进行。园林树木的养护管理工作，必须一年四季不间断地进行，如中耕除草、施肥、灌溉排水、整形修剪、防风防寒、防治病虫害以及大树的补洞、更新和复壮等。这些管理措施应根据不同的树种、物候期和特定要求适时进行，如刚定植的大树或一般花灌木，要求根据树种连续灌水3~5天，以保证树木栽植成活(北方干旱地区应更长些)，这是养护树木的一方面。另一方面是管理，如看管围护、绿地的清扫保洁等园务管理工作。

养护期管理工作的内容主要包括制订养护工作计划和措施计划、对养护工作及养护效果进行检查、对养护工作进行总结等。

园林植物养护管理主要是对园林植物所采取的灌溉、排涝、整形修剪、防治病虫、防寒、支撑、除草、中耕、施肥等技术措施。根据园林绿地所处位置的重要程度和养护管理水平的高低，可将园林绿地的养护管理分成不同等级。如由高到低分为特级养护管理、一级养护管理、二级养护管理三个等级。绿化工程养护管理的有关术语见表10-6。

**表10-6　绿化工程养护管理的有关术语**

| 项　目 | 含　义 |
|---|---|
| 树　冠 | 树木主干以上集生枝叶的部分 |
| 花蕾期 | 植物从花芽萌动到开花前的时期 |
| 叶　芽 | 形状较瘦小，先端尖，能发育成枝和叶的芽 |
| 花　芽 | 形状较肥大，略呈圆形，能发育成花或花序的芽 |
| 不定芽 | 在枝条上没有固定位置，重剪或受刺激后会大量萌发的芽 |
| 生长势 | 植物的生长强弱，泛指植物生长速度、整齐度、茎叶色泽、植株苗壮程度、分蘖或分枝的繁茂程度等 |
| 行道树 | 栽植在道路两旁，并构成街景的树木 |
| 古树名木 | 树龄达百年以上或珍贵稀有，具有重要历史价值和纪念意义以及具有重要科研价值的树木 |
| 地被植物 | 植株低矮(50cm以下)，用于覆盖园林地面的植物 |
| 分枝点 | 乔木主干上开始出现分枝的部位 |
| 主　干 | 乔木或非丛生灌木地面上部与分枝点之间的部分，上承树冠，下接根系 |
| 主　枝 | 自主干生出，构成树形骨架的粗壮枝条 |
| 侧　枝 | 自主枝生出的较小枝条 |
| 小侧枝 | 自侧枝生出的较小枝条 |
| 春　梢 | 初春至夏初萌发的枝条 |
| 整形修剪 | 用剪、锯、疏、捆、绑、扎等手段，使树木长成特定形状的技术措施 |
| 冬季修剪 | 自秋冬至早春植物休眠期内进行的修剪 |
| 夏季修剪 | 在夏季植物生长季节进行的修剪 |
| 伤　流 | 树木因修剪或其他创伤，造成伤口处流出大量树液的现象 |
| 短　截 | 在枝条上选留几个合适的芽后将枝条剪短，达到减少枝条、刺激侧芽萌发新梢的目的 |
| 回　缩 | 在树木2年生以上枝条上剪截去一部分枝条的修剪方法 |
| 疏　枝 | 将树木贴近着生部或地面的枝条剪除的修剪方法 |
| 摘　心 | 剪梢，将树木枝条剪去顶尖幼嫩部分的修剪方法 |

（续）

| 项　目 | 含　义 |
|---|---|
| 施　肥 | 在植物生长和发育过程中，为补充所需的各种营养元素而采取的肥料施用措施 |
| 基　肥 | 植物种植或栽植前，施入土壤或坑穴中以作为底肥的肥料，多为充分腐熟的有机肥 |
| 追　肥 | 植物种植或栽植后，为弥补植物所需各种营养元素的不足而追加施用的肥料 |
| 返青水 | 为植物正常发芽生长，在土壤化冻后对植物进行的灌溉 |
| 防冻水 | 为植物安全越冬，在土壤封冻前对植物进行的灌溉 |

**(3)养护管理工作阶段的划分**

树木养护管理工作，应顺其生长规律和生物学特性以及当地的气候条件而进行。因季节性比较明显，全国各地气候相差悬殊，养护管理工作阶段的划分应根据本地情况而定，通常分为冬季、春季、夏季、秋季四个阶段。

①冬季(12 月~翌年 2 月)　气温都很低，植物基本进入休眠期。此期间，主要进行植物的整形修剪，深施基肥，防寒、防治病虫害等工作。另外，还应加强机具检修和养护，进行全年工作总结，制订来年工作计划。

②春季(3~5 月)　气温逐渐回升，植物陆续解除休眠，进入萌发生长阶段。此期间，主要是撤除防寒设施，进行春灌，补充土壤水分，对植物进行施肥，为其萌发生长创造适宜的水、肥条件。同时进行常绿绿篱和春花植物的花后修剪，此时也是病虫害防治的关键时刻。

③夏季(6~8 月)　气温升高，光照时间长，光量大，雨水较充沛，是植物生长发育的旺盛时期，也是需水、肥最多的时期。应多施以氮为主的追肥和腐熟的有机肥料。夏末应及时停施氮肥，改施磷、钾为主的肥料，既保证了树木长枝发叶所需的氮素，又保证了开花结实所需的磷和钾。另外，夏季蒸腾量大，干时要及时灌水，涝时要及时排水。此期间也是杂草旺长季节，中耕除草保持景观效果也十分重要。

④秋季(9~11 月)　气温开始下降，降水减少。此期间，注意秋旱，及时灌水。植物生长减缓，向休眠期过渡，开始全面整理园容和绿地，伐除死树枯枝，对花灌木、绿篱进行整形修剪，清除杂草，在落叶后封冻前，进行防寒，灌封冻水，深翻施基肥。

**实践教学**

## 实训 10-1　园林工程竣工验收实训

### 一、实训目的

结合当地园林工程实例，了解园林工程竣工验收的条件、内容、程序，学会编制竣工验收材料，熟悉竣工验收步骤，并明确如何编制竣工验收报告。

### 二、材料及用具

笔，纸，完整的招标文件一份，承包合同，施工图一份，竣工图一份。

## 三、方法及步骤

(1)任课教师根据本地实际为学生提供一套园林工程设计图样、一套竣工图、招投标文件和承包合同。

(2)将学生分为甲、乙、丙三组，模拟竣工验收的三方，甲组为建设单位，乙组为承包单位，丙组为监理单位。

(3)按照竣工验收的程序，模拟竣工验收的步骤。

(4)各组进行交换，重复以上操作。

(5)各组进行讨论，归纳总结该工程的主要内容、建设程序、工程特色与施工工期。

(6)完善竣工验收报告，并由任课教师带领学生到实地进行讲解。

## 四、考核评估

| 序号 | 考核内容 | 考核等级及标准 | | | | 等级分值 | | | |
|---|---|---|---|---|---|---|---|---|---|
| | | A | B | C | D | A | B | C | D |
| 1 | 验收工作程序：正确，完整，符合要求 | 好 | 较好 | 一般 | 较差 | 27~30 | 21~26 | 15~20 | 0~14 |
| 2 | 验收方法：符合验收对象特征和质检方法 | 好 | 较好 | 一般 | 较差 | 27~30 | 21~26 | 15~20 | 0~14 |
| 3 | 验收标准与结果：符合有关验收规范的规定，验收结果正确合理 | 好 | 较好 | 一般 | 较差 | 18~20 | 14~17 | 10~13 | 0~9 |
| 4 | 工作态度、协作表现：工作态度认真，团结协作 | 好 | 较好 | 一般 | 较差 | 18~20 | 14~17 | 10~13 | 0~9 |
| 合计 | | | | | | | | | |

## 自主学习资源库

1. 施工质量验收．杨南方，彭尚银，丛林．中国建筑工业出版社，2004.
2. 建设工程竣工验收备案手册．黄健之．中国建筑工业出版社，2002.

## 自测题

1. 园林工程竣工验收的依据、条件及标准是什么？
2. 园林工程竣工验收需要哪些准备工作？
3. 园林工程竣工验收程序一般有哪些？
4. 园林工程竣工验收应检查哪些内容？
5. 编制竣工图的依据和要求有哪些？
6. 如何编制园林工程竣工验收报告与竣工备案？

# 单元 11　园林工程施工合同管理与索赔

**学习目标**

**【知识目标】**

(1) 了解招标投标的基本概念。

(2) 理解园林工程项目招标的开标、评标、定标方法。

(3) 了解园林工程施工合同的概念和类型。

(4) 理解园林工程施工合同的签订、履行程序。

(5) 掌握园林工程招标文件和投标书的内容。

(6) 理解园林工程变更、现场签证的重要性，明确基本概念及程序。

**【技能目标】**

(1) 能够编制园林工程招标文件及投标书。

(2) 能够根据某一园林工程项目的要求，编制园林工程施工承包合同。

(3) 能够依据索赔与反索赔的处理依据、程序，进行简单的索赔费用计算。

(4) 能够依据要求进行园林工程施工合同管理。

**【素质目标】**

(1) 培养学生严谨负责的工作态度、诚实守信的优良品质，强化职业责任感和契约精神。

(2) 培养学生独立分析、解决问题的能力以及团队协作能力与协同合作精神。

合同管理是建设工程项目管理的重要内容之一。

在建设工程项目的实施过程中，往往会涉及许多合同，如设计合同、咨询合同、科研合同、施工承包合同、供货合同、总承包合同、分包合同等。大型建设项目的合同数量可能达到成百上千个。所谓合同管理，不仅包括对每个合同的签订、履行、变更和解除等过程的控制和管理，还包括对所有合同进行筹划的过程，合同管理的主要工作内容有：根据项目的特点和要求确定设计任务委托模式和施工任务承包模式、选择合同文本、确定合同计价方法和支付方法、合同履行过程的管理与控制、合同索赔等。

## 11.1　园林工程施工招标与投标

对建设工程的发包人来说，重要的是如何找到理想的、有能力承担建设工程任务的合格单位，用经济、合理的价格，获得满意的服务和产品。根据建设工程的通常做法，建设工程的发包人一般都通过招标或其他竞争方式选择建设工程任务的实施单位，包括设计、咨询、施工承包和供货等单位。当然，发包人也可以通过询价和直接委托等方式选择建设工程任务的实施单位。

### 11.1.1 园林工程施工招标程序和要求

建设工程施工招标应该具备的条件包括以下几项：招标人已经依法成立；初步设计及概算应当履行审批手续的，已经批准；招标范围、招标方式和招标组织形式等应当履行核准手续的，已经核准；有相应资金或资金来源已经落实；有招标所需的设计图纸及技术资料。这些条件和要求，一方面，从法律上保证了项目和项目法人的合法化；另一方面，也从技术和经济上为项目的顺利实施提供了支持和保障。

#### 11.1.1.1 招标投标项目确定

从理论上讲，在市场经济条件下，建设工程项目是否采用招标的方式确定承包人，业主有着完全的决定权；采用何种方式进行招标，业主也有着完全的决定权。但是为了保证公共利益，各国的法律都规定了有政府资金投资的公共项目(包括部分投资的项目或全部投资的项目)，涉及公共利益的其他资金投资项目，投资额在一定额度之上时，要采用招标的方式进行采购。按照《中华人民共和国招标投标法》以下简称(《招标投标法》)，以下项目应采用招标的方式确定承包人：

①大型基础设施、公用事业等关系社会公共利益、公众安全的项目；

②全部或者部分使用国有资金投资或国家融资的项目；

③使用国际组织或外国政府资金的项目。

上述建设工程项目的具体范围和标准，在《工程建设项目招标范围和规模标准规定》中有明确的规定。除此以外，各地方政府遵照《招标投标法》和有关规定，也对所在地区应该实行招标的建设工程项目的范围和标准做了具体规定。

#### 11.1.1.2 招标方式确定

《招标投标法》规定，招标分公开招标和邀请招标两种方式。

**(1)公开招标**

公开招标又称无限竞争性招标，招标人在公共媒体上发布招标公告，提出招标项目和要求，符合条件的一切法人或者组织都可以参加投标竞争，都有同等竞争的机会。按规定应该招标的建设工程项目，一般应采用公开招标方式。

公开招标的优点是招标人有较大的选择范围，可在众多的投标人中选择报价合理、工期较短、技术可靠、资信良好的中标人。但是公开招标的资格审查和评标的工作量比较大，耗时长、费用高，且有可能因资格预审把关不严导致鱼目混珠的现象发生。

如果采用公开招标方式，招标人就不得以不合理的条件限制或排斥潜在的投标人。如不得限制本地区以外或本系统以外的法人或组织参加投标等。

**(2)邀请招标**

邀请招标又称有限竞争性招标，招标人事先经过考察和筛选，将投标邀请书发给某些特定的法人或组织，邀请其参加投标。

对于有些特殊项目，采用邀请招标方式确实更加有利。根据《中华人民共和国招标投标法实施条例》第八条，国有资金占控股或主导地位的依法必须进行招标的项目，应当公开招标；但有下列情形之一的，可以邀请招标：

①技术复杂、有特殊要求或受自然环境限制，只有少量潜在投标人可供选择；

②采用公开招标方式的费用占项目合同金额的比例过大。

招标人采用邀请招标方式，应向三个及三个以上具备承担招标项目的能力、资信良好的特定法人或其他组织发出投标邀请书。

#### 11. 1. 1. 3　招标程序

建设工程项目招标的程序如图 11-1 所示。

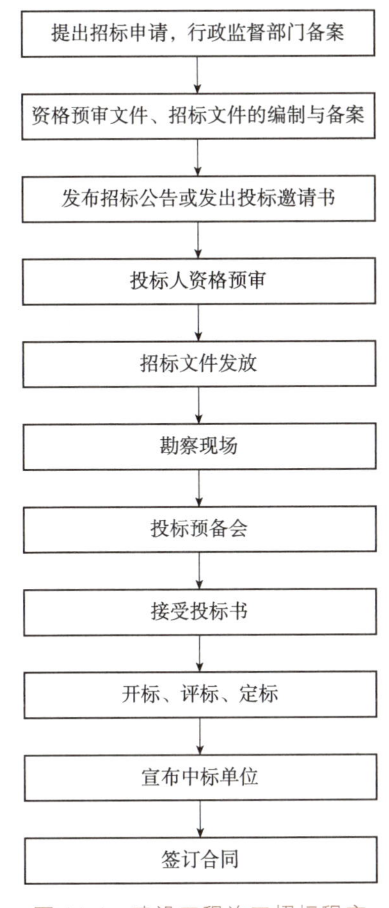


图 11-1　建设工程施工招标程序

**(1) 提出招标申请，自行招标或委托招标报主管部门备案**

招标人可自行办理招标事宜，也可以委托招标代理机构代为办理招标事宜。

招标人自行办理招标事宜，应当具有编制招标文件和组织评标能力，即招标人具有与招标项目规模和复杂程度相适应的技术、经济等方面的专业人员。

招标人不具备自行招标能力的，必须委托具备相应资质的招标代理机构代为办理招标事宜。

**(2) 招标信息的发布与修正**

① 招标信息的发布　工程招标是一种公开的经济活动，因此要采用公开的方式发布信息。

资格预审公告和招标公告应在国家指定的报刊和信息网络上发布。

招标公告应当载明招标人的名称和地址，招标项目的性质、数量、实施地点和时间，投标截止日期及获取招标文件的办法等事项。招标人或其委托的招标代理机构应当保证招标公告内容的真实、准确和完整。

招标人应当按招标公告或投标邀请书规定的时间、地点出售招标文件或资格预审文件。自招标文件或资格预审文件出售之日起至停止出售之日止，最短不得少于 5 日。

② 招标信息的修正　如果招标人在招标文件已经发布之后，发现有问题需要进一步澄清或修改，必须依据以下原则进行：

时限：招标人对已发出的招标文件进行必要的澄清或修改，应当在招标文件要求提交投标文件截止时间至少 15 日前发出；

形式：所有澄清文件必须以书面形式进行；

全面：所有澄清文件必须直接通知所有招标文件收受人。

由于修正与澄清文件是对原招标文件的进一步补偿或说明，因此该澄清或者修改的内容应为招标文件的有效组成部分。

**（3）资格审查**

资格审查分为资格预审和资格后审。资格预审是指在投标前对潜在投标人进行资格审查。资格后审是指在开标后对投标人进行的资格审查。进行资格预审的，一般不再进行资格后审，但招标文件另有规定的除外。

**（4）招标文件发放**

招标文件发放给通过资格预审获得投标资格或被邀请的投标单位。投标单位收到招标文件、图纸和有关资料后，应认真核对。招标单位对招标文件所做的任何修改或补充，须在投标截止时间至少 15 日前，发给所有获得招标文件的投标单位，修改或补充内容作为招标文件的组成部分。投标单位收到招标文件后，若有疑问或不清楚的问题需要澄清解释，应在收到招标文件后 7 日内以书面形式向招标单位提出，招标单位应以书面形式或投标预备会形式予以解答。

**（5）勘查现场**

为使投标单位获取关于施工现场的必要信息，在投标预备会的前 1~2 天，招标单位可组织投标单位进行现场勘查，投标单位在勘察现场中如有疑问，应在投标预备会前以书面形式向招标单位提出。

**（6）投标预备会**

投标预备会也称为标前会议或招标文件交底会，是招标人按投标须知规定的时间和地点召开的会议。投标预备会议上，招标人除了介绍工程概况以外，还可以对招标文件中的某些内容加以修改或补充说明，以及对投标人书面提出的问题和会议上即席提出的问题给以解答，会议结束后，招标人应将会议纪要用书面通知的形式发给每一个投标人。

无论是会议纪要还是对个别投标人的问题解答，都应以书面形式发给每一个获得招标文件的投标人，以保证招标的公平和公正。但对问题的答复不需要说明问题的来源。会议纪要和答复函件形成招标文件的补充文件，都是招标文件的有效组成部分，与招标文件具有同等法律效力，当补充文件与招标文件内容不一致时，应以补充文件为准。

**(7)接受投标书**

投标人应当在招标文件要求提交投标文件的截止时间前，将投标文件密封送达投标地点。招标人收到投标文件后，应当签收保存，开标前任何单位和个人不得开启投标文件。投标人少于 3 个的，招标人应当依法重新招标。在招标文件要求提交投标文件的截止日期后送达的投标文件，招标人应当拒收。投标人在招标文件要求的投标文件监督截止日期前，可以补充、修改或撤回已提交的投标文件，并书面通知招标人。补充、修改的内容为投标文件的组成部分。

**(8)开标、评标、定标**

①开标　应当在招标文件确定的提交投标文件截止时间的同一时间公开进行；开标地点应当为招标文件中确定的地点。开标由招标人主持，邀请所有投标人参加。开标时，由投标人或推选的代表检查投标文件的密封情况，也可由招标人委托的公证机构检查并公证；经确认无误后，由工作人员当众拆封，宣读投标人名称、投标价格和投标文件的其他主要内容。招标人在招标文件要求提交投标文件的截止时间前收到的所有投标文件，开标时都应当众予以拆封、宣读。开标过程应当记录，并存档备查。

②评标　评标分为评标前的准备、初步评审、详细评审、编写评标报告等过程。

评标前的准备：主要是确认评委是否需要回避，推荐产生评标委员会主任(评标小组组长)，熟悉招标文件。

初步评审：主要是进行符合性审查，即重点审查投标书是否实质上响应了招标文件的要求。审查内容包括：投标资格审查、投标文件完整性审查、投标担保的有效性、与招标文件是否有显著的差异和保留等。如果投标文件实质上未影响应招标文件的要求，将作无效标处理，不必进行下一阶段的评审。另外还要对报价计算的正确性进行审查，如果计算有误，通常的处理方法是：大小写不一致的以大写为准，单价与数量的乘积之和与所报总价不一致的应以单价为准；标书正本和副本不一致的，以正本为准。这些修改一般应由投标人代表签字确认。

详细评审：是评标的核心是对标书进行实质性审查，包括技术评审和商务评审。技术评审主要是对投标书的技术方案、技术措施、技术手段、技术装备、人员配备、组织结构、进度计划等的先进性、合理性、可靠性、安全性、经济性等进行分析评价。商务评审主要是对投标书的报价高低、报价构成、计价方式、计算方法、支付条件、取费标准、价格调整、税费、保险及优惠条件等进行评审。

评标委员会由招标人负责组建，由招标人或委托的招标代理机构组织熟悉相关业务的代表，以及有关技术、经济等方面的专家组成，成员人数为 5 人以上的单数，其中技术、经济等方面的专家不得少于成员总数的 2/3。确定评标专家，可以采取随机抽取或直接确定的方式。

评标方法可以采用评议法、综合评分法或评标价法等，根据不同的招标内容选择确定相应的方法。

评标结束应该推荐中标候选人。评标委员会推荐的中标候选人应当限定在 1~3 人，并标明排列顺序。

③定标　在招投标项目中，定标是指招标人根据评标结果产生中标候选人，经公示无异议后，公告确认中标人。招标人可以根据评标委员会提出的书面评标报告和推荐的中标候选人名单确定中标人，也可以授权评标委员会直接确定中标人。

**(9)宣布中标单位**

招标人确定后，招标人应当向中标人发出中标通知书，同时通知未中标人。

**(10)签订合同**

招标人与中标人在30个工作日之内签订合同。

#### 11.1.1.4　招标文件内容

①投标须知　主要包括：前附表；总则；工程概况；招标范围及基本要求情况；招标文件的解释、修改、答疑等有关内容；对投标文件的组成、投标报价、递交、修改、撤回等有关内容的要求；标底的编制方法和要求；评标、定标的有关要求和方法；授予合同的有关程序和要求；其他需要说明的有关内容。对于资格后审的招标项目，还要对资格审查所需提交的资料提出具体的要求。

②合同主要条款　主要包括：所采用的合同文本；质量要求；工期的确定及顺延要求；安全要求；合同价款与支付办法；材料设备的采购与供应；工程变更的价款确定方法和有关要求；竣工验收与结算的有关要求；违约、索赔、争议的有关处理办法；其他需要说明的有关条款。

③投标文件格式　对投标文件的有关内容的格式做出具体规定。

④工程量清单　采用工程量清单招标的，应当提供详细的工程量清单。

⑤技术条款　主要说明建设项目执行的质量验收规范、技术标准、技术要求等有关内容。

⑥设计图　招标项目范围内的全部施工图及其说明文件。

⑦评标标准和方法　评标标准和方法中，应明确规定所有评标因素，以及如何将这些因素量化或据以进行评估。在评标过程中，不得改变评标标准、方法和中标条件。

### 11.1.2　园林工程施工投标程序和要求

#### 11.1.2.1　投标文件内容

①投标函。

②投标书附录。

③投标保证金。

④法定代表人资格证明书。

⑤授权委托书。

⑥具有标价的工程量清单与标价表。

⑦辅助资料表。

⑧资格审查表(资格预审的不采用)。

⑨对招标文件中的合同协议条款内容的确认和响应。

⑩招标文件规定提交的其他资料。

### 11.1.2.2 投标程序

**(1)分析招标文件**

投标单位取得投标资格，获得招标文件之后的首要工作，就是认真仔细地研究招标文件，充分了解其内容和要求，以便有针对性地安排投标工作。

研究招标文件的重点应放在投标者须知、合同条款、设计图纸、工程范围及工程量表上，还要研究技术规范要求，看是否有特殊要求。

**(2)进行各项调查研究**

在研究招标文件的同时，投标人需要开展详细的调查研究，即对招标工程的自然、经济和社会条件进行调查，这些都是工程施工的制约因素，必然会影响到工程成本，是投标报价必须考虑的，所以在报价前必须了解清楚。

**(3)复核工程量**

招标文件中通常提供工程量清单，但投标者还是需要进行复核，因为这会直接影响到投标报价以及中标的机会。例如，当投标人大体上确定了工程总报价后，可适当采用报价技巧如不平衡报价法，对某些工程量可能增加的项目提高报价，而对某些工程量可能减少的项目降低报价。

投标人在核算工程量时，还要结合招标文件中的技术规范明确工程量中每一细目的具体内容，避免出现在计算单位、工程量或价格方面的错误与遗漏。

**(4)选择施工方案**

施工方案是报价的基础和前提，也是招标人评标时要考虑的重要因素之一。有什么样的方案，就有什么样的人工、机械与材料消耗，就会有相应的报价。因此，必须弄清分项工程的内容、工程量、所包含的相关工作、工程进度计划的各项要求、机械设备状态、劳动与组织状况等关键环节，据此制定施工方案。

施工方案应由投标单位的技术负责人主持制定，主要应考虑施工方法、主要施工机具的配置、各工种劳动力的安排及现场施工人员的平衡、施工进度及分批竣工的安排、安全措施等。施工方案的制定应在技术、工期和质量保证等方面对招标人有吸引力，同时又有利于降低施工成本。

**(5)投标计算**

投标计算是投标人对招标工程施工所要发生的各种费用的计算。在进行投标计算时，必须首先根据招标文件复核或计算工程量。作为投标计算的必要条件，应预先确定施工方案和施工进度。此外，投标计算还必须与采用的合同计价形式相协调。

**(6)确定投标策略**

正确的投标策略对提高中标率并获得较高的利润有重要作用。常用的投标策略是以信誉取胜，以低价取胜，以缩短工期取胜，以改进设计取胜，以先进或特殊的施工方案取胜等。不同的投标策略要在不同投标阶段的工作(如制定施工方案、投标计算等)中体现和贯彻。

**(7)正式投标**

投标人按照招标人的要求完成标书的准备与填报之后，就可以向招标人正式提交投标文件。在投标时需要注意投标的截止日期、投标文件的完备性以及签章、密封情况。

# 11.2　园林工程施工合同管理

工程项目合同管理包括合同签订和合同管理两项任务。合同签订包括合同准备、谈判、修改和签订等工作；合同管理包括合同文件的执行、合同争议的处理和索赔事宜的处理工作。

## 11.2.1　园林工程施工合同概述

### 11.2.1.1　施工合同的概念

《中华人民共和国民法典》(以下简称《民法典》)第三编合同第一分编通则第一章一般规定第四百六十四条规定：合同是民事主体之间设立、变更、终止民事法律关系的协议。第二分编典型合同第十八章建设工程合同第七百八十八条规定：建设工程合同是承包人进行工程建设，发包人支付价款的合同。建设工程合同包括工程勘察、设计、施工合同。

园林工程施工合同是指发包人与承包人之间为完成商定的园林工程施工项目，确定双方权利和义务而签署的协议。依据园林工程施工合同，承包方完成一定的种植、建筑和安装工程任务，发包人应提供必要的施工条件并支付工程价款。

### 11.2.1.2　园林工程施工合同特点

园林工程施工合同不同于其他合同，具有以下显著特点：

**(1)施工合同的特殊性**

园林工程施工合同中的各类景观和建筑物产品，其基础部分与大地相连，不能移动。这就决定了每个施工合同中的项目都是特殊的，相互间具有不可替代性；还决定了施工生产的流动性，即植物、建筑物所在地的施工生产场地、施工队伍、施工机械必须围绕这些园林景观产品不断移动。

**(2)施工合同履行期限的长期性**

在园林工程建设中，建筑物、构筑物、植物栽植的施工材料类型多，施工前期准备工作量大、耗时长，且合同履行期又长于施工工期，而施工工期是从正式开工之日起计算的。因此，在园林工程施工合同签订时，合同履行期为施工工期需加上开工前施工准备时间和竣工验收后的结算及保修期的时间，特别是对植物产品的管护工作需要更长的时间(至少一个生长季)。此外，在工程的施工过程中，还可能因为不可抗力、工程变更、材料供应不及时等原因而导致工期延长。

**(3)施工合同内容的多样性**

园林工程施工合同除了应具备合同的一般内容外，还应对安全施工、专利技术使用、发现地下障碍和文物、工程分包、不可抗力、工程设计变更、材料设备供应、运输、验收等内容做出规定。在施工合同的履行过程中，除施工企业与发包人的合同关系外，还应涉及与劳务人员的劳动关系、与保险公司的保险关系、与材料设备供应商的买卖关系、与运输企业的运输关系等。这些都决定了施工合同的内容具有多样性和复杂性的特点。

**(4)施工合同监督的严格性**

由于园林工程施工合同的履行对国家的经济发展，对人们的工作、生活和生存环境等都有重大影响，因此，国家对园林工程施工合同的监督是十分严格的。

### 11.2.1.3 施工合同一般内容

根据《建设工程施工合同(示范文本)》(GF—2017—0201)的有关规定，园林工程项目施工合同一般包括以下三部分内容：

①合同协议书 共计 13 条，主要包括：工程概况、合同工期、质量标准、签约合同价和合同价格形式、项目经理、合同文件构成、承诺以及合同生效等重要内容，集中约定了合同当事人基本的合同权利和义务。

②通用合同条款 是合同当事人根据《建筑法》《民法典》等法律法规的规定，就工程建设的实施及相关事项，对合同当事人的权利义务做出的原则性约定。

通用合同条款共计 20 条，具体条款分别为：一般约定、发包人、承包人、监理人、工程质量、安全文明施工与环境保护、工期和进度、材料与设备、试验与检验、变更、价格调整、合同价格、计量与支付、验收和工程试车、竣工结算、缺陷责任与保修、违约、不可抗力、保险、索赔和争议解决。前述条款安排既考虑了现行法律法规对工程建设的有关要求，也考虑了建设工程施工管理的特殊需要。

③专用合同条款 是对通用合同条款原则性约定的细化、完善、补充、修改或另行约定的条款。合同当事人可以根据不同建设工程的特点及具体情况，通过双方的谈判、协商对相应的专用合同条款进行修改补充。

## 11.2.2 园林工程施工合同谈判

园林工程施工承包合同谈判的主要内容包括以下方面：

**(1)工程内容和范围**

招标人和中标人可就招标文件中的某些具体工作内容进行讨论、修改、明确或细化，从而确定工程承包的具体内容和范围。在谈判中双方达成一致的内容，包括在谈判讨论中经双方确认的工程内容和范围方面的修改或调整，应以文字方式确定下来，并以“合同补遗”或“会议纪要”方式作为合同附件，并明确它是构成合同的一部分。

**(2)技术要求、技术规范和施工技术方案**

双方尚可对技术要求、技术规范和施工技术方案等进行进一步讨论和确认，必要的情况下甚至可以变更技术要求和施工方案。

**(3)合同价格**

一般招标文件中会明确规定合同将采用何种计价方式，在合同谈判阶段往往没有讨论的余地。但在可能的情况下，中标人在谈判过程中仍然可以提出降低风险的改进方案。

**（4）价格调整**

对于工期较长的建设工程，容易遭受货币或通货膨胀等因素的影响，可能给承包人造成较大损失。价格调整条款可以比较公正地解决这一承包人无法控制的风险损失。

无论是单价合同还是总价合同，都可以确定价格调整条款，即是否调整以及如何调整等。可以说，合同计价方式以及价格调整方式共同确定了工程承包合同的实际价格，直接影响着承包人的经济利益。在建设工程实践中，由于各种原因导致费用增加的概率远远大于费用减少的概率，有时最终的合同价格调整金额会很大，远远超过原定的合同总价，因此，承包人在投标过程中，尤其是在合同谈判阶段，务必对合同的价格调整条款予以充分的重视。

**（5）合同款支付方式**

施工合同的付款分四个阶段进行，即预付款、工程进度款、最终付款和退还保留金。关于支付时间、支付方式、支付条件和支付审批程序等有很多种可能的选择，并且可能对承包人的成本、进度等产生比较大的影响，因此，合同款支付方式的有关条款是谈判的重要方面。

**（6）工期和维修期**

中标人与招标人可根据招标文件中要求的工期，或根据投标人在投标文件中承诺的工期，考虑工程范围和工程量的变动而产生的影响，来商定一个确定的工期。同时，还要明确开工日期、竣工日期等。双方可根据各自的项目准备情况、季节和施工环境因素等条件洽商适当的开工时间。

双方应通过谈判明确由于工程变更（业主在工程实施中增减工程或改变设计等）、恶劣的气候影响，以及种种“作为一个有经验的承包人无法预料的工程施工条件的变化”等原因对工期产生不利影响时的解决办法，通常在上述情况下应该给予承包人要求合理延长工期的权利。

合同文本中应当对维修工程的范围、维修责任及维修期的开始和结束时间有明确的规定，承包人应该只承担由于材料和施工方法及操作工艺等不符合合同规定而产生的缺陷。

承包人应力争以维修保函来代替业主扣留的保留金。与保留金相比，维修保函对承包人有利，主要是因为可提前取回被扣留的现金，而且保函是有时效的，期满将自动作废。同时，它对业主并无风险，真正发生维修费用，业主可凭保函向银行索回款项。因此，这一做法是比较公平的。维修期满后，承包人应及时从业主处撤回保函。

**（7）合同条件中其他特殊条款的完善**

主要包括：关于合同图纸，违约罚金和工期提前奖金，工程量验收以及衔接工序和隐蔽工程施工的验收程序，施工占地，向承包人移交施工现场和基础资料，工程交付，预付款保函的自动减额条款，等等。

## 11.2.3　园林工程施工合同签订

### 11.2.3.1　施工合同签订原则

订立施工合同的原则是指贯穿于订立施工合同的整个过程，对承发包双方签订合同起指导和规范作用的准则。双方应遵循的原则主要有：

**(1)合法原则**

园林工程施工合同必须遵守国家法律、行政法规，园林工程建设的特殊要求与规定，也应遵守国家的建设计划。订立施工合同要严格执行《建设工程施工合同(示范文本)》(GF—2017—0201)，通过《民法典》《建筑法》与《中华人民共和国环境保护法》等法律法规来规范双方的权利和义务关系。

**(2)平等自愿、协商一致原则**

签订园林工程施工合同的当事人双方都具有平等的法律地位，任何一方都不得强迫对方接受不平等的合同条件。合同的内容应当是公平的，不能损害任何一方的利益，对于明显有失公平的合同，当事人一方有权申请人民法院或仲裁机构予以变更或撤销。

**(3)公平、诚实信用原则**

施工合同是双务合同，双方均享有合同确定的权利，也承担相应的义务。在拟定合同条款时，要充分考虑对方的合法利益和实际困难，以善意的方式设定合同的权利和义务。

**(4)过错责任原则**

合同中除规定双方的权利和义务外，还必须明确违约责任，必要时还要注明仲裁条款。

### 11.2.3.2　施工合同签订

**(1)合同风险评估**

在签订合同之前，承包人应对合同的合法性，完备性，合同双方的责任、权益以及合同风险进行评审、认定和评价。

**(2)合同文件内容确定**

建设工程施工承包合同的文件构成包括：合同协议书；工程量及价格；合同条件，包括合同一般条件和合同特殊条件；投标文件；合同技术条件(含图纸)；中标通知书；双方代表共同签署的合同补遗(有时也以合同谈判会议纪要形式)；招标文件；其他双方认为应该作为合同组成部分的文件，如投标阶段业主要求投标人澄清问题的函件和承包人所做的文字答复，双方往来函件等。

对所有在招标投标及谈判前后各方发出的文件、文字说明、解释性资料进行清理。对凡是与上述合同构成内容有矛盾的文件，应宣布作废。可以在双方签署的合同补遗中，对此做出排除性质的声明。

**(3)关于合同协议的补遗**

在合同谈判阶段，双方谈判的结果一般以合同补遗的形式，有时也以合同谈判会议纪要形式，形成书面文件。

应该注意的是，建设工程施工承包合同必须遵守法律。对于违反法律的条款，即使由合同双方达成协议并签了字，也不受法律保护。

**(4)签订合同**

双方在合同谈判结束后，应按上述内容和形式形成一个完整的合同文本草案，经双方代表认可后形成正式文件。双方核对无误后，由双方代表草签，至此合同谈判阶段即告结束。此时，承包人应及时准备和递交履约担保，准备正式签署施工承包合同。

### 11.2.4 园林工程施工合同履行与终止

**(1)施工合同履行原则**

园林工程项目施工合同的履行是指合同主体双方依据合同条款的规定内容，全面实施工程要求，实现各自享有的权利，承担各自负有的义务的过程。

①全面履行原则　合同当事人双方应当在合同约定的范围内全面履行自己的义务，包括义务的主体，标的，数量，质量，价款，报酬，履行的方式、地点、期限等。

②公平合理原则　合同当事人双方自订立合同起，直到合同结束，应该按照合同中的约定履行其义务。发生合同的变更、索赔、转让和终止，以及发生争议时，应当依据《民法典》的规定公平合理进行解决。

③诚实信用原则　要求当事人在合同履行时要恪守信用，尊重交易习惯，不得回避法律和歪曲合同条款，要尊重社会公共利益，不得滥用职权等。该原则贯穿于合同的订立、履行、变更、终止等全过程。

④不得擅自单方变更合同原则　合同当事人不得单方擅自变更合同，若合同要变更，必须按《民法典》中有关规定进行，否则就是违法行为。

**(2)施工合同履行**

施工合同履行的实质是实现签约双方在签订合同中规定的各项权利和义务的具体过程，也是维护签约各方经济利益的关键行为。承包方做好施工准备后，按照合同约定的时间开工，即进入了施工合同实施阶段。在施工合同的履行方面，就承包方而言，在施工阶段应全面地履行合同责任，按照合同的约定工期、质量、价格和要求完成工程。合同签订后，由项目经理全面负责工程管理工作。在施工过程中，项目经理要抓的关键问题是依据施工图、施工组织设计，按照工程技术规范、工序工艺要求、质量标准，以及工程进度日期安排、工程造价要求、安全消防管理条例规定组织具体施工，保证工程按时、按质、按量完成，并随时接受行业安全检查人员、监理工程师的检查和监督管理。

**(3)施工合同终止**

合同当事人完全履行了合同规定的义务，即经过工程施工阶段，园林工程以实物形态出现，工程已竣工验收并履行了维修养护责任，双方完成了工程结算，各种债务已经消除，工程和工程各种资料、手续移交完毕，合同关系即可终止。

### 11.2.5　园林工程施工合同变更与解除

#### 11.2.5.1　施工合同变更

合同变更是指依法对原来合同进行的修改和补充，即在履行合同项目的过程中，由于实施条件或相关因素的变化，而不得不对原合同的某些条款做出修改、订正、删除或补充。合同变更一经成立，原合同中的相应条款就应解除。合同变更是在条件改变时对双方利益和义务的调整，适当及时的合同变更可以弥补原合同条款的不足。

合同变更一般由监理工程师提出变更指令，它不同于《建设工程施工合同(示范文本)》(GF—2017—0201)的“工程变更”或“工程设计变更”。后者由发包人提出并报规划管理部门和其他部门重新审查批准。

**(1)合同变更法律规定**

《民法典》第三编合同第一分编通则第六章合同的变更和转让第五百四十三条规定：当事人协商一致，可以变更合同。

**(2)合同变更缘由**

施工合同变更的原因主要包括：

①工程量增减。

②资料及特性的变更。

③工程标高、基线、尺寸等变更。

④工程的删减。

⑤永久工程的附加工作，设备、材料和服务的变更等。

**(3)合同变更原则**

施工合同变更的原则主要包括：

①合同双方都必须遵守合同变更程序，依法进行，任何一方都不得单方面擅自更改合同条款。

②合同变更要经过有关专家(监理工程师、设计工程师、现场工程师等)的科学论证和合同双方的协商。在合同变更具有合理性、可行性，而且由此而引起的进度和费用变化得到确认和落实的情况下方可实行。

③合同变更的次数应尽量减少，变更的时间应尽量提前，并在事件发生后的一定时限内提出，以避免或减少给工程项目建设带来的影响和损失。

④合同变更应以监理工程师、业主和承包人共同签署的合同变更书面指令为准，并以此作为结算工程价款的凭据。紧急情况下，监理工程师的口头通知也可以接受，但必须在48h内追补合同变更书。承包人对合同变更若有不同意见可在7~10天内书面提出，但业主决定继续执行的指令，承包人应继续执行。

⑤合同变更所造成的损失，除依法可以免除的责任外，如由于设计错误，设计所依据的条件与实际情况不符，图与说明不一致，施工图有遗漏或错误等，应由责任方负责赔偿。

**(4)合同变更程序**

施工合同变更的程序应符合合同文件的有关规定，如图11-2所示。

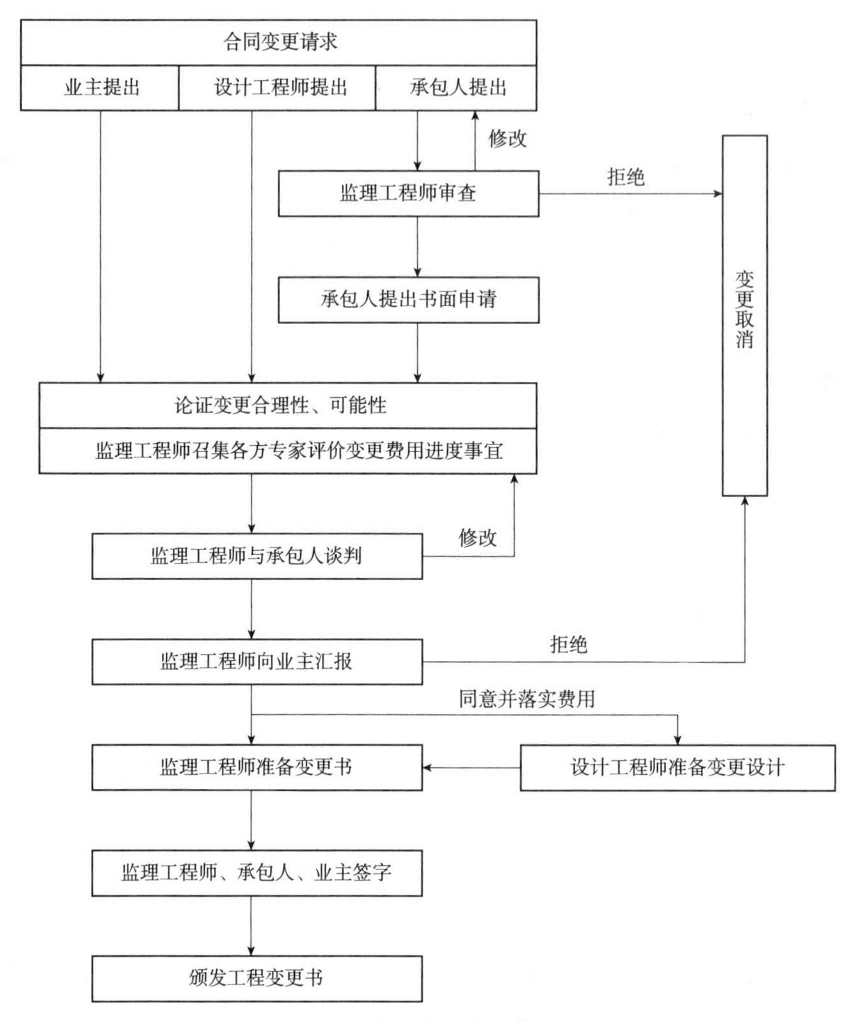


图11-2　施工合同变更的程序

### 11.2.5.2　施工合同解除

合同解除是在合同依法成立之后的合同规定的有效期内，合同当事人的一方有充足的理由，提出终止合同的要求，并同时出具包括终止合同理由和具体内容的申请，合同双方经过协商，就提前终止合同达成书面协议，宣布解除双方由合同确定的经济承包关系。

**(1)合同解除的理由**

①施工合同当事人双方协商，一致同意解除合同关系。

②因不可抗力或者非合同当事人的原因，造成工程停建或缓建，致使合同无法履行。

③由于当事人一方违约致使合同无法履行。

④合同当事人一方的其他违法行为致使合同无法履行，合同双方可以解除合同。

当合同当事人一方主张解除合同时，应向对方发出解除合同的书面通知，并在发出通知前7天告知对方。通知到达对方时，合同解除。对解除合同有异议时，按照解决合同争议程序处理。

**(2) 合同解除后的善后工作**

合同解除后的善后工作如下：

①合同解除后，当事人双方约定的结算和清理条款仍然有效。

②承包人应当按照发包人要求妥善做好已完工程和已购材料、设备的保护和移交工作，按照发包人要求将自有机械设备和人员撤出施工现场。发包人应为承包人撤出提供必要条件，支付以上所发生的费用，并按合同约定支付已完成工程款。

③已订货的材料、设备由订货方负责退货或解除订货合同，不能退换的货款和退货、解除订货合同发生的费用，由发包人承担。

### 11.2.6　园林工程施工合同争议与处理

合同争议是指当事双方对合同订立和履行情况以及不履行合同的后果产生的纠纷。

**(1) 施工合同争议解决方式**

合同当事人在履行施工合同时，解决所发生争议、纠纷的方式有和解、调解、仲裁和诉讼等。

①和解　是指争议的合同当事人，依据有关法律规定或合同约定，以合法、自愿、平等为原则，在互谅互让的基础上，经过谈判和磋商，自愿对争议事项达成协议，从而解决分歧和矛盾的一种方法。和解方式无须第三者介入，简便易行，能及时解决争议，避免当事人经济损失扩大，有利于双方的协作和合同的继续履行。

②调解　是指争议的合同当事人，在第三方的主持下，通过其劝说引导，以合法、自愿、平等为原则，在分清是非的基础上，自愿达成协议，以解决合同争议的一种方法。调解有民间调解、仲裁机构调解和法庭调解三种。调解协议书对当事人具有与合同一样的法律约束力。运用调解方式解决争议，双方不伤和气，有利于今后继续履行合同。

③仲裁　又称公断，是双方当事人通过协议自愿将争议提交第三者(仲裁机构)做出解决，并负有履行裁决义务的一种解决争议的方式。仲裁包括国内仲裁和国际仲裁。仲裁须经过双方同意并约定具体的仲裁委员会。仲裁可以不公开审理，从而保守当事人的商业秘密，节省费用，一般不会影响双方日后的正常交往。

④诉讼　是指合同当事人相互间发生争议后，只要不存在有效的仲裁协议，任何一方向有管辖权的法院起诉，并在其主持下维护自己的合法权益的活动。通过诉讼，当事人的权利可得到法律的严格保护。

一旦合同争议进入仲裁或诉讼，项目经理应及时向企业领导汇报和请示。因为仲裁和诉讼必须以企业(具有法人资格)的名义进行，由企业做出决策。

**(2) 争议发生后履行合同情况**

在一般情况下，发生争议后，双方都应继续履行合同，保持施工连续，保护好已完工程。只有发生下列情况时，当事人可停止履行施工合同：

①单方违约导致合同确已无法履行，双方协议停止施工。

②调解要求停止施工，且为双方接受。

③仲裁机关要求停止施工。

④法院要求停止施工。

### 11.2.7 园林工程施工分包合同管理

承包人经发包人同意或按照合同约定，可将承包项目的部分非主体工程、专业工程分包给具备相应资质的分包人完成，并与之订立分包合同。

建设工程施工分包包括专业工程分包和劳务作业分包两种。在我国，建设工程施工总承包或施工总承包管理的任务往往是由技术密集型和综合管理型的大型企业承担，项目中的许多专业工程施工往往由中小型的专业化公司或劳务公司承担。工程施工的分包是我国目前非常普遍的现象和工程实施方式。

**(1)对施工分包单位进行管理的责任主体**

施工分包单位的选择可由业主指定，也可以在业主同意的前提下由施工总承包或施工总承包管理单位自主选择，其合同既可以与业主签订，也可以与施工总承包或施工总承包管理单位签订。一般情况下，无论是业主指定的分包单位还是施工总承包或施工总承包管理单位选定的分包单位，其分包合同都是与施工总承包或施工总承包管理单位签订。对分包单位的管理责任，也是由施工总承包或施工总承包管理单位承担。也就是说，将由施工总承包或施工总承包管理单位向业主单位负施工的工程质量、工程进度、安全等责任。

**(2)分包合同文件组成及优先顺序**

①分包合同协议书。

②承包人发出的分包中标书。

③分包人的报价书。

④分包合同条件。

⑤标准、规范、图纸、列有标价的工程量清单。

⑥报价单或施工图预算书。

**(3)履行分包合同要求**

①工程分包不能解除承包人任何责任与义务，承包人应在分包现场派驻相应的监督管理人员，保证合同的履行。履行分包合同时，承包人应就承包项目(其中包括分包项目)向发包人负责，分包人就分包项目向承包人负责。分包人与发包人之间不存在直接的合同关系。

②分包人应按照分包合同的规定，实施和完成分包工程，修补其中的缺陷，提供所需的全部工程监督、劳务、材料、工程设备和其他物品，提供履约担保、进度计划，不得将分包工程进行转让或再分包。

③承包人应提供总包合同(工程量清单或费率所列承包人的价格细节除外)供分包人查阅。

④分包人应当遵守分包合同规定的承包人的工作时间和规定的分包人的设备材料进出场的管理制度。承包人应为分包人提供施工现场及其通道；分包人应允许承包人和监理工程师等在工作时间内合理进入分包工程的现场，并提供方便，做好协助工作。

⑤分包人应根据下列条件延长竣工时间：承包人根据总包合同延长总包合同竣工时

间；承包人指示延长；承包人违约。分包人必须在延长开始 14 天内将延长情况通知承包人，同时提交一份证明或报告，否则分包人无权获得延期。

⑥分包人仅从承包人处接受指示，并执行其指示。如果上述指示从总包合同来分析是监理工程师失误所致，则分包人有权要求承包人补偿由此而导致的费用。

⑦分包人应根据下列指示变更、增补或删减分包工程：监理工程师根据总包合同做出的指示，再由承包人作为指示通知分包人；承包人的指示。

⑧分包工程价款由承包人与分包人结算。发包人未经承包人同意不得以任何名义向分包单位支付各种工程款项。

⑨由于分包人的任何违约行为、安全事故或疏忽、过失导致工程损害或给发包人造成损失，承包人承担连带责任。

(4)**分包管理内容**

对施工分包单位管理的内容包括成本控制、进度控制、质量控制、安全管理、信息管理、人员管理、合同管理等。

①成本控制　首先，无论采用何种计价方式，都可以通过竞争方式降低分包工程的合同价格，从而降低承包工程的施工总成本；其次，在对分包工程款的支付审核方面，可通过严格审核实际完成工程量，建立工程款支付与工程质量和工程实际进度挂钩的联动审核方式，防止超过和早付。

对于业主指定分包，如果不是由业主直接向分包人支付工程款，则要把握分包工程款的支付时间，一定要在收到业主的工程款之后才能支付，并应扣除管理费、施工配合费(我国部分地区有关于此项费用的规定)和质量保证金等。

②进度控制　应该根据施工总进度计划提出分包工程的进度要求，向施工分包单位明确分包工程的进度目标。应该要求施工分包单位按照分包工程的进度目标要求建立详细的分包工程施工进度计划，通过审核，判断其是否合理，是否符合施工总进度计划的要求，并在工程进展过程中严格控制其执行。

在施工分包合同中应确定进度计划拖延的责任，并在施工过程中进行严格考核。

在工程进展过程中，承包单位还应该积极为分包工程的施工创造条件，及时审核和签署有关文件，保证材料供应，协调好各分包单位之间的关系，按照施工分包合同的约定履行施工总承包人的职责。

③质量控制和安全管理　在分包工程施工前，应向分包人明确施工质量要求，要求施工分包人建立质量保证体系，制定质量保证和安全管理措施，经审查批准后再进行分包工程的施工。

施工过程中，严格检查施工分包人的质量保证与安全管理体系和措施的落实情况，并根据总包单位自身的质量保证体系控制分包工程的施工质量。应该在承包人和分包人自检合格的基础上提交业主方检查和验收。

增强全体人员的质量和安全意识是工程施工的首要措施。工程开工前，应针对工程的特点，由项目经理或负责质量、安全的管理人员组织进行质量、安全意识教育，通过教育提高各类管理人员和施工人员的意识，并将其贯穿到实际工作中。

### 11.2.8 园林工程施工合同计价方式和价款确定

**(1)施工合同计价方式**

合同的计价方式有很多种，不同种类的合同，有不同的应用条件、不同的权利和责任分配、不同的付款方式，同时合同双方的风险也不同，应依据具体情况选择合同类型。目前，合同的类型主要有四种：

①单价合同　是最常见的合同种类，适用范围广。由于其风险分配比较合理，因此适用于大多数工程，并能调动承包人和分包人双方的管理积极性，我国建设工程施工合同主要是这类合同。单价合同又分为固定单价合同和可调单价合同等形式。

②总价合同　以一次包干的总价发包，是合同当事人约定以施工图、已标价工程量清单或预算书及有关条件进行合同价格计算、调整和确认的建设工程施工合同，因此，在这类合同中承包人承担了全部的工作量和价格风险。通常除了设计有重大变更和符合合同规定的调价条件外，一般不允许调整合同价格，即在约定的范围内合同总价不做调整。

③成本加酬金合同　指工程最终合同价格按承包人的实际成本加一定比率的酬金(间接费)计算。在合同签订时不能确定一个具体的合同价格，只能确定酬金的比率。由于合同价格按承包人的实际成本结算，所以在这类合同中，承包人不承担任何风险，而发包人承担了全部工作量和价格风险。

④目标合同　以全包形式承包工程，通常合同规定承包人对工程建成后的功能、工程总成本、工期目标承担责任。若工期拖延，则承包人承担工期拖延违约金；若实际总成本低于预定总成本，则节约的部分按预定比例奖励承包人；反之，则由承包人按比例承担。

**(2)施工合同价款确定**

业主、承包人在合同条款中除约定合同价外，一般还应对下列有关工程合同价款的事项进行约定：

①预付工程款的数额、支付时限及抵扣方式。

②支付工程进度款的方式、数额及时限。

③工程施工中发生变更时，工程价款的调整方法、索赔方式、时限要求及金额支付方式。

④发生工程价款纠纷的解决方法。

⑤约定承担风险的范围和幅度，以及超出约定范围和幅度的调解方法。

⑥工程竣工价款结算与支付方式、数额及时限。

⑦工程质量保证(保修)金的数额、预扣方式及时限。

⑧工期及工期提前或延后的奖惩方法。

⑨与履行合同、支付价款有关的担保事项。

招标工程合同约定的内容不得违背招标投标文件的实质性内容。招标文件与中标人投标文件不一致的地方，以投标文件为准。

# 11.3　园林工程施工索赔

## 11.3.1　园林工程施工索赔概述

**(1)索赔概念**

施工索赔是承包人由于非自身原因，发生合同规定之外的额外工作或损失时，向业主提出费用或时间补偿要求的活动。

在施工项目合同管理中的施工索赔，一般是指承包人(或分包人)向业主(或总承包人)提出的索赔，而把业主(或总承包人)向承包人(或分包人)提出的索赔称为反索赔。以上两种广义上统称索赔。

**(2)索赔事件**

在施工过程中，通常可能发生的索赔事件主要有：

①业主没有按合同规定的时间、数量交付设计图和资料，未按时交付合格的施工现场等，造成工程拖延和损失。

②工程地质条件与合同规定、设计文件不一致。

③业主或监理工程师变更原合同规定的施工顺序，扰乱了施工计划及施工方案，使工程数量有较大增加。

④业主指令提高设计、施工、材料的质量标准。

⑤由于设计错误或业主、工程师错误指令，造成工程修改、返工、窝工等。

⑥业主和监理工程师指令增加额外工程，或指令工程加速。

⑦业主未能及时支付工程款。

⑧物价上涨，汇率浮动，造成材料价格、工日工资上涨，承包人蒙受较大损失。

⑨国家政策、法令修改。

⑩不可抗力因素等。

园林工程项目施工索赔最常见的有费用索赔和工期索赔。

**(3)索赔依据**

索赔依据就是在索赔过程中，能够证明索赔应该发生的证据，一般包括以下几类：

①证明索赔事件客观发生的证据　来源于施工过程中对所有偏离合同或履行合同中具体量化的工程事件的记录资料，如事件发生的时间、地点、气象资料，涉及有关单位或具体人员、工程某具体部位，以及能够证明事件已实际发生的各种资料和事件描述等，它们大多以照片、信件、电话和电报记录、表格、施工日志等形式表现。

②对某事件具有索赔权利的证据　主要是构成工程合同的原始文件，如该工程具体合同文件、招标阶段的文件；合同履行中的违约和变更；工程地质勘查报告、工程材料及设备的采购、运输等票据；工程施工过程中工程师的各种指示和通知材料、会议记录、会谈纪要、备忘录、施工现场记录、监理周报、监理月报；工程财务记录，以及合同规定的其他有索赔权利的有效证据。乙方在证明自己具有索赔权利时，必须详细指出所依据的文件的具体条款或内容，并按合同的解释顺序进行，不得断章取义。

③对索赔事件的发生造成不利影响的证据　即证明由于新情况的发生，如政策变化、材料涨价等，对原施工计划、实际进度、施工顺序、施工机械、劳动力调配、材料供应、资金投入方面造成了干扰，影响了生产效率、工程效益。这类证据因事件不同所涉及的问题相当广泛，但只要有充分的理由证明的确对工程产生了不利影响，也可作为证据。

索赔证据的收集是索赔过程中最为关键的一环，它直接关系到索赔能否成功，因此收集证据是十分必要的，为此应该建立健全文档资料管理制度，建立一个专人管理、责任分工明确的管理体系。

可以直接或间接作为索赔证据的资料很多，详见表11-1。

表11-1　可直接或间接作为索赔证据的资料

| 施工记录方面 | 财务记录方面 |
|---|---|
| 施工日志<br>施工检查员的报告<br>逐月分项施工纪要<br>施工工长的日报<br>每日工时记录<br>同业主代表的往来信函及文件<br>施工进度及特殊问题的照片或录像带<br>会议记录或纪要<br>施工图<br>业主或其代表的电话记录<br>投标时的施工进度表<br>修正后的施工进度表<br>施工质量使用记录<br>施工设备使用记录<br>施工材料使用记录<br>气象报告<br>验收报告和技术鉴定报告 | 施工进度款支付申请单<br>工人劳动计时卡<br>工人分布记录<br>材料、设备、配件等的采购单<br>工人工资单<br>付款收据<br>收款收据<br>标书中财务部分的章节<br>工程的施工预算<br>工地开支报告<br>会计日报表<br>会计总账<br>批准的财务报告<br>会计往来信函及文件<br>通用货币汇率变化表<br>官方的物价指数、工资指数 |

## 11.3.2 园林工程索赔程序

工程施工中承包人向发包人索赔、发包人向承包人索赔以及分包人向承包人索赔的情况都有可能发生，以下说明承包人向发包人索赔的一般程序。

施工索赔程序如图11-3所示。

**(1)索赔意向通知**

索赔事件发生后28天内，承包人应该以书面形式向监理工程师递交索赔的意向通知书，声明对此事件提出索赔。

索赔意向通知要简明扼要地说明索赔事件发生的时间、地点、简单事实情况描述和发展动态、索赔依据和理由、索赔事件的不利影响等。

索赔意向通知书是承包人就具体的索赔事件向业主和监理工程师表示的索赔愿望和要求，如果超过了该期限，监理工程师和业主有权拒绝索赔的要求。

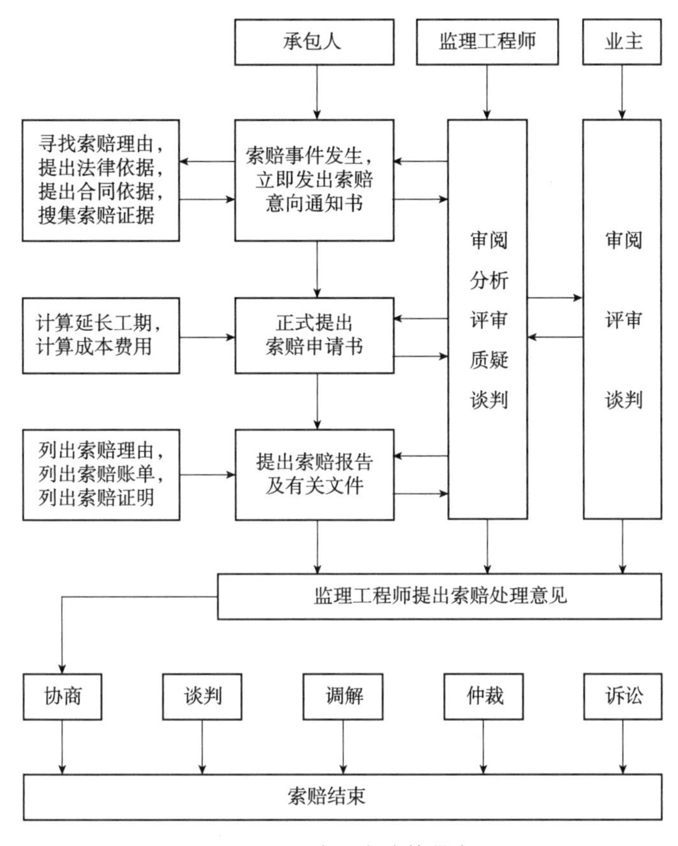


图 11-3 施工索赔的程序

（2）**索赔依据整理**

当承包人提出索赔意向后，应立即进行索赔依据的整理处理工作，直到正式向业主和监理工程师提交索赔报告。这个阶段的任务是：

①跟踪和调查干扰事件，掌握事件产生的详细经过；

②分析干扰事件产生的原因，划清各方责任，确定索赔依据；

③损失或损害调查分析与计算，确定工期索赔和费用索赔值；

④搜集证据，获得充分而有效的各种证据；

⑤起草索赔文件并递交。

这项工作对承包人的索赔十分重要，凡是与索赔事件有关的文件或记录都应该及时收集整理，必要时可以征求监理工程师的意见，为索赔事件的处理提供确切的证据。

（3）**索赔文件提交**

提出索赔的一方应该在合同规定的时限内向对方提交正式的书面索赔文件。例如，FIDIC 合同条件和我国《建设工程施工合同（示范文本）》（GF—2017—0201）都规定，承包人必须在发出索赔意向通知书后的 28 天内或经过监理工程师同意的其他合理时间内向其提交一份详细的索赔文件和有关资料。

①索赔中间报告　如果干扰事件对工程的影响持续时间长，承包人应按监理工程师要求的合理间隔（一般为 28 天），提交中间索赔报告。其内容是报告事件发展的情况，已经采取了哪些防止损失扩大的措施，目前对工程成本和工期的影响程度，争取监理工程师的

进一步指令等。

②最终索赔报告　干扰事件影响结束后的28天内，承包商应向监理工程师提交最终索赔报告。

索赔文件的主要内容包括以下几个方面：

总述部分：索赔事件发生的具体时间、地点、原因、产生的持续影响及承包商的具体索赔要求等。

论证部分：其目的是说明自己有索赔权，这是索赔报告的关键部分，也是索赔能否成立的关键。

索赔款项(和/或工期)计算部分：若索赔报告论证部分的任务是解决索赔权能否成立，则索赔款项计算是为解决能取得多少款项(或工期)。前者定性，后者定量。

证据部分：要注意引用的每个证据的效力或可信程度，对重要的证据资料最好附以文字说明，或附以确认件，如收据、发票、照片等。

**(4)索赔文件审核**

①监理工程师审核　对于承包人向发包人的索赔请求，索赔文件首先应该交由监理工程师审核。监理工程师根据发包人的委托或授权，对承包人索赔的审核工作主要分为判定索赔事件是否成立和核查承包人的索赔计算是否正确、合理两个方面，并可在授权范围内做出判断，初步确定补偿额度，或要求补充证据，或要求修改索赔报告等。对索赔的初步处理意见要提交发包人。

②发包人审查　对于监理工程师的初步处理意见，发包人需要进行审查和批准，然后监理工程师才可以签发有关证书。如果索赔额度超过了监理工程师权限范围时，应由监理工程师将审查的索赔报告请发包人审批，并与承包人谈判解决。

**(5)协商**

对于监理工程师的初步处理意见，发包人和承包人可能都不接受或其中的一方不接受，三方可就索赔的解决进行协商，达成一致，其中可能包括复杂的谈判过程，经过多次协商才能达成。

如果经过努力无法就索赔事宜达成一致意见，则发包人和承包人可根据合同约定选择采用仲裁或诉讼方式解决。

**(6)业主审查索赔处理**

业主根据承包人提出的索赔报告及监理工程师对此处理的审核意见，权衡施工的实际情况后，可对索赔报告予以批准，此时监理工程师即可签发有关索赔证书。

### 11.3.3 园林工程索赔费用计算

#### 11.3.3.1 费用索赔及其项目构成

费用索赔是施工索赔的主要内容。承包人通过费用索赔要求业主对索赔事件引起的直接损失和间接损失给予合理的经济补偿。

计算索赔额时，一般是先计算与事件有关的直接费，然后计算应分摊的管理费。费用项目构成、计算方法与合同报价中基本相同，但具体的费用构成内容却因索赔事件性质不同而有所不同。表 11-2 中列出了工期延长、业主指令工程加速、工程中断、工程量增加和附加工程等类型索赔事件的可能的费用损失项目构成及其示例。

**表 11-2　索赔事件的费用损失项目构成及其示例**

| 索赔事件 | 可能的费用损失项目 | 示　例 |
|---|---|---|
| 工期延长 | (1)人工费增加；<br>(2)材料费增加；<br>(3)现场施工机械设备停置费；<br>(4)现场管理费增加；<br>(5)因工期延长和通货膨胀使原工程成本增加；<br>(6)相应保险费、保函费用增加；<br>(7)分包商索赔；<br>(8)总部管理费分摊；<br>(9)推迟支付引起的兑换率损失；<br>(10)银行手续费和利息支出 | 工资上涨，现场停工、窝工，生产效果率降低，不合理使用劳动力等损失；<br>因工期延长，材料价格上涨；<br>设备因延期所引起的折旧费、保养费或租赁费等；<br>现场管理人员的工资及其附加支出，生活补贴，现场办公设施支出，交通费用等；<br>分包商因延期向承包人提出的费用索赔；<br>因延期造成公司部分管理费增加；<br>工程延期引起支付延迟 |
| 业主指令工程加速 | (1)人工费增加；<br>(2)材料费增加；<br>(3)机械使用费增加；<br>(4)因加速增加现场管理人员的费用；<br>(5)总部管理费增加；<br>(6)资金成本增加 | 因业主指令工程加速造成增加劳动力投入，不经济地使用劳动力，生产率降低和损失等；<br>不经济地使用材料，材料提前交货的费用补偿，材料运输费增加；<br>不经济地使用机械，增加机械投入；<br>费用增加和支出提前引起负现金流量所支付的利息 |
| 工程中断 | (1)人工费增加；<br>(2)机械使用费增加；<br>(3)保函、保险费、银行手续费增加；<br>(4)贷款利息增加；<br>(5)总部管理费增加；<br>(6)其他额外费用增加 | 留守人员工资，人员的遣返费用，对工人的赔偿金等；<br>设备停置费，额外进出场费，租赁机械的费用损失等；<br>停工、复工所产生的额外费用，工地重新整理费用 |
| 工程量增加和附加工程 | (1)工程量增加所引起的索赔额，其构成与合同报价组成相似；<br>(2)附加工程的索赔额，其构成与合同报价组成相似 | 工程量增加小于合同总额的 5%，为合同规定的承包人应承担的风险，不予补偿；<br>工程量增加超过合同规定的范围(如合同额的 15%～20%)，承包人可要求调整单价，否则合同单价不变 |

### 11.3.3.2　费用索赔额计算

**(1)总费用法**

总费用法是以承包人的额外成本为基础，加上管理费、利息及利润作为总索赔额的计算方法。这种方法要求原合同总费用计算准确，承包人报价合理，并且在施工过程中没有任何失误，合同总成本超支均为非承包人原因所致等条件，这一般在实践中是不可能的，因而应用较少。

**(2)分项法**

分项法是先对每个引起损失的索赔事件和各费用项目单独分析计算，最终求和。这种方法能反映实际情况，清晰合理，虽然计算复杂，但仍被广泛采用。

①人工费索赔额计算方法　计算各项索赔费用的方法与工程报价的计算方法基本一致。但其中人工费索赔额计算有两种情况，分述如下：

一是根据增加或损失工时计算，计算公式为：

额外劳务人员雇用、加班人工费索赔额=增加工时×投标时人工单价

闲置人员人工费索赔额=闲置工时×投标时人工单价×折扣系数(一般为0.75)

二是由于劳动生产率降低，额外支出人工费，其计算方法包括：

实际成本和预算补偿比较法：这种方法是用受干扰后的实际成本与合同中的预算成本比较，计算出由于劳动效率降低造成的损失金额。计算时，需要详细的施工记录和合理的估价体系，两种成本的计算准确且成本增加确系业主原因时，索赔成功的把握很大。

正常施工期与受影响施工期比较法：这种方法是分别计算出正常施工期内和受干扰时施工期内的平均劳动生产率，求出劳动生产率降低值，而后求出索赔额。其计算公式为：

$$\text{人工费索赔额}=\frac{\text{计划工时}\times\text{劳动生产率降低值}}{\text{正常情况下平均劳动生产率}}\times\text{相应人工单价}$$

②机械费索赔额计算方法　对于自有机械的闲置，一般只给付该机械的折旧费；如果是租赁的机械，给付台班费。

③现场管理费索赔额计算方法　一般采用如下公式：

现场管理费索赔额=索赔的直接成本费用×现场管理费率

④上级管理费索赔额　上级管理费包括公司的管理费、办公楼的折旧、职工的工资等。此种索赔，一般仅在工程延期和工程范围变更时才允许。

### 11.3.4 园林工程工期索赔计算

在施工过程中，由于各种因素(承包和非承包)的影响，使得承包人不能够在合同规定的工期内完工，造成工期拖延，引起工期索赔。

工期索赔的目的是取得业主对于合理延长工期的合法性的确认。施工过程中，许多原因都可能导致工期拖延，但只有在某些情况下才能进行工期索赔，详见表11-3。

表11-3　工期拖延与索赔处理

| 种　类 | 原因及责任者 | 处　理 |
|---|---|---|
| 可原谅，不补偿，但可延期 | 责任不在任何一方，如不可抗力、恶性自然灾害 | 工期索赔 |
| 可原谅，应补偿，应延期 | 业主违约导致非关键线路上工程延期，引起费用损失 | 费用索赔 |
| | 业主违约导致整个工程延期 | 工期及费用索赔 |
| 不可原谅、延期 | 承包人违约导致整个工程延期 | 承包人承担违约罚款并承担违约后业主要求加快施工或终止合同所引起的一切经济损失 |

在工期索赔中，首先要确定索赔事件发生对施工活动的影响及引起的变化，然后分析施工活动变化对总工期的影响。

常用的计算索赔工期的方法有：

**(1)网络分析法**

网络分析法是通过分析索赔事件发生前后网络计划工期的差异计算索赔工期的方法。这是一种科学合理的计算方法，适用于各类工期索赔。

**(2)对比分析法**

对比分析法比较简单，适用于索赔事件仅影响单位工程或分部分项工程的工期，由此计算对总工期的影响。计算公式为：

总工期索赔＝原合同总工期×额外或新增工程量价格／原合同总价

**(3)劳动生产率降低计算法**

在索赔事件干扰正常施工导致劳动生产率降低，而使工期拖延时，可按下式计算索赔工期：

索赔工期＝计划工期×[(预期劳动生产率−实际劳动生产率)/预期劳动生产率]

**(4)简单加总法**

在施工过程中，由于恶劣气候、停电、停水及意外风险造成全面停工而导致工期拖延时，可以一一列举各种原因引起的停工天数，累加结果，即可作为索赔天数。

应注意的是由于多项索赔事件引起的总工期索赔，不可以用各单项工期索赔天数简单相加，最好采用网络分析计算索赔工期。

# 11.4　园林工程变更、签证管理

## 11.4.1　园林工程变更及其管理

### 11.4.1.1　工程变更概念

工程变更是工程合同特有的约定。设计图纸不完备、发包人改变想法以及施工条件不可预料等决定了工程施工具有不确定性特点。为了提高应对不确定事件的效率，工程合同赋予发包人单方面变更的权利，同时赋予承包人请求按照合同约定的估价方法增减合同价款、顺延工期的权利。

工程变更是全过程索赔的关键环节之一。变更价款是承包人获得额外收入的主要来源，往往可以占到合同价款的10%～25%。而且相对于经济索赔，工程变更是容易为发包人接受的方式。

工程变更一般可以分为建议、发变更指令、变更报价、实施变更等阶段。变更指令一般由监理工程师发出；设计人等其他变更人员无权发出变更指令，承包人实施该变更，发包人未提出异议的，视为发包人追认该变更指令。

### 11.4.1.2　工程变更的原因

工程变更的原因可概括为以下几方面：

①因设计人员、工程师、承包人事先未能很好地理解发包人的意图，或设计错误而导致的图纸修改。

②发包人有新的意图，如修改项目总计划、削减预算等。

③因为产生新的技术和知识，有必要改变原设计、实施方案或实施计划。

④合同双方当事人由于倒闭或其他原因转让合同，造成合同当事人的变化。

⑤因工程环境的变化，预定的工程条件不准确，造成必须改变原设计、实施方案或实施计划的，或由于发包人指令及发包人责任造成承包人施工方案的变更。

⑥政府部门对工程提出新的要求，如国家计划变化、环境保护要求、城乡规划变动等。

⑦因合同实施出现问题，必须调整合同目标或修改合同条款。

#### 11.4.1.3 工程变更类型

工程变更可分为设计变更、施工方案变更、工作删除、额对工作四类，其中设计变更是主要类型，施工方案变更是难点。

①设计变更　是指改变合同中任何一项工作的质量或其他特性，或变更合同工程的基线、标高、位置或尺寸等。这是最主要的一类工程变更。若细节图纸确实与合同图纸不同，即构成设计变更。

②施工方案变更　是指改变合同中任何一项工作的施工时间或改变已批准的施工工艺或顺序。因发包人或监理工程师要求承包人修改施工方案，构成工程变更的，发包人应承担相应责任。不利地质条件也可以构成施工方案变更。在施工承包中，由发包人提供原设计图纸、地质勘察报告以及其他基础性资料，施工过程中出现一个有经验的承包人无法预料的不利地质条件，致使承包人修改施工方案，仲裁庭判决发包人承担因此增加的部分价款。

③工作删除　在施工过程中，发包人会经常要求取消一些工作。这种取消工作可分为一般删除和实质删除。一般删除指发包人为顺利实施工程需要删除少量次要工作，并且不再实施这部分工作。一般删除不实质性改变工程合同。而实质删除是指在一般删除之外删除大量或重要的合同工作。实质删除本质是部分解除工程被删除部分的合同。发包人实施实质删除应该征得承包人同意，并应补偿承包人因此造成的损失，主要是预期利润。

④额外工作　额外工作是发包人本应重新招标确定新的承包人来实施的，但发包人为方便而直接以变更的方式要求原承包人实施，原承包人既可以接受也可以拒绝。对于额外工作的价款，双方应重新协商确定。

#### 11.4.1.4 工程变更施工程序

**(1)变更提出**

监理工程师决定根据有关规定变更工程时，应向承包人发出变更意向通知，其内容主要包括以下几方面：

①变更的工程项目、部位或合同内容。

②变更的原因、依据及有关的文件、图样、资料。

③要求承包人据此安排变更工程的施工或合同文件修订的事宜。

④要求承包人向监理工程师提交此项变更给其带来影响的估价报告。

**（2）收集资料**

监理工程师指定专人受理变更，重大的工程变更请建设单位和设计单位参加。变更意向通知发出的同时，应着手收集与该变更有关的一切资料，一般包括以下几类资料：

①变更前后的图样（或合同、文件）。

②技术变更洽商记录。

③技术研讨会记录。

④来自建设单位、承包人、监理工程师方面的文件与会谈记录；行业部门涉及变更的规定与文件；上级主管部门的指令性文件等。

**（3）评估费用**

监理工程师根据掌握的文件和实际情况，按照合同有关条款，综合考虑，对变更费用做出评估。

评估的主要工作在于审核变更工程数量及确定变更工程的单价及费率。

**（4）协商价格**

监理工程师应与承包人和建设单位就其工程变更费用评估的结果进行磋商。在意见难以统一时，监理工程师应确定最终价格。

**（5）签发工程变更令**

变更资料齐全、变更费用确定后，监理工程师应根据合同规定签发工程变更令。

工程变更令主要包括文件目录、工程变更令、工程变更说明、工程费用估计表及有关附件。

**（6）实施变更**

承包人按工程变更通知令执行工程变更。

#### 11.4.1.5　工程变更应遵循的规则

（1）合同变更必须用书面形式或以一定的规格写明。对于要取消的任何一项分部工程，合同变更应在该部分工程还未施工前进行，以免造成人力、物力、财力的浪费，也避免造成发包人多支付工程款项。

（2）根据通常的工程惯例，除非监理工程师明显超越合同赋予的权限，否则承包人应该无条件地执行其合同变更的指令。如果工程师根据合同约定发布了进行合同变更的书面指令，那么无论承包人对此是否有异议，无论合同变更的价款是否已经确定，也无论监理方或发包人答应给予付款的金额是否令承包人满意，承包人都应无条件地执行此指令。若承包人有意见，只能是一边进行变更工作，一边根据合同规定寻求索赔或仲裁解决。在争议处理期间，承包人有义务继续进行正常的工程施工和有争议的变更工程施工，否则可能会构成承包人违约。

#### 11.4.1.6　工程变更责任及处理

工程变更的责任及处理可从设计变更和施工方案变更两方面来分析，见表 11-4。

**表 11-4 合同变更的责任及处理**

| 类 别 | 内 容 |
| --- | --- |
| 对于施工设计变更 | 通常，设计变更会引起工程量的增加或减少，新增或删除工程分项，工程质量和进度的变化，以及实施方案的变化。工程施工合同赋予发包人(监理工程师)这方面的变更权，可以通过下达指令，重新发布图纸或变更令来实现 |
| 对于施工方案变更 | 施工方案变更的责任分析通常比较复杂，主要从以下几方面进行分析：<br>(1)在投标文件中，承包人在施工组织设计中提出比较完备的施工方案，但施工组织设计不作为合同文件的一部分。应注意以下几点：<br>①施工合同规定，承包人应对所有现场作业和施工方法的完备、安全、稳定负全部责任。这表示在通常情况下由于承包人自身原因(如失误或风险)修改施工方案所造成的损失应由承包人负责<br>②施工方案虽然不是合同文件，但也具有约束力。发包人向承包人授标就表示对这个方案的认可。在授标前的澄清会议上，发包人也可要求承包人对施工方案做出说明，甚至可以要求修改方案，以符合发包人的目标、发包人的配合和供应能力(如图纸、场地、资金等)。通常承包人会积极迎合发包人的要求，以争取中标<br>③在工程中承包人采用或修改实施方案都要经过监理工程师的批准或同意<br>④承包人对决定和修改施工方案具有相应的权利，发包人不能随便干预承包人的施工方案；为了更好地完成合同目标(如缩短工期)，或在不影响合同目标的前提下，承包人有权采用更为科学和经济合理的施工方案，发包人也不得随便干预，承包人承担重新选择施工方案的风险和收益<br>(2)重大的设计变更常常会导致施工方案的变更。如果设计变更由发包人负责，相应施工方案的变更也应由发包人承担责任，反之，由承包人负责<br>(3)施工进度的变更。施工进度的变更是十分频繁的。通常在招标文件中，发包人给出工程的总工期目标，承包人在投标书中有一个总进度计划(一般以横道图形式表示)，中标后承包人还要提出详细的进度计划，由监理工程师(或发包人)批准(或同意)。在工程开工后，每月都可能有进度的调整。只要监理工程师(或发包人)批准(或同意)承包人的进度计划(或调整后的进度计划)，则新进度计划就是有约束力的。如果发包人不能按照新进度计划完成，如及时提供图低、施工场地、水、电等，那么就属发包人违约，发包人应承担责任<br>(4)不利的、异常的地质条件所引起的施工方案的变更属于发包人的责任 |

### 11.4.1.7 园林工程项目合同变更管理中应注意的问题

园林工程项目合同变更管理中应注意的问题主要是指防止合同纠纷的发生，具体可从以下几个方面考虑：

**(1)对变更条款进行认真的合同分析**

对工程变更条款的合同分析应特别注意：工程变更不能超过合同规定的工程范围，如果超过这个范围，承包人有权不执行变更或坚持事先商定价格后再进行变更。发包人和监理工程师的认可权必须加以限制。发包人常常通过监理工程师对材料、设计、施工工艺的认可权提高材料质量标准、设计质量标准、施工质量标准。如果合同条文对此规定比较含糊或不详细，很容易产生争执。但是，如果这种认可权超过合同明确规定的范围和标准，承包人应争取发包人或监理工程师的书面确认，进而提出工期和费用索赔。

承包人与发包人、总(分)包之间的任何书面信件、报告、指令等都应经合同管理人员进行技术和法律方面的审查，这样才能保证任何变更都在控制中，不会出现合同纠纷。

**(2)促使工程师提前做出工程变更**

在实际工作中，变更决策时间过长和变更程序太慢均会造成很大的损失。通常有两种情况：一种是施工停止，承包人等待变更指令或变更会谈决议；另外一种则是变更指令不能迅速做出，而现场继续施工，从而造成更大的返工损失。因此变更程序应尽量快捷，承包人也应尽早发现可能导致工程变更的种种迹象，尽可能促使监理工程师提前做出工程变更。

施工过程中发现图纸错误或其他问题，需进行变更，首先应通知监理工程师，经监理工程师同意或通过变更程序后再进行变更。否则，承包人不仅得不到应有的补偿，而且会带来麻烦。

**(3)正确判定工程师发出的变更指令**

对已收到的变更指令，特别是对重大的变更指令或在图纸上做出的修改意见，应予以核实。对超出监理工程师权限范围的变更，应要求监理工程师出具发包人的书面批准文件。对涉及双方责、权、利关系的重大变更，必须有发包人的书面指令、认可或双方签署的变更协议。

**(4)迅速、全面落实变更指令**

变更指令做出后，承包人应迅速、全面、系统地落实变更指令。承包人应全面修改相关的各种文件，如有关图纸、规范、施工计划、采购计划等，使它们反映和兼容最新的变更。承包人应在相关的各工程小组和分包人的工作中落实变更指令，并提出相应的措施，对新出现的问题做出解释和对策，同时又要协调好各方面工作。

**(5)注意收集证据资料**

工程变更是索赔机会，应在合同规定的索赔有效期内完成对它的索赔处理。在合同变更过程中应记录、收集、整理所涉及的各种文件，如图纸、各种计划、技术说明、规范和发包人或监理工程师的变更指令，以作为进一步分析的依据和索赔的证据。

在工程变更中，应特别注意因变更造成返工、停工、窝工、修改计划等引起的损失，注意这方面证据的收集。在变更谈判中应对此进行商谈，保留索赔权。在实际工程中，人们常常会忽视这些损失证据的收集，而最后提出索赔报告时往往因举证和验证困难而被对方否决。

### 11.4.2　园林工程现场签证及其管理

**(1)工程现场签证的概念**

工程现场签证是指发承包双方现场代表(或其委托人)就施工过程中涉及的事件所做的签认证明。

工程现场签证是从合同价到结算价、全过程索赔中形成的重要文件。

**(2)工程现场签证的效力**

现场签证视情况可具有三方面的效力：

①证明效力　作为确定工程相关情况的依据，现场签证除了具有相反证据足以推翻之外，承发包双方均不得反悔。

②结论性约束力　承发包双方应该遵循和履行现场答证，不具根本违反情形，不得擅自推翻。

③非结论性约束力　承发包双方一般应该遵守并履行现场答证，但即使不具根本违反

情形，也可依一定程序推翻。

根据签证是否具有约束力，可将签证分为证明性签证和处分性签证。根据是否具有结论性约束力，又将处分性签证分为结论性签证和非结论性签证。

同时，签证管理也是承包人重要的合同管理工作，具体可分为签证程序、内容及文档管理。

**(3)工程现场签证的内容**

现场签证的范围、由谁签字、通过什么程序，这些问题都应当在工程承发包合同中加以明确。《建设工程施工合同(示范文本)》合同条件部分有关工程签证的规定散见于各个具体的条款中。如发包人、监理人指示、工程照管与成品半成品保护、工程质量、工期和进度、材料与设备、试验与检验、变更、价格调整、合同价格、计量与支付、验收和工程试车、竣工结算、缺陷责任与保修、违约、不可抗力、索赔等条款中都涉及具体的签证内容、方法与程序。此外，现行《建设工程价款结算暂行办法》第十四条规定：发包人要求承包人完成合同以外零星项目，承包人应在接受发包人要求的7天内就用工数量和单价、机械台班数量和单价、使用材料和金额等向发包人提出施工签证，发包人签证后施工，如发包人未签证，承包人施工后发生争议的，责任由承包人自负。该暂行办法第十五条还规定：发包人和承包人要加强施工现场的造价控制，及时对工程合同外的事项如实记录并履行书面手续。凡由发、承包双方授权的现场代表签字的现场签证以及发、承包双方协商确定的索赔等费用，应在工程竣工结算中如实办理，不得因发、承包双方现场代表的中途变更改变其有效性。

现场签证是对施工过程中遇到的某些特殊情况实施的书面依据，由此发生的价款也应成为工程造价的组成部分。由于现代工程规模和投资都较大，技术含量高，建设周期长，设备材料价格变化快，工程合同不可能对未来整个施工期可能出现的情况都做出预见和约定，工程预算也不可能对整个施工期发生的费用做详尽的预测，而且在实际施工中，主客观条件的变化又会给整个施工过程带来许多不确定的因素，因此，在项目实施的整个施工过程中，都会发生现场签证，而这些现场签证最终将以价款的形式体现在工程结算中。

**(4)工程现场签证的构成**

工程现场签证是双方协商一致的结果，是双方的法律行为。工程现场签证的法律后果是基于双方意思表示的内容而发生的。工程现场签证涉及的利益已经确定或者在履行后确定，可直接或者与签证对应的履行资料一起作为工程进度款支付与工程结算的凭据。其构成要件如下：

①签证主体必须为施工单位与建设单位双方当事人，只有一方当事人签字的不是签证，签证是一种互证。

②双方当事人必须对行使签证权利的人员进行必要的授权，缺乏授权的人员签署的签证单往往不能发生签证的效力。如工程承包合同授权监理工程师有签证权，若随便一个建设单位的代表签证则不产生法律效力。

③签证的内容必须涉及工期顺延和(或)费用的变化等内容。例如，施工单位承诺让利的范围内事项(同样可能有所谓“签证”)是不能计价的；因施工单位失误引起的返工或增加补救内容(同样有所谓验收“签证”)，也是不能给予经济结算的，这些都不是真正意义上的签证。

④签证双方必须就涉及工期顺延和(或)费用的变化等内容协商一致，通常表述为双方

一致同意、建设单位同意、建设单位批准等。

(5)**工程现场签证的一般分类**

从不同的角度进行分析，可以将工程现场签证进行不同的分类，见表 11-5 所列。

表 11-5　工程现场签证的分类

| | |
|---|---|
| 按项目控制目标 | 工期签证<br>费用签证<br>工期+费用签证 |
| 按签证表现形式 | 设计修改变更通知单<br>现场经济签证<br>工程联系单<br>其他形式 |
| 按合同约定角度 | 变更合同约定签证单<br>补充合同约定签证单<br>澄清合同约定签证单 |
| 按签证事项是否发生或履行完毕 | 签证事项已发生或已完成签证<br>签证事项未发生或未完成签证 |
| 按建设单位签证人员主观意愿 | 正常签证<br>过失签证<br>恶意签证 |
| 按签证时间 | 施工阶段签证<br>施工完成后的补办签证 |

(6)**工程现场签证的范围**

现场签证的范围一般包括以下几个方面：

①适用于施工合同范围以外零星工作的确认。

②在工程施工过程中发生变更后需要现场确认的工程量。

③非承包人原因导致的人工、设备窝工及有关损失。

④符合施工合同规定的非承包人原因引起的工程量或费用增减。

⑤确认修改施工方案引起的工程量或费用增减。

⑥工程变更导致的工程施工措施费增减等。

(7)**工程现场签证的程序**

承包人应发包人要求完成合同以外的零星工作或非承包人责任事件发生时，承包人应按合同约定及时向发包人提出现场签证。当合同对现场签证未做具体约定时，按照《建设工程价款结算暂行办法》的规定处理。

①承包人应在接受发包人要求的 7 天内向发包人提出签证，发包人签证后施工。若没有相应的计日工单价，签证中还应包括用工数量和单价、机械台班数量和单价、使用材料品种及数量和单价等。若发包人未签证同意，承包人施工后发生争议的，责任由承包人自负。

②发包人应在收到现场签证报告后的 48h 内对报告内容进行核实，予以确认或提出修改意见。发包人在收到承包人现场签证报告后的 48h 内未确认也未提出修改意见的，视为承包人提交的现场签证报告已被发包人认可。

③发承包双方确认的现场签证费用与工程进度款同期支付。

(8)**工程现场签证费用的计算**

现场签证费用的计价方式包括以下两种：

①完成合同以外的零星工作时，按计日工单价计算　此时提交现场签证费用申请时，应包括下列证明材料：

- 工作名称、内容和数量。
- 投入该工作所有人员的姓名、工种、级别和耗用工时。
- 投入该工作的材料类别和数量。
- 投入该工作的施工设备型号、台数和耗用台时。
- 监理人要求提交的其他资料和凭证。

②完成其他非承包人责任引起的事件，应按合同中的约定计算　现场签证种类繁多，发承包双方在工程施工过程中来往信函及责任事件的证明均可称为现场签证，但并不是所有的签证均可马上算出价款，有的需要经过索赔程序，这时的签证仅是索赔的依据，有的签证可能根本不涉及价款。表11-6仅是针对现场签证需要价款结算支付的一种格式，其他内容的签证也可适用。

**表11-6　现场签证表**

工程名称：××园林工程　　　　标段：　　　　编号：002

<table>
<tr><td colspan="2">施工内容：　　　　工程位置：　　　　日期：_____年___月___日</td></tr>
<tr><td colspan="2">致：××建设办公室<br>根据_____年___月___日的口头指令，我方按要求完成此项工作应支付价款金额为(大写)_____(小写___元)，请予核准。<br>附：1. 事由及原因：_______；<br>2. 附图及计算式：(略)。<br>承包人(公章)：_______<br>承包人代表(签字)：_______<br>日期：_____年___月___日</td></tr>
<tr><td>复核意见：<br>你方提出的此项签证申请经复核：<br>☐不同意此项签证，具体意见见附件。<br>☑同意此项签证，签证余额的计算由造价工程师复核。<br>监理工程师(签字)：_______<br>日期：_____年___月___日</td><td>复核意见：<br>☑此项签证按承包人中标的计日工单价计算，金额为(大写)_____(小写_____元)。<br>☐此项签证因无计日工单价，金额为(大写)_________(小写_________)。<br>造价工程师(签字)：_______<br>日期：_____年___月___日</td></tr>
<tr><td colspan="2">审核意见：<br>☐不同意此项签证。<br>☑同意此项签证，价款与本期进度款同期支付。<br>发包人(公章)：_______<br>发包人代表(签字)：_______<br>日期：_____年___月___日</td></tr>
</table>

注：1. 在选择栏中的"☐"内做标识"☑"；
2. 本表一式四份，由承包人在收到发包人(监理人)的口头或书面通知后，需要价款结算支付时填写，发包人、监理人、造价咨询人、承包人各存一份。

**(9)工程签证的填写**

涉及费用签证的填写要有利于计价，方便结算。不同计价模式下填列的内容要注意：如果有签证结算协议，填列内容要与协议约定计价口径一致；如果没有签证结算协议，则按原合同计价条款或参考原协议计价方式计价。此外，签证的方式要尽量围绕计价依据(如定额)的计算规则办理。

①各种合同类型签证内容　可调价格合同至少要签到量；固定单价合同至少要签到量、单价；固定总价合同至少要签到量、价、费；成本加酬金合同至少要签到工、料(材料规格要注明)、机(机械台班配合人工问题)、费。能附图的尽量附图。另外，签证中还要注明列入税前造价或税后造价。

作为施工单位在填写签证时要注意以下几方面：

- 能够直接签总价的最好不要签单价；
- 能够直接签单价的最好不要签工程量；
- 能够直接签结果(包括直接签工程量)的最好不要签事实；
- 能够签文字形式的最好不要只附图(草图、示意图)。

站在施工单位的角度，签证要签明确的内容，越明确越好，能确定出价格最好，这样竣工结算时，建设单位审减的空间就会大大减少，施工单位签证的成果能得到合理的固定，否则，施工单位签证内容能否达到预期结果会有很大的不确定性。

②其他需要填列的内容　主要有：何时、何地、何因；工作内容；组织设计(人工、机械)；工程量(有数量和计算式，必要时附图)；有无甲供材料。签证的描述要求客观、准确，隐蔽签证要以图纸为依据，标明被隐蔽部位、项目和工艺、质量完成情况，如果被隐蔽部位的工程量在图纸上不确定，还要求标明几何尺寸，并附上简图。施工图以外的现场签证，要写明时间、地点、事由、几何尺寸或原始数据，不宜笼统地签注工程量和工程造价。签证发生后应根据合同规定及时处理，审核应严格执行国家定额及有关规定，经办人员不得随意变通。同时建设单位要加强预见性，尽量减少签证的发生。

签证单要分日期或编号分别列入结算。非一事一签的签证或图纸会审纪要，或一张资料中涉及多个事项，在编制此单结算时，还要注明“第×条”以便查阅清楚。

施工单位低价中标后必须注意加强签证工作。当发生诸如合同变更、合同中没有具体约定、合同约定前后矛盾、对方违约等情况时，需要及时办理费用签证、工期签证或者费用+工期签证。办理签证时需要根据合同约定进行(如有时间限制等)，且签证单必须符合工程签证的构成要件。

**实践教学**

## 实训11-1　园林建设工程招标投标

### 一、实训目的

通过组织学生参加园林建设工程模拟招标会，使学生熟悉邀请招标和投标的程序，掌握招标、投标文件的编制。

## 二、材料及用具

笔、纸、计算器、园林建设工程图纸等。

## 三、方法及步骤

1. 邀请招标

(1)将学生划分为四个组，其中一组学生为招标班子成员兼评标委员会委员，任课教师是评标委员会的名誉组长兼招标单位法人代表，其余三组为被邀请招标的对象。每组指定一个负责人。

(2)运用园林工程、园林计算机制图课上所学知识，每组同学单独绘制拟建园林工程的图纸，并交任课教师初步审阅。

(3)招标组同学根据任课教师审阅、选定的图纸编制招标文件，并向投标组发布投标邀请函。

(4)招标组同学编制标底并交任课教师审定。

(5)招标组同学对投标单位进行资格预审。

(6)招标组同学在任课教师的指导下组织投标单位现场答疑。

(7)招标组接受投标单位递交的标书。

2. 投标

(1)投标组接到招标组发布的投标邀请函后，向招标组取得招标文件。

(2)投标组向招标组办理园林工程投标资格预审，向招标组提交有关资料。

(3)投标组各自研究招标文件，熟悉投标环境。

(4)投标组各自编制投标书，根据招标文件的要求，在指定时间的前一天将投标文件密封好交给招标组负责人。

3. 开标、评标和定标

(1)开标应按照招标文件确定的提交投标文件截止日期的同一时间公开进行，开标地点为本班教室。

(2)招标组负责人为开标主持人，负责宣布评标方法，当场公开标底，当众检查、启封各投标单位的投标书，如果发现无效标书，经半数以上评委确认，当场宣布无效。

(3)评标时一般对各级投标单位的报价、工期、主要材料用量、施工方案、工程质量标准和工程产品保修养护的承诺进行综合评价，为优选确定中标单位提供依据。

(4)招标组同学按评标方法对投标书进行评审后，应提出评标报告，推荐中标单位，经任课教师认定批准后，由招标组按规定在有效期内发出中标和未中标通知书。

(5)中标通知书发出后一周内由招标组与中标单位签订模拟园林工程施工承包合同。

## 四、考核评估

| 序号 | 考核内容 | 考核等级及标准 | | | | 等级分值 | | | |
|---|---|---|---|---|---|---|---|---|---|
| | | A | B | C | D | A | B | C | D |
| 1 | 工作程序合法性：符合招标、投标、评标等相关法律法规的规定 | 好 | 较好 | 一般 | 较差 | 27~30 | 21~26 | 15~20 | 0~14 |
| 2 | 工作文件规范性：各工作阶段的书面文件符合相关要求和规定 | 好 | 较好 | 一般 | 较差 | 27~30 | 21~26 | 15~20 | 0~14 |
| 3 | 工作成果合理性：评标结果公正合理，未受否定性质疑 | 好 | 较好 | 一般 | 较差 | 18~20 | 14~17 | 10~13 | 0~9 |
| 4 | 工作态度、协作表现：工作态度认真、团结协作 | 好 | 较好 | 一般 | 较差 | 18~20 | 14~17 | 10~13 | 0~9 |
| 合计 | | | | | | | | | |

# 实训 11-2　园林建设工程施工承包合同的编写

## 一、实训目的

通过实训，使学生了解园林建设工程施工合同签订程序，熟悉园林建设工程施工合同的编制过程，掌握施工合同的编写内容和要求。

## 二、材料及用具

招投标文件、施工图纸、概(预)算定额、相关技术标准等。

## 三、方法及步骤

(1)熟悉园林工程施工合同范本及其相关的技术资料。

(2)根据资料列出该工程的协议书、通用条款及专用条款三部分内容。

(3)根据资料和工程技术标准的要求，规范地写出该工程的施工承包合同。

## 四、考核评估

| 序号 | 考核内容 | 考核等级及标准 | | | | 等级分值 | | | |
|---|---|---|---|---|---|---|---|---|---|
| | | A | B | C | D | A | B | C | D |
| 1 | 合同完整性：根据工程项目实际和施工合同示范文本判断 | 好 | 较好 | 一般 | 较差 | 27~30 | 21~26 | 15~20 | 0~14 |
| 2 | 合同规范性：根据施工合同示范文本判断 | 好 | 较好 | 一般 | 较差 | 27~30 | 21~26 | 15~20 | 0~14 |
| 3 | 合同合法性：根据相关法律法规以及施工合同示范文本判断 | 好 | 较好 | 一般 | 较差 | 18~20 | 14~17 | 10~13 | 0~9 |

(续)

| 序号 | 考核内容 | 考核等级及标准 | | | | 等级分值 | | | |
|---|---|---|---|---|---|---|---|---|---|
| | | A | B | C | D | A | B | C | D |
| 4 | 工作态度、协作表现：工作态度认真、团结协作 | 好 | 较好 | 一般 | 较差 | 18~20 | 14~17 | 10~13 | 0~9 |
| 合计 | | | | | | | | | |

## 自主学习资源库

1. 建筑施工现场．李辉．机械工业出版社，2015.

2. 建设工程施工合同(示范文本)(GF—2017—0201)使用指南．谭敬慧．中国建筑工业出版社，2017.

3. 建设工程施工招投标与合同管理．柯洪．中国建材工业出版社，2013.

4. 建设工程法律适用全书．法制出版社法规中心．中国法制出版社，2014.

## 自测题

1. 园林工程招标应具备哪些基本条件？
2. 试分析、比较公开招标和邀请招标的特点。
3. 什么是园林工程施工合同？叙述它的订立条件、程序及合同双方文本主要内容。
4. 试述合同各方在园林工程施工合同履行中的权利和义务。
5. 试述园林工程施工合同的终止、变更、解除的条件。
6. 什么是索赔、反索赔？如何处理工程项目中出现的索赔与反索赔？
7. 如何理解工程变更？工程变更的程序是什么？
8. 什么是现场签证？现场签证的程序及内容是什么？

# 单元 12 园林工程项目施工中的沟通与协调

**学习目标**

【知识目标】

(1) 理解园林工程项目管理中沟通与协调的广泛性、复杂性、重要性。

(2) 掌握园林工程项目管理中沟通与协调的对象范围。

(3) 掌握园林工程项目管理中沟通与协调的相关内容与方法。

【技能目标】

(1) 能够在项目开工到竣工的全过程中顺利完成相关的沟通与协调任务。

(2) 能够完成与其他施工单位的沟通与协调任务。

【素质目标】

(1) 通过与不同项目组织及利益团体沟通，培养学生人际交往、沟通的能力。

(2) 通过与诸多合约单位合作，培养学生诚信、守约的品质。

(3) 通过解决争议与纠纷，培养学生责任心和团队协作意识。

## 12.1 概述

工程项目建设过程中，参与或涉及的单位非常多，形成了复杂的项目组织及与其有牵连的外部团体。为了达成各自单位或团体的任务、目标和利益，大家都希望能够指导、干预、影响项目的实施过程。这类项目组织管理中的利益冲突比单个企业内部各部门的利益冲突更为广泛、激烈和不可调和。为此，作为项目运行的决策者或团队，如果想要让项目顺利并高质量完成，就必须使参与项目建设的各方力量(包括相牵连的外部团体)统一目标、协调一致、齐心协力。

沟通与协调是解决工程项目中组织成员之间各类信息障碍的基本方法，也是对项目建设的各方力量十分有效的组织协调手段，可以很好地促进项目建设的各方力量步调一致、目标统一，并起到良好的润滑作用。协调的程度和效果往往依赖于各项目参加者之间沟通的程度。因此，为了使相关信息在整个项目工程建设过程中得到及时的传递和分享，组织沟通与协调就显得十分重要。

园林工程项目管理中的沟通与协调不仅包括项目团体内部的沟通与协调，还包括与业主、监理、设计、供应商、公司职能部门、各分包商、质检安监部门以及当地有关政府部门或组织等众多项目有关人员的沟通与协调。通常，按照与园林工程项目的相关程度，可以将沟通与协调划分为两大层次：一是园林工程项目经理部对内的沟通与协调；二是园林工程项目经理部对外的沟通与协调。

## 12.2 园林工程项目经理部对内沟通与协调

园林工程项目经理所领导的项目经理部是项目组织的核心，是代表园林工程公司履行工程承包合同的主体，是负责园林工程项目从开工到竣工全面生产经营的管理机构。园林工程项目经理部是相对独立于园林企业管理运营机构之外的一个阶段性、临时性组织体系，它完全隶属于企业并受该企业相关部门的管理与监督。因此，园林工程项目经理部与企业管理层之间、项目经理部各组成人员之间都需要进行信息的及时沟通与协调，才能够良好地完成具体的园林工程项目管理工作。

园林工程项目经理部对内的沟通与协调主要包括：园林工程项目经理部内部的沟通与协调；园林工程项目经理部与所属企业管理层的沟通与协调。

### 12.2.1 园林工程项目经理部内部沟通与协调

园林工程项目经理部内部的沟通与协调主要是指项目经理与其下级的沟通，以及职能人员之间的沟通等。项目经理部要依据工作职责建立一条沟通和反映问题的渠道，确保信息在项目内部及时传递。

**(1)上级与下级沟通注意事项**

①沟通前事先做好沟通计划，确定沟通目标。

②遇到工作问题要主动沟通，不要以高姿态示人。

③要善于换位思考，充分理解下属的心理特点，达到畅所欲言。

④要集思广益，多角度思考问题，避免独断专行。

**(2)职能人员之间沟通注意事项**

①明确沟通目的，能够清楚表达自己想要表达的内容。

②寻找合理的沟通时间，让对方能够静下心来认真倾听。

③要注意沟通的方式方法，避免造成更大的冲突和矛盾。

项目班子内部通过沟通与协调，可以充分调动其成员的工作积极性，及时处理人际冲突，培养团体意识，从而保证项目的顺利完成。

### 12.2.2 园林工程项目经理部与所属企业管理层沟通与协调

园林工程项目经理部与所属企业管理层的沟通与协调依靠严格执行“项目管理目标责任书”。项目经理部受企业有关职能部、室的指导，既是上下级行政关系，又是服务与服从、监督与执行的关系。企业要对项目管理全过程进行必要的监督调控，项目经理部要按照与企业签订的责任书，尽职尽责、全力以赴地抓好项目的具体实施。其主要业务协调关系如下：

①计划统计　项目管理的全过程、目标管理与经济活动，必须纳入计划管理。项目经理部除每月(季)度向企业报送施工统计报表外，还要根据企业经理与项目经理签订的“项目管理目标责任书”所制定的工期，编制单位工程总进度计划、物资计划、财务收支计划。

②坚持月计划、旬安排、日检查制度。

③财务核算　项目经理部作为公司内部一个相对独立的核算单位，负责整个项目的财务收支和成本核算工作。整个工程施工过程中不论项目经理部班子成员如何变动，其财务系统管理和成本核算责任不变，需要定期报送。

④材料供应　工程项目所需材料、设备等由项目经理部按单位工程用料计划上报，公司组织供应，实行加工采购供应服务一条龙。凡是供应到现场的各类物资必须在项目经理部调配下统一建库、统一保管、统一发放、统一加工，按规定结算。

⑤周转料具供应　工程所需机械设备及周转材料，由项目经理部上报计划，公司组织供应。设备进入工地后由项目经理部统一管理调配。

⑥预算及经济洽商签证　预算合同经营管理部门负责项目全部设计预算的编制和报批，选聘到项目经理部工作的造价人员负责所有工程施工预算的编制，包括经济洽商签证和增减账预算的编制报批。各类经济洽商签证要分别送公司造价管理部门、项目经理部和作业队存档，以作为审批和结算增收的依据。

⑦质量、安全、行政管理、测试计量等工作，均通过业务系统远程管理，实行从决策到贯彻实施，从检测控制到信息反馈进行全过程的监控、检查、考核、评比和严格管理。

## 12.3　园林工程项目经理部对外沟通与协调

园林工程项目经理部对外的沟通与协调主要是面对以下单位：发包单位(业主)、监理机构、分包单位、设计单位、材料供应单位、同一项目的其他施工单位、行政部门、新闻单位和社区单位等。

### 12.3.1　园林工程项目经理部与发包单位沟通与协调

发包单位代表项目的所有者，对项目具有特殊的权利。项目经理部要取得项目的成功，就必须获得发包单位的支持，并让发包单位满意。为此，项目经理部与发包单位之间的沟通与协调就显得十分重要。从项目施工管理的全过程来看，沟通与协调工作贯穿始终，主要有以下内容：

**(1)项目开工以前**

①接到中标通知书后，项目经理部应立即与发包单位取得联系，在约定时间内尽快办理合同签订等相关事宜。

②合同签订后，项目经理部应尽快与发包单位现场代表取得联系，成立与发包单位管理相适应的协调机构，根据发包单位代表在项目中各管理部门的职能和工作权限，明确职责分工及与发包单位的主要接口人员，明确双方文件收发及信息传递方式，并报送发包单位备案，以便施工过程中与发包单位的联系和沟通。

③项目施工准备阶段，项目经理部尤其是项目经理要反复阅读合同或项目任务文件，充分理解项目建设总目标及发包单位的意图；另外，项目经理也要充分了解项目构思的基础、起因、出发点，了解目标设计和决策背景。这些都是项目经理部与发包单位在项目实施全过程中进行有效沟通与协调的重要准备，可以确保项目的管理和实施状况与发包单位

的预期要求尽可能一致。

**(2)项目开工和竣工阶段**

①项目经理部按合同规定及时接收由发包单位提供的施工场地、施工营地、施工主通道、施工电源、施工用水接口及通信接口等。

②项目经理部应积极参加发包单位组织的工程协调会、工作例会,及时圆满地完成发包单位分配的各项工作。

③项目经理部应认真贯彻执行发包单位在工程中制定的各项管理办法和制度。

④项目经理部应及时向发包单位或发包单位代表通报施工情况,提供有关的生产计划、统计资料、工程事故报告等材料,要求发包单位在规定时间内向项目经理部提供相关技术资料,协商工作事项,解决施工中突发的问题。

⑤项目经理部要充分尊重发包单位,在作出安排时要考虑到发包单位的期望、价值观念,了解发包单位对项目关注的焦点,理解发包单位人员所面临的压力。在发包单位做决策时,项目经理部要提供充分的信息,帮助发包单位了解项目的全貌、项目实施状况、方案的利弊得失及对目标的影响。发包单位和项目管理部双方理解得越深入,双方期望越清楚,则争执越少,项目开展就越顺利。

⑥项目经理部要认真维护与保养由发包单位提供的公用设施,避免造成损坏或故障而影响其他承包单位的施工。

⑦项目经理部要服从发包单位和监理机构的统一协调和指挥,做到与其他标段承包单位密切配合,确保顺利完成本标段工程项目的施工。

⑧项目经理部遇到发包单位所属的其他部门或其投资方各方来指导项目的情况,项目经理部要认真听取这些人的意见,耐心地对他们做出解释和说明。

### 12.3.2 园林工程项目经理部与监理机构沟通与协调

根据相关规定,项目经理部需要在合同与制度的共同要求下开展工作,同时还需要接受来自监理机构的管理与监督。监理机构代表发包单位对施工单位(项目经理部)行使监督管理,与施工单位利益、立场完全不同,发生矛盾和争执在所难免。因此项目经理部必须做好与监理机构的沟通与协调工作。主要内容如下:

①项目经理部应尊重监理机构的工作,及时向监理机构通报情况、上报资料,服从监理机构的检查和监督,维护监理机构的权威性。

②项目经理部要经常主动与监理机构沟通交流,让监理人员理解项目过程和发包单位的意向,努力减少项目监理人员的非程序干预和越级指挥。针对监理人员出现的非程序干预和越级指挥行为,项目经理部要与监理人员耐心沟通,反复讲解,必要时邀请发包单位一起商讨协调,避免争执和矛盾的发生。

③项目经理部在做决策时,应做好与监理单位的沟通与协调,以获取监理人员提供的更加明确的信息和意图,从而清楚了解项目的全貌、项目实施状况、方案的利弊得失及对目标的影响。

④项目经理部需留意现场签证工作,对于出现设计变更、隐蔽工程、材料改变或特别工艺等特殊情况时,需要确保此事已得到监理机构的认可,并形成书面材料,按照程序及

时报送监理机构，在获得审批后方可继续开展工作。

⑤对于施工过程中的每一项工作任务，项目经理部都要认真接受监理机构的检查验收，并按照监理机构的合理要求及时认真地整改，决不留隐患。

⑥对于进入施工现场的材料及设备，项目经理部要及时主动地向监理机构提交相关材料及证明。

⑦当出现项目经理部与监理机构意见不一致的情况时，双方都要始终秉持进一步合作的态度，在互相理解、相互配合的基础上进行协商，从而更好地完成整个项目的建设。在合法合规的情况下，项目经理部要尊重监理机构对某项事务的最终判断。

### 12.3.3　园林工程项目经理部与设计单位沟通与协调

根据相关规定和合同要求，园林工程项目的施工建设必须严格按照相应的施工图纸进行施工。为此，施工单位需要与设计单位在图纸理解、设计理念、技术要求、施工难点、设计缺陷等诸多方面进行充分的沟通与协调。主要内容如下：

①园林工程项目经理部应及时充分地做好设计交底和图纸会审工作，认真听取设计单位就工程概况、设计意图、技术要求、施工难点等诸多方面的讲解，把标准过高、设计遗漏、图纸差错等问题解决在施工之前。

②项目经理部应在设计交底和图纸会审工作期间，抓住机会与设计单位进行深层次交流，准确把握设计意图，对设计与施工不吻合或设计中的隐含问题及时予以澄清和落实。

③项目经理部应严格按图施工，接受设计单位的检查监督。

④项目经理部在设计变更、地基处理、隐蔽工程验收和竣工验收等环节应与设计单位密切配合，必要时约请设计代表参加协调会议。

⑤在施工中发现设计问题时，项目经理部应及时向设计单位提出，以免造成大的直接损失；施工单位掌握比原设计更先进的新技术、新工艺、新材料、新结构、新设备时，项目经理部可主动向设计单位推荐。

⑥在发生质量事故时，项目经理部应认真听取设计单位的处理意见，并及时处理。

⑦项目经理部应注意沟通与协调的及时性和程序性。对于一些争议性问题，应巧妙地利用发包单位与监理机构的职能委婉地进行解决，避免正面冲突。

### 12.3.4　园林工程项目经理部与材料供应单位沟通与协调

项目经理部与材料供应单位应该依据供应合同，充分利用价格招标、竞争机制和供求机制做好协作配合。项目经理部应在项目管理实施规划的指导下，认真做好材料需求计划，并认真调查市场，在确保材料质量和供应的前提下选择合适的供应单位。为保证双方的顺利合作，项目经理部应与材料供应单位签订供应合同，并力争使得供应合同具体、明确。为了减少材料采购风险，提高资源利用效率，供应合同应就数量、规格、质量、时间和配套服务等事项进行明确规定。此过程中的主要沟通与协调内容如下：

①项目经理部与材料供应单位双方要及时互通联系，确保供求计划提前编制，提前做好采购和准备工作。

②材料进购之前，项目经理部应及时与材料供应单位联系，协助其做好计划，并提前

多次提示。

③充分发挥材料调度人员的作用。在供求关系的协调工作中，调度工作是关键环节，调度人员要充分了解所购物料的必需性和及时性，认真分析施工作业的关键因素，提前做好预测，及时准备，及时沟通。

### 12.3.5 园林工程项目经理部与各施工单位沟通与协调

在现代项目管理体制中，专业工程分包是项目工程建设的普遍现象，在项目施工现场往往会出现多个施工单位施工交叉现象。各施工单位为了自身利益最大化往往会在施工界限、交通运输、施工进度、现场资源、公用资源、环境维护等方面出现冲突摩擦，甚至还会带来质量问题和安全隐患。因此，为了保障项目按时按质高效完成，项目经理部参与各施工单位之间的沟通与协调显得十分必要。

**(1)施工场地界限的沟通与协调**

各施工单位在施工场地的界定上较难做到“无缝接合”，项目经理部要严格按招标文件界定的场地进行施工布置，在发包单位、监理机构的统一协调下处理好干扰问题。对于规划不尽合理的场地，本着实事求是、公平合理的原则协商处理。占用其他施工单位的施工场地要沟通协商在前，同时多注意为其他施工单位提供便利。根据使用时段的不同，有些施工场地的使用权可能会进行调整，各施工单位要主动按时交接不再使用的施工场地，利于其他单位施工。

**(2)交通运输的沟通与协调**

施工场地内的道路为各专业分包单位共用，项目经理部要与发包单位、监理机构及其他相关施工单位及时沟通与协调，最终科学合理地布置出施工通道和交通线路，从本质上解决施工通道的干扰因素，解决交通的干扰问题。同时要加强本工程范围内的交通通道的运行维护，确保畅通。若遇特殊情况，项目经理部要服从发包单位和监理机构对使用交通道路的协调。

**(3)施工进度方面的沟通与协调**

项目经理部要根据发包单位总体施工进度要求，与其他专业分包单位一起对进度进行沟通协调，并互相监督、调整施工行为，做好施工工序的交接配合工作，保证整体工程的施工进度，不影响总工期。

**(4)其他沟通与协调**

在施工水电、施工便道的使用等方面与各施工单位加强沟通，让大家应尽量互相给予方便，共同做好对施工现场资源的合理利用。在防止扬尘、安全防护、文明施工等方面，各施工单位应互相配合，共同维护。

### 12.3.6 园林工程项目经理部与相关行政单位沟通与协调

项目经理部与其他有关单位的沟通与协调，一是通过发包单位或监理机构进行协调；二是模范自觉地遵守各项法规、规定，积极配合上级部门和主管部门的抽查监督。具体内容包括：

①到建设行政主管部门办理分包队伍施工许可证、企业安全资格认可证、安全施工许

可证、项目经理安全生产资格证。

②到劳动管理部门办理劳务人员就业证。

③到公安消防监督机构办理施工现场消防安全资格认可证。

④到交通管理部门办理通行证。

⑤到当地户籍管理部门办理劳务人员暂住手续。

⑥到当地城市管理部门办理街道临建审批手续。

⑦到当地政府质量监督管理部门办理建设工程质量监督通知单等手续。

⑧到市容监察部门审批运输不遗洒、污水不外流、垃圾清运、场容与场貌等的保证措施方案和通行路线图。

⑨配合环保部门做好施工现场的噪声检测工作。

⑩到市园林主管部门办理砍伐树木审批；到林业主管部门协调古树名木的保护措施。

⑪大型项目施工或者在文物较密集地进行施工，项目经理部应事先与市文物部门联系，在施工范围有可能埋藏文物的地方进行文物调查或者勘察工作，若发现文物，应共同商定处理办法。

⑫持建设项目批准文件、地形图、施工总平面图、用电量资料等到城市供电管理部门办理施工用电报装手续。

⑬到城市规划管理部门申报自来水供水方案，经审查通过，再到自来水管理部门办理报装手续，并委托其进行相关的施工图设计，同时应准备建设用地许可证、地形图、总平面图、基础平面图、施工许可证、供水方案批准文件等资料。

**实践教学**

# 实训 9-1 模拟项目经理部与监理机构开展沟通协调场景实训

## 一、实训目的

通过现场模拟项目经理部与监理机构开展沟通协调，使学生更加熟练地掌握与监理机构沟通协调的相关知识内容，提升学生的沟通协调能力、应变能力。

## 二、材料及用具

项目合同文件、施工组织设计文件、工程进度计划文件、监理职责及规范类文件。

## 三、方法及步骤

按照给定的项目合同、施工组织设计、工程进度计划、监理职责及规范等文件，将学生分为几个项目组和监理组，然后由老师给出需要项目经理部与监理机构协调沟通的场景，让各组学生进行场景模拟。

具体步骤如下：

(1)施工组织设计、工程进度计划审批

需要所有学生熟悉施工组织设计、工程进度计划内容，在场景模拟时讲出重点，然后项目组讲述申报过程、注意事项及申报表，监理组给予评价是否通过审批。

(2)开工报告审批

需要所有学生熟悉开工报告涉及内容，在场景模拟时讲出重点，然后项目组讲述申报过程、注意事项及申报表，监理组给予评价是否通过审批。

(3)施工过程中重要的施工方案均报送

需要所有学生熟悉施工过程中重要的施工方案内容，在场景模拟时讲出重点，然后项目组讲述报送过程、注意事项及报送材料，监理组给予评价是否通过审批。

(4)施工进度报送

需要所有学生熟悉施工进度涉及内容，在场景模拟时讲出重点，然后项目组讲述报送过程、注意事项及报送材料，监理组给予评价是否通过审批。

(5)重要检测设备和机电设备进出场申报

需要所有学生熟悉主要的检测设备和机电设备名称及功用，在场景模拟时讲出重点，然后项目组讲述申报过程、注意事项及申报材料，监理组给予评价是否通过审批。

(6)施工中主要材料进场报送

需要所有学生熟悉主要材料名称及功用，在场景模拟时讲出重点，然后项目组讲述报送过程、注意事项及报送材料，监理组给予评价是否通过审批。

(7)隐蔽工程完成后及时通知及验收

需要所有学生熟悉隐蔽工程类型，在场景模拟时讲出重点，然后项目组讲述报送过程、注意事项及报送材料，监理组给予评价是否通过审批。

(8)竣工验收申请

需要所有学生熟悉竣工验收包含的内容，在场景模拟时讲出重点，然后项目组讲述报送过程、注意事项及报送材料，监理组给予评价是否通过审批。

## 四、考核评估

| 序号 | 考核内容 | 考核等级及标准 | | | | 等级分值 | | | |
|---|---|---|---|---|---|---|---|---|---|
| | | A | B | C | D | A | B | C | D |
| 1 | 相关知识正确性：记忆牢固，理解正确 | 好 | 较好 | 一般 | 较差 | 40 | 30 | 20 | 10 |
| 2 | 技术要点完整性：逻辑清晰正确，技术要点准确全面 | 好 | 较好 | 一般 | 较差 | 30 | 25 | 22 | 10 |
| 3 | 表演的真实性：语音清晰，装扮大方得体，形态自然，效果逼真 | 好 | 较好 | 一般 | 较差 | 20 | 16 | 12 | 5 |
| 4 | 文件材料规范性：准备完整，内容正确，格式规范 | 好 | 较好 | 一般 | 较差 | 10 | 9 | 6 | 5 |
| 合计 | | | | | | | | | |

## 自主学习资源库

1. 现代工程项目管理(第3版). 王祖和. 电子工业出版社，2020.

2. 工程项目管理．杨晓林．机械工业出版社，2021.
3. 工程项目管理．王学通．中国建筑工业出版社，2021.
4. 工程项目管理中的组织沟通与协调．邓鑫．理论科学，2010(4)：59-60.
5. 项目经理部在工程项目管理中的沟通与协调．曾志强．东方企业文化，2010(16)：191.
6. 工程项目管理中的沟通与协调要点．许丽芬．企业改革与管理，2019(24)：23-28.
7. 工程项目管理中的沟通与协调．向永占．房地产世界，2021(5)：119-121.
8. 工程项目管理中的沟通与协调．卜东雁．技术经济与管理研究，2006(3)：72-73.

## 自测题

1. 园林工程项目管理中沟通与协调的作用有哪些？
2. 园林工程项目管理中沟通与协调的范围主要包括哪些？
3. 园林工程项目经理部与发包单位之间沟通与协调的主要内容有哪些？
4. 园林工程项目经理部与监理机构之间沟通与协调的主要内容有哪些？
5. 园林工程项目经理部与设计单位之间沟通与协调的主要内容有哪些？
6. 园林工程项目经理部与材料供应单位之间沟通与协调的主要内容有哪些？

# 单元 13　园林工程施工资料管理

**学习目标**

【知识目标】

(1)了解工程资料的基本概念和范围。

(2)理解工程资料管理的必要性，施工资料收集的原则。

(3)掌握园林工程资料的类型和园林工程资料收集、整理、立卷及归档的具体要求和方法。

【技能目标】

(1)能够进行园林工程施工资料的收集、整理。

(2)能够按规范要求进行园林工程施工资料的立卷、归档。

(3)能够按照项目管理的要求进行日常工程资料的管理。

【技能目标】

(1)在学习过程中培养学生的责任意识。

(2)通过工程资料管理培养学生的职业道德意识，树立爱岗、敬业精神。

(3)通过对园林工程施工资料的收集、整理、立卷和归档等工作环节，培养学生科学管理的意识、一丝不苟的工作作风以及团队意识和合作精神。

## 13.1　园林工程资料概述

### 13.1.1　工程资料概念和范围

**(1)工程资料概念**

工程资料是指在工程项目建设过程中形成的各种形式的信息记录。在工程建设活动中直接形成的具有归档保存价值的文字、图表、声像等各种形式的历史记录就是工程资料。工程资料有下列载体：

①纸质载体　以纸张为载体的载体形式。

②缩微品载体　以胶片为载体，利用缩微技术对工程资料进行保存的载体形式。

③光盘载体　以光盘为载体，利用计算机技术对工程资料进行存储的载体形式。

④磁性载体　以磁性记录材料(磁带、磁盘等)为载体，对工程资料的电子文件、声音、图像进行存储的载体形式。

**(2)工程资料范围**

工程资料的范围涉及工程项目建设过程中形成的各种形式的信息记录，如工程前期相关文件、监理文件、施工文件、竣工图和竣工验收文件等。

①工程前期相关文件是建设单位在工程开工前，在工程立项、审批、征地、勘察、设

计、招投标等工程准备阶段形成的文件。

②监理文件是监理单位在工程设计、施工等监理过程中形成的文件。

③施工文件是施工单位在工程施工过程中形成的文件。

④竣工图是施工单位在工程竣工验收后，真实反映园林工程项目施工结果绘制的图样。

⑤竣工验收文件是建设单位在建设工程项目竣工验收活动中形成的文件。

### 13.1.2　收集工程资料原则

**(1)及时参与原则**

工程施工资料的收集、管理工作必须纳入工程项目管理的全过程，资料员应该参加有关工程的技术、质量、安全、协调等各方面的会议，并应经常深入施工工程现场，了解施工动态，及时准确地掌握工程施工管理的全面信息，便于施工资源的及时收集、整理和核对。

**(2)保持同步原则**

资料的收集工作与工程施工的每一道工序密切相关，必须与工程的施工同步进行，以保证文件资料的准确性和时效性。

**(3)认真把关原则**

与项目经理、施工技术负责人密切配合，严把文件资料的质量关。无论是对企业内部，还是对相关单位之间往来的文件资料都应认真核查、校对，发现问题，及时纠正。

### 13.1.3　园林工程资料类型

由于园林工程资料管理工作涉及多部门、多环节、多专业、多渠道，工程信息量大，来源广泛，在项目实施过程中，信息处理的工作量非常大。为了便于工程资料的管理，建立统一的资料分类和编码体系是园林工程资料管理实施的一项基础工作。信息分类编码工作的核心是在对项目信息内容进行分析的基础上建立项目信息分类体系。

园林工程资料的分类是按照文件资料的来源、类别、形成的先后顺序以及收集和整理单位的不同进行分类的。《建设工程文件归档规范》(GB/T 50328—2014)中，将建设工程资料分为工程准备阶段文件、监理文件、施工文件、竣工图和竣工验收文件，也称工程文件。针对园林工程资料的分类目前没有统一的国家标准，一些地方制定了相应的地方标准，参照北京市地方标准《园林绿化工程资料管理规程》(DB11/T 712—2019)，园林工程资料主要分为以下类型：

①基建文件　包括决策立项文件；勘察、测绘、设计文件；工程招标及相关合同文件；工程开工文件；商务文件；工程竣工备案文件。

②监理资料　包括监理管理资料；施工监理资料。

③施工资料　包括工程管理与验收资料；施工管理资料；施工技术文件；施工物资资料；施工测量记录；施工记录；施工试验记录；施工质量验收记录。

④竣工图　包括竣工图纸及相关资料。

园林工程资料详细分类情况参见表13-1。

**表13-1 工程资料分类表**

| 类别编号 | 资料名称 | 表格编号(或资料来源) | 保存单位 | | | |
|---|---|---|---|---|---|---|
| | | | 施工单位 | 监理单位 | 建设单位 | 备案部门 |
| A类 | 基建文件 | | | | | |
| A1 | 决策立项文件 | | | | | |
| A1-1 | 项目建议书(代可行性研究报告) | 建设单位(工程咨询单位) | | | ● | |
| A1-2 | 对项目建议书(代可行性研究报告)的批复文件 | 建设主管部门 | | | ● | |
| A1-3 | 环境影响审批文件 | 市环保局 | | | ● | |
| A1-4 | 关于立项的会议纪要、领导批示 | 会议组织单位 | | | ● | |
| A1-5 | 项目评估研究资料 | 建设单位 | | | ● | |
| A1-6 | 批准的立项文件 | 建设单位 | | | ● | ● |
| A1-7 | 其他文件:掘路占路审批文件、移伐树木审批文件、工程项目统计登记文件、非政府投资项目文件等 | 政府有关部门 | | | ● | |
| A2 | 勘察、测绘、设计文件 | | | | | |
| A2-1 | 工程地质勘察报告 | 勘察部门 | ○ | ○ | ● | |
| A2-2 | 水文地质勘察报告 | 勘察部门 | ○ | ○ | ● | |
| A2-3 | 审定设计批复文件及附图 | 有关部门 | ○ | ○ | ● | |
| A2-4 | 初步设计文件 | 设计单位 | | | ● | |
| A2-5 | 初步设计审核文件 | 园林绿化行政主管部门 | | | ● | ● |
| A2-6 | 施工图设计文件 | 设计单位 | ● | ○ | ● | |
| A2-7 | 对设计文件的审查意见 | 建设单位 | | | ● | |
| A3 | 工程招标及相关合同文件 | | | | | |
| A3-1 | 勘察招投标文件 | 建设、勘察单位 | | | ● | |
| A3-2 | 设计招投标文件 | 建设、设计单位 | | | ● | |
| A3-3 | 拆迁招投标文件 | 建设、拆迁单位 | | | ● | |
| A3-4 | 施工招投标文件 | 建设、施工单位 | ● | ○ | ● | |
| A3-5 | 监理招投标文件 | 建设、监理单位 | | ● | ● | |
| A3-6 | 设备、材料招投标文件 | 建设、供应单位 | ● | ○ | ● | |
| A3-7 | 勘察合同 | 建设、勘察单位 | | | ● | |
| A3-8 | 设计合同 | 建设、设计单位 | | | ● | |
| A3-9 | 拆迁合同 | 建设、拆迁单位 | | | ● | |
| A3-10 | 施工合同 | 建设、施工单位 | ● | ○ | ● | |
| A3-11 | 监理合同 | 建设、监理单位 | | ● | ● | |

（续）

| 类别编号 | 资料名称 | 表格编号（或资料来源） | 保存单位 | | | |
|---|---|---|---|---|---|---|
| | | | 施工单位 | 监理单位 | 建设单位 | 备案部门 |
| A3-12 | 材料设备采购合同 | 建设、供应单位 | ● | ○ | ● | |
| A3-13 | 中标通知书 | 建设、供应单位 | ● | ● | ● | |
| A4 | 工程开工文件 | | | | | |
| A4-1 | 工程质量监督登记表 | 质量监督机构 | | | ● | ● |
| A4-2 | 建设工程附属绿化工程开工告知受理通知单 | 园林绿化行政主管部门 | | | ● | |
| A5 | 商务文件 | | | | | |
| A5-1 | 工程投资估算材料 | 造价咨询单位 | | | ● | |
| A5-2 | 工程设计概算 | 设计单位 | | | ● | |
| A5-3 | 施工图预算 | 造价咨询单位 | ○ | ○ | ● | |
| A5-4 | 施工预算 | 施工单位 | ○ | ○ | ● | |
| A5-5 | 工程结算 | 施工单位 | ● | ○ | ● | |
| A5-6 | 项目决算 | 建设单位 | | | ● | |
| A5-7 | 交付使用固定资产清单 | 建设单位 | | | ● | |
| A6 | 工程竣工备案文件 | | | | | |
| A6-1 | 建设单位竣工验收通知书 | 表 A6-1 | | | ● | ● |
| A6-2 | 园林绿化工程竣工验收备案表 | 表 A6-2 | | | ● | ● |
| A6-3 | 建设单位工程竣工验收报告 | 表 A6-3 | | | ● | ● |
| A6-4 | 设计单位工程质量检查报告 | 表 A6-4 | | | ● | ● |
| A6-5 | 勘察单位工程质量检查报告 | 表 A6-5 | | | ● | ● |
| A6-6 | 养护、保修责任书，设备使用说明书 | 建设、施工单位 | | | ● | |
| A6-7 | 开工前原貌、施工过程、竣工新貌等影像资料 | 建设、施工单位 | ● | | ● | |
| B 类 | 监理资料 | | | | | |
| B1 | 监理管理资料 | | | | | |
| | 总监理工程师任命书 | 表 B1-1 | ○ | ● | ● | |
| | 监理报告 | 表 B1-2 | | ● | ● | |
| | 监理规划、监理实施细则 | 监理单位 | | ● | ● | |
| | 监理月报 | 监理单位 | | ● | ● | |
| | 监理会议纪要 | 监理单位 | ○ | ● | ● | |
| | 工程项目监理日志 | 监理单位 | | ● | | |
| | 监理工作总结 | 监理单位 | | ● | ● | |
| | 工程质量评估报告 | 表 B1-3 | | ● | ● | ● |
| B2 | 施工监理资料 | | | | | |
| | 工程开工令 | 表 B2-1 | ○ | ● | ● | |

(续)

| 类别编号 | 资料名称 | 表格编号(或资料来源) | 保存单位 | | | |
|---|---|---|---|---|---|---|
| | | | 施工单位 | 监理单位 | 建设单位 | 备案部门 |
| | 工作联系单 | 表 B2-2 | ● | ● | ● | |
| | 监理通知 | 表 B2-3 | ○ | ● | ● | |
| | 工程暂停令 | 表 B2-4 | ○ | ● | ● | |
| | 工程复工令 | 表 B2-5 | ○ | ● | ● | |
| | 监理旁站记录 | 表 B2-6 | ○ | ● | ● | |
| | 监理抽检记录 | 表 B2-7 | | ● | | |
| | 监理巡视记录 | 表 B2-8 | | ● | | |
| | 不合格项处置记录 | 表 B2-9 | ○ | ● | | |
| | 工程延期审批表 | 表 B2-10 | ○ | ● | ● | |
| | 费用索赔审批表 | 表 B2-11 | ○ | ● | ● | |
| | 工程款支付证书 | 表 B2-12 | ○ | ● | ● | |
| | 见证记录 | 表 B2-13 | ○ | ● | ● | |
| | 有见证取样和送检见证人告知书 | 表 B2-14 | ○ | ● | ● | ● |
| | 有见证试验汇总表 | 表 B2-15 | ● | ● | ● | ● |
| | 竣工移交证书 | 表 B2-16 | ○ | ○ | ● | |
| | 工程变更单 | 表 B2-17 | ○ | ○ | ● | |
| C类 | 施工资料 | | | | | |
| C0 | 工程管理与验收资料 | | | | | |
| | 工程概况表 | 表 C0-1 | ● | | | ● |
| | 项目大事记 | 表 C0-2 | ● | | | |
| | 工程质量事故记录 | 表 C0-3 | ● | ● | ● | |
| | 工程质量事故调(勘)查记录 | 表 C0-4 | ● | ● | ● | |
| | 工程质量事故处理记录 | 表 C0-5 | ● | ● | ● | |
| | 单位(子单位)工程竣工预验收报验表 | 表 C0-6 | ○ | ● | ● | |
| | 单位(子单位)工程质量竣工验收记录 | 表 C0-7 | ● | ● | ● | ● |
| | 单位(子单位)工程质量控制资料核查记录 | 表 C0-8 | ● | ○ | ● | |
| | 单位(子单位)工程安全、功能和植物成活要素检验资料核查及主要功能抽查记录 | 表 C0-9 | ● | ○ | ● | |
| | 单位(子单位)工程观感质量检查记录 | 表 C0-10 | ● | ○ | ● | |
| | 单位(子单位)工程植物成活率统计记录 | 表 C0-11 | ● | ○ | ● | |

（续）

| 类别编号 | 资料名称 | 表格编号（或资料来源） | 保存单位 | | | |
|---|---|---|---|---|---|---|
| | | | 施工单位 | 监理单位 | 建设单位 | 备案部门 |
| | 施工总结 | 施工单位编制 | ● | | ● | |
| | 工程质量竣工报告 | 表 C0-12 | ● | ○ | ● | ● |
| C1 | 施工管理资料 | | | | | |
| | 施工现场质量管理检查记录表 | 表 C1-1 | ● | ○ | | |
| | 施工日志 | 表 C1-2 | ● | | | |
| | 工程开工报审表 | 表 C1-3 | ● | ● | ○ | |
| | 分包单位资格报审表 | 表 C1-4 | ● | ● | ○ | |
| | 施工进度计划报审表 | 表 C1-5 | ● | ● | ○ | |
| | 月工、料、机动态表 | 表 C1-6 | ○ | ○ | | |
| | 工程延期申报表 | 表 C1-7 | ● | ● | ● | |
| | 工程复工报审表 | 表 C1-8 | ● | ● | ○ | |
| | 工程进度款报审表 | 表 C1-9 | ● | ● | ○ | |
| | 工程变更费用报审表 | 表 C1-10 | ● | ● | ● | |
| | 费用索赔申请表 | 表 C1-11 | ● | ● | ● | |
| | 工程款支付申请表 | 表 C1-12 | ● | ● | ○ | |
| | 监理通知回复单 | 表 C1-13 | ● | ● | | |
| C2 | 施工技术文件 | | | | | |
| | 工程技术文件报审表 | 表 C2-1 | ● | ● | ○ | |
| | 施工组织设计 | 施工单位 | ● | ○ | ● | |
| | 施工组织设计审批表 | 表 C2-2 | ● | | | |
| | 图纸会审记录 | 表 C2-3 | ● | ● | ● | |
| | 设计交底记录 | 表 C2-4 | ● | ● | ● | |
| | 技术交底记录 | 表 C2-5 | ● | ○ | | |
| | 设计变更通知单 | 表 C2-6 | ● | ● | ● | |
| | 工程洽商记录 | 表 C2-7 | ● | ● | ● | |
| | 安全交底记录 | 表 C2-8 | ● | ○ | | |
| | 安全检查记录 | 表 C2-9 | ● | ○ | | |
| C3 | 施工物资资料 | | | | | |
| | 通用表格 | | | | | |
| | 工程物资进场报验表 | 表 C3-1 | ● | ● | ● | |
| | 工程物资选样送审表 | 表 C3-2 | ● | ● | ○ | |
| | 材料、构配件进场检验记录 | 表 C3-3 | ● | ○ | ● | |
| | 材料试验报告(通用) | 表 C3-4 | ● | ○ | ● | |
| | 设备、配(备)件开箱检验记录 | 表 C3-5 | ● | ○ | ● | |
| | 设备及管道附件试验记录 | 表 C3-6 | ● | ○ | ● | |
| | 产品合格证粘贴衬纸 | 表 C3-7 | ● | ○ | ● | |

（续）

| 类别编号 | 资料名称 | 表格编号（或资料来源） | 保存单位 | | | |
|---|---|---|---|---|---|---|
| | | | 施工单位 | 监理单位 | 建设单位 | 备案部门 |
| | 绿化种植工程 | | | | | |
| | 林木种子生产经营许可证、产地检疫合格证（本地苗木）/植物检疫证书（外埠苗木）、苗木标签 | 施工单位 | ● | ○ | ● | |
| | 苗木、种子进场报验表 | 表 C3-8 | ● | ● | ● | |
| | 苗木进场检验记录 | 表 C3-9 | ● | ○ | ● | |
| | 种子进场检验记录 | 表 C3-10 | ● | ○ | ● | |
| | 种植土进场检验记录 | 表 C3-11 | ● | ○ | ● | |
| | 种植土试验报告 | 表 C3-12 | ● | ○ | ● | |
| | 种子发芽率试验报告 | 表 C3-13 | ● | ○ | ● | |
| | 园林铺地、园林景观构筑物及其他造景工程 | | | | | |
| | 各种物资出厂合格证、质量保证书 | 供应单位提供 | ● | ○ | ● | |
| | 预制钢筋混凝土构件出厂合格证 | 表 C3-14 | ● | ○ | ● | |
| | 钢构件出厂合格证 | 表 C3-15 | ● | ○ | ● | |
| | 水泥性能检测报告 | 供应单位提供 | ● | ○ | ● | |
| | 钢材性能检测报告 | 供应单位提供 | ● | ○ | ● | |
| | 木结构材料检测报告 | 供应单位提供 | ● | ○ | ● | |
| | 防水材料性能检测报告 | 供应单位提供 | ● | ○ | ● | |
| | 水泥试验报告 | 表 C3-16 | ● | ○ | ● | |
| | 砂试验报告 | 表 C3-17 | ● | ○ | ● | |
| | 钢材试验报告 | 表 C3-18 | ● | ○ | ● | |
| | 碎（卵）石试验报告 | 表 C3-19 | ● | ○ | ● | |
| | 防水卷材试验报告 | 表 C3-20 | ● | ○ | ● | |
| | 透水砖试验报告 | 表 C3-21 | ● | ○ | ● | |
| | 木材试验报告 | 试验单位提供 | ● | ○ | ● | |
| | 园林用电工程 | | | | | |
| | 低压成套配电柜、动力照明配电箱（盘柜）出厂合格证、生产许可证、试验记录、CCC 认证及证书复印件 | 供应单位提供 | ● | ○ | ● | |

（续）

| 类别编号 | 资料名称 | 表格编号（或资料来源） | 保存单位 | | | |
|---|---|---|---|---|---|---|
| | | | 施工单位 | 监理单位 | 建设单位 | 备案部门 |
| | 电动机、变频器、低压开关设备合格证、生产许可证、CCC认证及证书复印件 | 供应单位提供 | ● | ○ | ● | |
| | 照明灯具、开关、插座及附件出厂合格证、CCC认证及证书复印件 | 供应单位提供 | ● | ○ | ● | |
| | 电线、电缆出厂合格证、生产许可证、CCC认证及证书复印件 | 供应单位提供 | ● | ○ | ● | |
| | 电缆试验报告 | 表 C3-22 | ● | ○ | ● | |
| | 电缆头部件及灯杆、灯柱合格证 | 供应单位提供 | ● | ○ | ● | |
| | 主要设备安装技术文件 | 供应单位提供 | ● | ○ | ● | |
| | 园林给排水工程 | | | | | |
| | 管材产品质量证明文件、合格证 | 供应单位提供 | ● | ○ | ● | |
| | 主要材料、设备等产品质量合格证及检测报告 | 供应单位提供 | ● | ○ | ● | |
| | 排气阀、泄水阀、喷头合格证书 | 供应单位提供 | ● | ○ | ● | |
| | 主要设备安装使用说明书 | 供应单位提供 | ● | ○ | ● | |
| | 管材（管件）试验报告 | 供应单位提供 | ● | ○ | ● | |
| C4 | 施工测量记录 | | | | | |
| | 施工测量定点放线报验表 | 表 C4-1 | ● | ● | ● | |
| | 工程定位测量记录 | 表 C4-2 | ● | ○ | ● | |
| | 测量复核记录 | 表 C4-3 | ● | | | |
| | 基槽验线记录 | 表 C4-4 | ● | ○ | ● | |
| C5 | 施工记录 | | | | | |
| | 通用表格 | | | | | |
| | 施工通用记录 | 表 C5-1 | ● | ● | ● | |
| | 隐蔽工程检查记录 | 表 C5-2 | ● | ○ | ● | |
| | 交接检查记录 | 表 C5-3 | ● | ● | | |
| | 绿化种植工程 | | | | | |
| | 绿化用地处理记录 | 表 C5-4 | ● | ○ | | |

(续)

| 类别编号 | 资料名称 | 表格编号<br>(或资料来源) | 保存单位 | | | |
|---|---|---|---|---|---|---|
| | | | 施工单位 | 监理单位 | 建设单位 | 备案部门 |
| | 土壤改良检查记录 | 表 C5-5 | ● | ● | ● | ● |
| | 病虫害防治检查记录 | 表 C5-6 | ● | ○ | | |
| | 苗木保护记录 | 表 C5-7 | ● | ○ | | |
| | 园林铺地、园林景观构筑物及其他造景工程 | | | | | |
| | 地基处理记录 | 表 C5-8 | ● | ● | ● | |
| | 地基钎探记录 | 表 C5-9 | ● | ○ | ○ | |
| | 桩基施工记录(通用) | 表 C5-10 | ● | ○ | ○ | |
| | 砂浆配合比申请单、通知单 | 表 C5-11 | ● | ○ | | |
| | 混凝土浇筑申请书 | 表 C5-12 | ● | ○ | | |
| | 混凝土浇筑记录 | 表 C5-13 | ● | ○ | ● | |
| | 园林用电工程 | | | | | |
| | 电缆敷设检查记录 | 表 C5-14 | ● | ○ | ○ | |
| | 电气照明装置安装检查记录 | 表 C5-15 | ● | ○ | ○ | |
| C6 | 施工试验记录 | | | | | |
| | 通用表格 | | | | | |
| | 施工试验记录(通用) | 表 C6-1 | ● | ○ | ● | |
| | 园林铺地、园林景观构筑物及其他造景工程 | | | | | |
| | 土壤压实度试验记录(环刀法) | 表 C6-2 | ● | ○ | ● | |
| | 土壤压实度试验记录(灌沙法) | 表 C6-3 | ● | ○ | ● | |
| | 土壤最大干密度试验记录 | 表 C6-4 | ● | ○ | ● | |
| | 混凝土抗压强度试验报告 | 表 C6-5 | ● | ○ | ● | |
| | 砌筑砂浆抗压强度试验报告 | 表 C6-6 | ● | ○ | ● | |
| | 混凝土抗渗试验报告 | 表 C6-7 | ● | ○ | ● | |
| | 钢筋连接试验报告 | 表 C6-8 | ● | ○ | ● | |
| | 防水工程试水记录 | 表 C6-9 | ● | ○ | ● | |
| | 水池满水试验记录 | 表 C6-10 | ● | ○ | ● | |
| | 景观桥荷载通行试验记录 | 表 C6-11 | ● | ○ | ● | |
| | 园林给排水工程 | | | | | |
| | 给水管道通水试验记录 | 表 C6-12 | ● | ○ | ● | |

（续）

| 类别编号 | 资料名称 | 表格编号（或资料来源） | 保存单位 | | | |
|---|---|---|---|---|---|---|
| | | | 施工单位 | 监理单位 | 建设单位 | 备案部门 |
| | 给水管道水压试验记录 | 表 C6-13 | ● | ○ | ● | |
| | 污水管道闭水试验记录 | 表 C6-14 | ● | ○ | ● | |
| | 调试记录(通用) | 表 C6-15 | ● | ○ | ● | |
| | 园林用电工程 | | | | | |
| | 夜景灯光效果试验记录 | 表 C6-16 | ● | ○ | ● | |
| | 设备单机试运行记录(通用) | 表 C6-17 | ● | ○ | ● | |
| | 电气绝缘电阻测试记录 | 表 C6-18 | ● | ○ | ● | |
| | 电气照明全负荷试运行记录 | 表 C6-19 | ● | ○ | ● | |
| | 电气接地电阻测试记录 | 表 C6-20 | ● | ○ | ● | |
| | 电气接地装置隐检/测试记录 | 表 C6-21 | ● | ○ | ● | |
| C7 | 施工质量验收记录 | | | | | |
| | 分项/分部工程施工报验表 | 表 C7-1 | ● | ● | ● | |
| | 检验批质量验收记录 | 表 C7-2 | ● | ○ | ● | |
| | 分项工程质量验收记录 | 表 C7-3 | ● | ○ | ● | |
| | 分部(子分部)工程质量验收记录 | 表 C7-4 | ● | ● | ● | |
| D | 竣工图 | 施工单位 | ● | | ● | ● |
| E | 工程资料封面和目录 | | | | | |
| | 工程资料案卷封面 | 施工单位 | ● | | ● | |
| | 工程资料卷内目录 | 施工单位 | ● | | ● | |
| | 分项目录(一) | 施工单位 | ● | | ● | |
| | 分项目录(二) | 施工单位 | ● | | ● | |
| | 工程资料卷内备考表 | 施工单位 | ● | | ● | |

注：●为归档保存资料；○为过程控制资料，可根据需要归档保存。

## 13.2　园林工程施工文件归档管理

### 13.2.1　工程资料管理必要性

**(1)保证工程竣工验收需要**

对园林工程项目进行竣工验收包括两个方面的内容：一是“硬件”；二是“软件”。“硬件”指的是园林工程实体本身(包括所安装的各类设备)；“软件”指的是反映园林工程实体自身及其形成过程的施工资料(包括竣工图及有关形象资料)。因此，对工程项目进行竣工验收时，必须对“硬件”和“软件”同时进行验收。

**(2)维护企业经济效益和社会信誉**

施工资料反映了工程项目的形成过程，是现场组织生产活动的真实记录，直接或间接记录了与施工效益紧密相关的施工面积，使用的材料品种、数量和质量，采用的技术方案和技术措施，劳动力的安排和使用，工作量的更改和变动，质量的评定等级情况。它是甲乙双方进行合同结算的重要依据，是企业维护自身利益的基础。同时，施工技术资料作为接受业主和社会有关各方验收的“软件”，其质量就如同建筑物质量一样，反映了施工队伍的素质水平。

**(3)是企业的重要资源**

企业档案是企业生产、经营、科技、管理等活动的真实记录，也是企业上述各方面知识、经验、成果的积累和储备，因此，它是企业的重要资源。

**(4)保证城市规范化建设**

园林工程日常的维修与养护(如对其中的水、电、植物等的维修和养护)和建筑物的改造、扩建、拆建等，都离不开一个重要的依据，即反映建筑物全貌及内在联系的真实记录——竣工图和其他有关的施工技术资料。如果少了这一重要依据，就会使工作产生极大的盲目性，甚至给国家财产和城市建设带来严重后果。

### 13.2.2 园林工程施工文件归档管理主要内容

施工文件包括整个施工过程中形成的管理、技术、质量、物资等各方面的资料和记录。具体种类多，数量大。科学、规范地收集积累、加工整理、立卷归档和检索利用是园林工程施工文件归档管理的主要工作内容，是施工项目管理的基础工作。

#### 13.2.2.1 施工文件归档管理的要求

**(1)对技术设计资料类的要求**

此类资料主要有初步设计图、施工图、效果图、说明书等，多是施工准备期要做的技术性交底工作，这些资料的签收关系到建设单位、设计单位、监理单位、施工单位，因此，此类资料的签收必须注意资料的传递流程，资料送交哪个单位，哪个单位就要按程序签收，办理好交接手续。

**(2)对竣工资料类的要求**

竣工资料很多，又涉及预验收和正式竣工验收。一般园林工程预验收程序需要准备的材料包括以下内容：工程项目的开、竣工报告；图纸会审与技术交底的各种材料；施工中设计变更记录及材料变更记录；施工质量检查资料及处理情况；各种施工材料、设备、构件及机械的质量合格证件；所有检验、测试材料；中间检查记录；施工任务单与施工日记；施工质量评检报告；竣工图、竣工报告；施工方案或施工组织设计、施工承包合同；特殊条件下施工记录及相关材料等。

**(3)对备查资料类要求**

备查资料主要指与验收相关的各种检验调试、核查复验等原始性、测试性资料，如施工材料检测资料、苗木验收资料、混凝土测定资料、水景试水资料、基础检测数据等。这些资料是证明工程质量的基础文件，因此要保证数据的真实可靠，绝不能涂改修正。

此类原始资料的收集整理应从申请工程项目开始记录，每个环节都不要疏漏，指派专人负责。最后的成果资料要按项目列好，造表建册，归档保存。

#### 13.2.2.2　施工文件归档管理的方法

**(1)按施工要素整理建档**

园林工程施工要素实际上就是构成该作品的造景元素，如地形土方、驳岸护坡、水景山石、道路铺装、植物、建筑小品等。此类现场施工资料只要按施工进度计划预先制作好表格，到时依项目逐一记录即可。此种方法很适合于施工要素划分细致明确的工程项目，具有资料划分清楚、记录方便、易查阅等优点。但由于项目划分过细，需要的表格材料较多，建档比较复杂。

**(2)按施工进度整理建档**

工程项目施工进度实际上也是按施工要素编制的，只是所编制的进度以重要施工因子进行，即所选的工序或要素均是关键工序或要素。按施工进度进行资料收集整理，其优点是施工程序能反映时间序列，方便按时间查找。

按进度计划整理要依据项目施工进度计划表，将施工项目一一列出，然后每一施工单元(或工序)均做施工记录，在收集整理时按工程进度分门别类建档。

**(3)按工程验收要求整理建档**

工程验收是规范性的技术过程，涉及多个与该工程相关的单位，且所有单位都要提供相关文件资料。按工程验收整理施工资料特别利于工程的竣工验收，准备得越充分，验收越方便，验收结束后可按材料性质建档备案，这种方法目前应用较广。

### 13.2.3　园林工程施工文件立卷

#### 13.2.3.1　文件立卷原则和方法

①立卷应遵循工程文件的自然形成规律，保持卷内文件的有机联系，便于档案的保管和利用。

②一个建设工程由多个单位工程组成时，工程文件应按单位工程组卷。

③一般施工文件可按单位工程、分部工程、专业、阶段等组卷。

④竣工图、竣工验收文件可按单位工程、专业组卷。

⑤案卷厚度一般不超过 40mm；案卷内不应有重份文件；不同载体的文件一般应分别组卷。

#### 13.2.3.2　卷内文件排列

①文字材料按事项、专业程序排列。同一事项的请示与批复不能分开，同一文件的印本与定稿不能分开，主件与附件不能分开，并按批复在前、请示在后，印本在前、定稿在后，主件在前、附件在后的顺序排列。

②图纸按专业排列，同专业图纸按图号顺序排列。

③既有文字材料又有图纸的案卷，文字排前、图纸排后。

### 13.2.3.3 案卷编目

**(1)卷内文件页号编制规定**

①卷内文件均按有书写内容的页面编号。每卷单独编号，页号从“1”开始。

②页号编写位置：单页书写的文件在右下角；双面书写的文件，正面在右下角，背面在左下角。折叠后的图纸一律在右下角。

③成套图纸或印刷成册的科技文件材料，自成一卷的，原目录可代替卷内目录，不必重新编写页号。

④案卷封面、卷内目录、卷内备考表不编写页号。

**(2)卷内目录编制规定**

①卷内目录式样宜符合《建设工程文件归档规范》(GB/T 50328—2014)中附录B的要求。

②序号应以一份文件为单位，用阿拉伯数字从“1”依次标注。

③责任者应填写文件的直接形成单位名称和责任人姓名。有多个责任者时，选择两个主要责任者，其余用“等”代替。

④文件编号应填写工程文件原有的文号或图号。

⑤文件题名应填写文件标题的全称。

⑥日期应填写文件形成的日期。

⑦页次应填写文件在卷内所排列的起始页号。最后一份文件填写起止页号。

⑧卷内目录排列在卷内文件之前。

**(3)卷内备考表编制规定**

①卷内备考表的式样宜符合《建设工程文件归档规范》(GB/T 50328—2014)中附录C的要求。

②卷内备考表主要标明卷内文件的总页数、各类文件数(照片张数)，以及立卷单位对案卷情况的说明。

③卷内备考表排列在卷内文件的尾页之后。

**(4)案卷封面编制规定**

①案卷封面印刷在卷盒、卷夹的正表面，也可采用内封面形式。案卷封面的式样宜符合现行《建设工程文件归档规范》(GB/T 50328—2014)中附录D的要求。

②案卷封面的内容应包括档案号、档案馆代号、案卷题名、编制单位、起止日期、密级、保管期限、共几卷、第几卷。

③档案号应由分类号、项目号和案卷号组成，档案号由档案保管单位填写。

④档案馆代号应填写国家给定的本档案馆的编号，档案馆代号由档案馆填写。

⑤案卷题名应简明、准确地揭示卷内文件的内容。案卷题名应包括工程名称、专业名称、卷内文件的内容。

⑥编制单位应填写案卷内文件的形成单位或主要责任者。

⑦起止日期应填写案卷内全部文件形成的起止日期。

⑧保管期限分为永久、长期、短期 3 种。各类文件的保管期限见《建设工程文件归档规范》(GB/T 50328—2014)中附录 A 的要求。永久是指工程档案需永久保存;长期是指工程档案的保存期等于该工程的使用寿命;短期是指工程档案保存 20 年以下。同一案卷内有不同保管期限的文件,该案卷保管期限应从长。

⑨工程档案套数一般不少于两套,一套由建设单位保管,另一套要求移交当地城建档案管理部门保存。对于接受范围,规范规定允许各城市根据本地情况适当拓宽或缩减,具体可向建设工程所在地城建档案管理部门询问。

⑩密级分为绝密、机密、秘密 3 种。同一案卷内有不同密级文件,应以高密级为本卷密级。

**(5)其他**

卷内目录、卷内备考表、卷内封面应采用 70g 以上白色书写纸制作,幅面统一采用 A4 幅面。

### 13.2.4　园林工程施工文件归档

对建设工程档案编制质量要求与组卷方法,应按照建设部(现中华人民共和国住房和城乡建设部)和国家质量检验检疫总局于 2002 年 1 月 10 日联合发布、2019 年重新修订,2020 年 3 月 1 实施的《建设工程文件归档规范》(GB/T 50328—2014),此外,应执行《科学技术档案案卷构成的一般要求》(GB/T 11822—2008)、《技术制图 复制图的折叠方法》(GB/T 10609.3—2009)、《城市建设档案案卷质量规定》等规范或文件的规定及各地方相应的规范。

**(1)建设工程归档文件要求**

建设工程归档材料的编制必须按统一规范和要求进行编制,真实、确切地反映工程的实际情况,严禁涂改、伪造。

**(2)工程竣工档案编制工作要求**

①精炼　工程竣工档案的内容要有保存价值,同时要有代表性。

②准确　工程竣工档案的内容,变更文件材料、图纸,要完整、准确。

③规范　竣工档案整理组卷规范,卷内文件、案卷目录排列相互间要有内在联系。

④科学　组卷具有科学性,便于有效利用。

**(3)归档文件质量要求**

①归档的工程文件一般应为原件。

②工程文件的内容及其深度必须符合国家有关工程勘察、设计、施工、监理等方面的技术规范、标准和规程。

③工程文件的内容必须真实、准确,与工程实际相符。

④工程文件应采用耐久性强的书写材料,如碳素墨水、蓝黑墨水,不得使用易褪色的书写材料,如红色墨水、纯蓝墨水、圆珠笔、复写纸、铅笔等。

⑤工程文件应字迹清楚,图样清晰,图表整洁,签字盖章手续完备。

⑥工程文件中文字材料幅面尺寸规格宜为 A4 幅面(297mm×210mm),图纸宜采用国家

标准图幅。

⑦工程文件的纸张应采用能够长期保存的韧力大、耐久性强的纸张，图纸一般采用蓝晒图，竣工图应是新蓝图。计算机出图必须清晰，不得使用计算机所出图纸的复印件。

⑧所有竣工图均应加盖竣工图章。

⑨利用施工图改绘竣工图，必须标明变更修改依据。凡施工图结构、工艺、平面布置等有重大改变，或变更部分超过图面1/3的，应当重新绘制竣工图。

⑩不同幅面的工程图纸应按《技术制图 复制图的折叠方法》(GB/T 10609.3—2009)统一折叠成A4幅面，图标栏露在外面。

⑪工程档案资料的缩微制品，必须按国家缩微标准进行制作，主要技术指标(解像力、密度、海波残留量等)要符合国家标准，保证质量，以适应长期安全保管。

⑫工程档案资料的照片(含底片)及声像档案，要求图像清晰，声音清楚，文字说明或内容准确。

⑬工程文件应采用打印的形式并使用档案规定用笔，手工签字，在不能够使用原件时，应在复印件或抄写件上加盖公章并注明原件保存处。

### 13.2.5 施工单位资料员岗位职责和工作内容

**(1)施工单位资料员岗位职责**

①负责施工单位内部及与建设单位、勘察单位、设计单位、监理单位材料及设备供应单位、分包单位、其他有关部门之间的文件及资料的收发、传达、管理等工作，应进行规范管理，做到及时收发、认真传达、妥善管理、准确无误。

②负责所涉及的工程图纸的收发、登记、传阅、借阅、整理、组卷、保管、移交、归档。

③参与施工生产管理，做好各类文件资料的及时收集、核查、登记、传阅、借阅、整理、保管等工作。

④负责施工资料的分类、组卷、归档、移交工作。

⑤及时检索和查询、收集、整理、传阅、保存有关工程管理方面的信息。

**(2)施工单位资料员工作内容**

施工单位资料员的工作主要按施工前期阶段、施工阶段、竣工验收阶段持续展开，具体工作内容见表13-2。

表13-2 施工单位资料员工作内容

| 工作阶段 | 序号 | 资料员的工作内容 |
|---|---|---|
| 施工前期阶段 | 1 | 熟悉建设项目的有关资料和施工图 |
| | 2 | 协助编制施工组织设计(施工方案)，填写施工组织设计(施工方案)报审表并报送监理单位审批 |
| | 3 | 报送开工报告，填报工程开工报审表，填写开工通知单 |
| | 4 | 协助编写各工种的技术交底材料 |
| | 5 | 协助制定各种规章制度 |

（续）

| 工作阶段 | | 序号 | 资料员的工作内容 |
|---|---|---|---|
| 施工阶段 | | 1 | 及时收集整理进场的工程材料、构配件、成品、半成品、设备和园林苗木的质量控制资料(出厂质量证明书、生产许可证、准用证、交易证、林木种子生产经营许可证、产地检疫合格证、植物检疫证书)，填写工程材料、构配件、设备报审表，报由监理工程师审批 |
| | | 2 | 与施工进度同步，做好隐蔽工程验收记录及检验批质量验收记录的报审工作 |
| | | 3 | 及时整理施工试验记录和测试记录 |
| | | 4 | 阶段性地协助整理施工日记 |
| 竣工验收阶段 | 组卷 | 1 | 单位(子单位)工程质量验收资料 |
| | | 2 | 单位(子单位)工程质量控制资料核查记录 |
| | | 3 | 单位(子单位)工程安全与功能检验资料核查及主要功能抽查资料 |
| | | 4 | 单位(子单位)工程施工技术管理资料 |
| | 归档 | 1 | 施工技术准备文件，包括图纸会审记录、控制网设置资料、工程定位测量资料等 |
| | | 2 | 工程图纸变更记录，包括设计会议会审记录、设计变更记录、工程洽谈记录等 |
| | | 3 | 地基处理记录，包括地基钎探记录、钎探平面布置点、验槽记录、地基处理记录、桩基施工记录等 |
| | | 4 | 施工材料预制构件质量证明文件及复试试验报告 |
| | | 5 | 施工试验记录，包括土壤试验记录、砂浆混凝土抗压试验报告、商品混凝土出厂合格证和复试报告、钢筋接头焊接试验报告等 |
| | | 6 | 施工记录，包括工程定位测量记录、沉降观测记录、现场施工预应力记录、工程竣工测量记录、新型工程材料、施工技术等 |
| | | 7 | 隐蔽工程检查记录，包括基础与主体结构钢筋工程、钢结构工程、防水工程、高程测量记录等 |
| | | 8 | 工程质量事故处理记录 |

**实践教学**

# 实训 13-1　竣工资料模拟编制

## 一、实训目的

通过本实训，使学生掌握内业资料编制的基本内容和编制方法，培养学生能够根据工程实际情况进行内业资料编制的能力。

## 二、材料及用具

某项园林工程各类施工资料。

## 三、方法及步骤

按照给定的某项园林工程内业资料，学生分组进行竣工资料模拟编制、归档立卷。

具体步骤如下：

(1)研究内业编制内容，学习有关文件，明确竣工资料整理的有关规定与要求。

(2)仔细查看完工的项目工程。

(3)按照园林工程竣工资料编制的要求与格式，进行园林工程竣工资料的模拟编制。

(4)归档立卷，审查、核对，装订、造册。

## 四、考核评估

| 序号 | 考核内容 | 考核等级及标准 | | | | 等级分值 | | | |
|---|---|---|---|---|---|---|---|---|---|
| | | A | B | C | D | A | B | C | D |
| 1 | 对工程竣工资料编制的理解：能很好地整理工程竣工资料编制的内容，并列出清单 | 好 | 较好 | 一般 | 较差 | 27~30 | 21~26 | 15~20 | 0~14 |
| 2 | 资料收集的完整性：资料收集完整 | 好 | 较好 | 一般 | 较差 | 27~30 | 21~26 | 15~20 | 0~14 |
| 3 | 资料整理的规范性：资料整理规范 | 好 | 较好 | 一般 | 较差 | 18~20 | 14~17 | 10~13 | 0~9 |
| 4 | 工作态度、协作表现：工作态度认真、团结协作 | 好 | 较好 | 一般 | 较差 | 18~20 | 14~17 | 10~13 | 0~9 |
| 合计 | | | | | | | | | |

## 自主学习资源库

1. 资料员岗位知识与专业技能．李光．中国建筑工业出版社，2017.

2. 市政资料员一本通．《市政资料员一本通》编委会．中国建材工业出版社，2010.

3. 资料员速学手册(第2版)．戴成元．化学工业出版社，2013.

4. 建筑工程资料管理(第二版)．孙刚，刘志麟．北京大学出版社，2018.

## 自测题

1. 什么是园林工程资料？
2. 阐述园林工程资料管理的必要性。
3. 园林工程资料管理的工作范围是什么？
4. 收集园林工程施工资料的原则是什么？
5. 园林施工单位资料员的岗位职责是什么？
6. 园林工程资料有哪些类型？
7. 园林工程施工文件归档管理的主要内容有哪些？
8. 如何进行园林工程施工文件的立卷？
9. 如何进行园林工程施工文件的归档？

# 参考文献

北京统筹与管理科学学会．建设工程项目管理案例精选[M]．北京：中国建筑工业出版社，2005.
杜训，陆惠民．建筑企业施工现场管理[M]．北京：中国建筑工业出版社，1997.
高茂远．中国浦东干部学院工程建设与管理[M]．上海：同济大学出版社，2005.
胡自军．园林施工管理[M]．北京：中国林业出版社，2006.
李政训．项目施工管理与进度控制[M]．北京：中国建筑工业出版社，2003.
蒲亚锋．园林工程建设施工组织与管理[M]．北京：化学工业出版社，2005.
全国二级建造师执业资格考试用书编写委员会．建设工程施工管理(含增值服务)[M]．北京：中国建筑工业出版社，2022.
全国二级建造师执业资格考试用书编写委员会．市政公用工程管理与实务(含增值服务)[M]．北京：中国建筑工业出版社，2022.
全国一级建造师执业资格考试用书编写委员会．建设工程项目管理(含增值服务)[M]．北京：中国建筑工业出版社，2021.
全国一级建造师执业资格考试用书编写委员会．市政公用工程管理与实务(含增值服务)[M]．北京：中国建筑工业出版社，2021.
石振武．建设项目管理[M]．北京：科学出版社，2005.
汪琳芳，赵志缙．新编建设工程项目经理工作手册[M]．上海：同济大学出版社，2003.
张京．园林施工工程师手册[M]．北京：北京中科多媒体电子出版社，1996.
张长友．建筑装饰施工与管理[M]．北京：中国建筑工业出版社，2000.